学ぶ人は、
変えて
ゆく人だ。

目の前にある問題はもち

人生の問いや、

社会の課題を自ら見つけ、

挑み続けるために、人は学ぶ。

「学び」で、

少しずつ世界は変えてゆける。

いつでも、どこでも、誰でも、

学ぶことができる世の中へ。

旺文社

化　学

［化学基礎・化学］

基礎問題精講

四訂版

鎌田 真彰・橋爪 健作　共著

Basic Exercises in Chemistry

旺文社

はじめに

　全国の入試問題を調べてみると一部の超難関大学を除いて，ほとんどの大学では標準レベルの問題が出題されています。つまり，標準レベルの問題を確実に解く力があれば，ほとんどの大学で十分合格点に届きますし，入試での合否を決めるのは標準レベルの問題なのです。まずは，この標準レベルの問題を確実に解くための「本物の基礎力」をつけることができるようにすることが重要です。

　そこで，以下の2点に配慮して，『化学［化学基礎・化学］基礎問題精講［四訂版］』を加筆修正しました。

① 入試で必要とされる内容を要領よく学習できる
② 標準レベルの問題を解くための本物の基礎力をつける

　また，本書では「なぜこうなるのか」という理由をできるだけくわしく示すことで暗記量をなるべく減らし，絶対に暗記しなければいけないところは暗記しやすくするなどの工夫を凝らしています。そのため，化学が苦手な人や，これから本格的に勉強を始めようと考えている人に，最適な演習書になっていると思います。

　精 講 の部分では，「なぜかな？」「どう考えて解けばいいのだろう？」と考えながら読み進め，**Point**，**解 説** のところで再確認していくとよいでしょう。この勉強法をくり返すことで力がついてくるはずです。

　なお，本書を十分に理解した上で解答できるようになれば，姉妹書の『化学［化学基礎・化学］標準問題精講［五訂版］』の方に進んでください。

　みなさんが本書を十分に活用して，目標の大学に合格できることを期待しています。

鎌田 真彰

橋爪 健作

本書の特長と使い方

　本書は，国公立大2次・私立大の入試問題を徹底的に分析し，入試で頻出の標準的な問題の解き方を，わかりやすく，ていねいに解説したものです。『基礎問』といっても，決して「やさしい問題」ではありません。特に，入試での実戦力・応用力を身につけるために，おさえておく必要のある重要問題が厳選してありますので，本書をマスターすれば，さまざまな応用問題にも対応できる実力を十分に身につけることができます。

　本書は，3章17項目で構成されています。学習の進度に応じて，どの項目からでも学習できますので，自分にあった学習計画をたて，効果的に活用してください。

  化学基礎・化学の分野から，入試での実戦力・応用力を身につけるために必要な典型的な重要問題を厳選し， にわけました。さらに，使いやすいように 化学基礎　化学 の分野を示しました。 は，少し応用力の必要な問題になっていますが，どちらの問題もマスターするようにしましょう。

 問題に関連する知識を整理し，必要に応じて，その知識を使うための実戦的な手段も説明しました。また，重要事項・必須事項については **Point** として示しました。

 解法の手順，問題の具体的な解き方をまとめ，出題者のねらいにストレートに近づく糸口を早く見つける方法を示しました。答 は下に示してあります。解けなかった場合はもちろん，答えがあっていた場合も読んでおきましょう。

 章末に演習問題を掲載しました。 で身につけた実力をさらに定着させてください。解説 ・ 答 は巻末に示してあります。

鎌田真彰（かまたまさてる）
東進ハイスクール講師。明快な語り口と，日々の入試問題の研究で培われたツボをおさえた授業は，幅広い層の受験生から絶大な支持を得ている。著書に『大学受験Doシリーズ（理論化学，無機化学，有機化学）』（旺文社），『問題精講シリーズ（化学：入門，基礎，標準）』（共著，旺文社）などがある。

橋爪健作（はしづめけんさく）
東進ハイスクール講師・駿台予備学校講師。高校1年生から高卒クラスまで幅広く担当。その授業は基礎から応用まであらゆるレベルに対応するが，特に化学が苦手な受験生からは絶大な支持を受けている。著書に『大学受験Do Startシリーズ 橋爪のゼロから劇的！にわかる（理論化学，無機・有機化学）』（旺文社），『問題精講シリーズ（化学：入門，基礎，標準）』（共著，旺文社）などがある。

目次

第 Ⅰ 章　理 論 化 学

1. 物質の成分と元素

2. 物質の構成粒子

3. 物質量

4. 化学結合と結晶

5. 気体

6. 溶液の性質

7. 化学反応と熱

8. 酸と塩基

9. 酸化還元反応

第 1 章

理論化学

1 混合物と純物質　　　　　　　　　　　　　　　　　化学基礎

次の文中の　　　　にあてはまる語句を下の@〜⑤からそれぞれ１つ選べ。
　私たちの身のまわりにある多くの物質は，２種類以上の物質が混じり合ったものであり，このような物質を　A　という。空気や海水は　A　である。これに対して，他の物質が混じっていない単一の物質を　B　という。
　B　には，１種類の元素からなる　C　と，２種類以上の元素からなる　D　とがある。同じ元素の　C　で性質の異なるものを互いに　E　であるという。
　B　の融点，沸点および密度は，物質ごとに一定の値を示す。それに対して，　A　のそれらは混じっている物質によって変化する。例えば，　B　である水の沸点は一定の値をとるが，　A　である食塩水の沸点は水と比べて高くなる。この現象を沸点上昇という。

@ 異性体　　ⓑ 化合物　　ⓒ 希釈　　ⓓ 揮発　　ⓔ 凝縮
ⓕ 原子　　　ⓖ コロイド　ⓗ 混合物　ⓘ 重合体　ⓙ 純物質
ⓚ 蒸留　　　ⓛ 精製　　　ⓜ 単体　　ⓝ 単量体　ⓞ 同位体
ⓟ 同族体　　ⓠ 同素体　　ⓡ 複塩　　ⓢ 沸騰　　　（上智大）

精 講　　　物質の分類

　空気には，窒素 N_2 や酸素 O_2 などの気体が含まれていますね。このように，２種類以上の物質が混じり合ったものを混合物，この混合物を分離・精製（➡p.11）して得られる各物質を純物質といいます。さらに，純物質は，１種類の元素でできている単体と２種類以上の元素からできている化合物に分類することができます。元素とは，物質を構成している原子の種類をいいます。

Point 1　　物質の分類

沸点や融点が一定の値になる

物質 { 純物質 { 単体 ⟶ 同素体（単体の一部）
　　　　　　　　化合物
　　　　混合物

アルゴン Ar　0.9%
二酸化炭素 CO_2 0.04%
その他
窒素 N_2 78.1%
酸素 O_2 20.9%
〈乾燥空気（混合物）の体積%〉

単体と化合物の区別のコツ

単体と化合物を区別するとき，次のように覚えておくと簡単に分類することができます。

Point 2 単体と化合物

単　体：元素記号1種類だけで表すことができるもの
　　　　（例）窒素 N_2，酸素 O_2，炭素 C，ナトリウム Na
化合物：元素記号2種類以上を使って表すことができるもの
　　　　（例）二酸化炭素 CO_2，塩化ナトリウム NaCl

単体と元素の区別のコツ

単体と元素は同じ名称でよばれることが多く，区別がつきにくいので少し整理しましょう。

単体：実際に存在する物質　を表す
元素：物質を構成する成分　を表す

例えば，「優勝者に金メダルが与えられた」というときの金は，金 Au という**実際の固体をさすので単体**の意味になります。

一方，「カルシウムは歯や骨に多く含まれている」というときのカルシウムは，**物質を構成する成分**（「単体」のカルシウム Ca は，反応性の大きな金属で，歯や骨に金属カルシウム Ca は含まれてはいませんね）**をさすので元素**の意味になります。

Point 3 単体と元素

単体：実際に存在する物質
元素：物質を構成する成分

同素体

宝石のダイヤモンドは，非常に硬く電気を導きませんが，鉛筆の芯の材料に使われる黒鉛（グラファイト）は，やわらかく電気をよく導きます。ダイヤモンドや黒鉛のように，**同じ元素からなる単体で，性質の異なる単体どうしを互い**に**同素体**といいます。同素体の例を次ページの**Point 4**に示します。

この場合，炭素 C

↓ 同素体の存在する元素は SCOP「スコップ」と覚える！

元素名	元素記号	単体名
硫黄	S	斜方硫黄，単斜硫黄，ゴム状硫黄
炭素	C	ダイヤモンド，フラーレン，黒鉛（グラファイト），カーボンナノチューブ
酸素	O	酸素 O_2，オゾン O_3
リン	P	赤リン，黄リン

フラーレン C_{60}

カーボンナノチューブ

A：空気は，窒素 N_2・酸素 O_2・二酸化炭素 CO_2 などの 2 種類以上の物質から構成されているので<u>混合物</u>です。
A

B：他の物質が混じっていない単一の物質を<u>純物質</u>といいます。純物質の融点，沸点
B
および密度は，物質ごとに一定の値になります。

C，D：純物質には，1 種類の元素からなる<u>単体</u>と，2 種類以上の元素からなる<u>化合</u>
C
<u>物</u>とがあります。
D

E：ダイヤモンドや黒鉛のように同じ元素の単体で，性質の異なる単体どうしを互い
に<u>同素体</u>といいます。
E

無色透明で，電気伝導性
はなく，きわめて硬い
ダイヤモンド

黒色で，電気伝導性があり，
薄片状にはがれやすい
黒鉛（グラファイト）

A：ⓗ　　B：ⓙ　　C：ⓜ　　D：ⓑ　　E：ⓠ

実戦 基礎問

1 混合物の分離

右図は海水から水を分離する装置である。次の問いに答えよ。ただし，実験は1気圧のもとで行っているものとする。

問1 右図の装置を使用して行う実験を何というか。次の㋐～㋔から選び記号で答えよ。

㋐ ろ過　　㋑ 蒸留　　㋒ 分留　　㋓ 昇華　　㋔ 再結晶

問2 上図の中に示されたA～Eの名称を，㋐～㋕から選び記号で答えよ。

㋐ リービッヒ冷却器　　㋑ アダプター　　㋒ 枝つきフラスコ

㋓ 丸底フラスコ　　㋔ 沸騰石　　㋕ 三角フラスコ

問3 冷却水を流す方向は，次の㋐～㋒のどれが正しいか。記号で答えよ。

㋐ aからb　　㋑ bからa　　㋒ どちらから流してもよい

問4 この操作を行っていくと，どのようになるか。次の㋐～㋔から最も適当なものを選び，記号で答えよ。

㋐ 海水の温度は徐々に上昇する。温度計の示す温度は徐々に下がる。

㋑ 海水の温度は徐々に上昇する。温度計の目盛りは100℃をさしたままである。

㋒ 海水の温度は100℃を保つ。温度計の目盛りは100℃をさしたままである。

㋓ 海水の温度は徐々に下がる。温度計の目盛りは100℃をさしたままである。

㋔ 海水の温度は徐々に下がる。温度計の示す温度は徐々に下がる。

問5 Dは何のために入れるか。理由を簡単に答えよ。

(日本歯科大)

  （分離と精製）

物質の種類と性質の関係を調べるために，成分物質の性質の違いを利用して，混合物から**目的の純物質をとり出す操作**を**分離**，とり出した物質から不純物をとり除いて，**純度をより高くする操作**を**精製**といいます。

それぞれの純物質のもっている性質の違いを利用して，❶〜❹のような方法を使って混合物から純物質を分離・精製します。

❶ ろ過（か）

液体とその液体に溶けにくい固体の混合物を，ろ紙などを使って分離する操作をろ過といいます。

ろ紙の折り方　円すい形に広げる

ガラス棒

ろ紙

ろうと台

ろ液

ガラス棒を伝わらせて,少しずつ注ぐ

ガラス棒の先はろ紙につける

溶媒でぬらして,ろうとにろ紙を密着させる

ろうとの足のとがったほうを,ビーカーの内壁につける

❷ 蒸留・分留（じょうりゅう　ぶんりゅう）

成分物質の沸点の違いを利用して物質を分離・精製する操作を蒸留といい，とくに沸点の違う2種類以上の液体の混合物を蒸留によって分離する操作を分留（分別蒸留）といいます。 実験の図・注意点は 解説 を参照してください。

❸ 再結晶（さいけっしょう）

物質の溶解度は温度によって異なるので，温度による溶解度の差を利用して，少量の不純物を含む固体から不純物を除く操作を再結晶といいます。

決まった量の水に溶ける物質の量

硝酸カリウム（白色）

硫酸銅(II)五水和物（青色）

少量の硫酸銅(II)五水和物(青色)が混ざった硝酸カリウム(白色)

熱水に溶かす

冷却

硝酸カリウム（白色）

硫酸銅(II)は少量なので液体中に溶けたまま残る

❹ 昇華法（しょうかほう）

固体を加熱すると液体にならずに直接気体になる変化を昇華といい，昇華を利用した分離・精製の操作を昇華法といいます。 昇華するものにはヨウ素 I_2，ドライアイス CO_2，ナフタレン などがあり，例えば昇華法を利用してヨウ素 I_2 と塩化ナトリウム NaCl の混合物を分離することができます。

冷水

付着したヨウ素 I_2

砂

ヨウ素 I_2 と
塩化ナトリウム NaCl

加熱するとヨウ素 I_2 だけが
直接気体となり，冷水で
冷却されヨウ素 I_2 の固体に
戻り付着する

Point 5　混合物の分離・精製

混合物から純物質をとり出す操作には，
　　　ろ過　　蒸留・分留　　再結晶　　昇華法
などの方法がある。

解説　問1〜3，5　海水から水をとり出したり（蒸留），エタノールと水の
ような液体の混合物から沸点の低いエタノールをとり出したり（分
留）するには次のような装置を利用します。

蒸気の温度をはかるために，
温度計の先は枝のつけ根
付近にくるようにする

A
枝つき
フラスコ

B
リービッヒ冷却器

C アダプター

密栓はしない

E
三角フラスコ
蒸留水

試料の量は枝つきフラスコ
の $\frac{1}{2}$ 以下にする

海水

D
沸騰
石

流しへ

冷却
水

急激な沸騰（突沸）を
防ぐために入れる（問5）

冷却水は下の口から
上の口へ流す（問3）

　問3の冷却水を流す方向を下から上にすると，冷却水がリービッヒ冷却器内にた
まりやすく，冷却効果がよくなります。

問4　蒸留していくと濃度が大きくなっていくために，海水の温度は徐々に上昇しま
す（➡p.98）。

　温度計は，水蒸気の温度をはかるためにとり付けられているので蒸留中は100℃
をさしたままになります。

答　問1　④　　問2　A：⑦　　B：⑦　　C：④　　D：⑦　　E：⑨
　　　問3　④　　問4　④　　問5　急激な沸騰（突沸）を防ぐため。

冷水 / 付着したヨウ素 I_2 / 砂 / ヨウ素 I_2 と塩化ナトリウム NaCl

加熱するとヨウ素 I_2 だけが直接気体となり，冷水で冷却されヨウ素 I_2 の固体に戻り付着する

2. 物質の構成粒子

2 原子の構造

化学基礎

次の文中の □ に適切な語句をうめよ。

原子は中心にある **ア** と，そのまわりを運動する **イ** から構成されている。軽水素（¹H）原子を除くと，**ア** は，正の電荷をもつ **ウ** と，電荷をもたない **エ** から構成される。**ア** の中の **ウ** の数をその原子の **オ** といい，**ウ** の数と **エ** の数の和を **カ** という。**カ** が 12 の炭素原子（¹²C）1 個の質量を 12 として定めた各元素の同位体の相対質量と，それら同位体の存在比から求まる平均値が，原子量である。分子量は，分子を構成する全原子の原子量の総和として求められる。

(筑波大)

解 説 〔原子の構造〕

原子は，その中心に正の電荷をもつ原子核（ア）とそれをとりまく負の電荷をもつ電子（イ）から構成され，原子核と電子との間には静電気的な引力がはたらいています。（e⁻ と書く）

原子核は，さらに陽子と中性子からできています。（ただし，軽水素 ¹H の原子核は，陽子だけからできています。）

正の電荷をもつ　電荷をもたない

約 10^{-10}m

陽子（正の電荷をもつ）… 原子核
中性子（電荷をもたない）（中心部）
電子（負の電荷をもつ）… 電子殻
原子（電気的に中性）

陽子の数は元素ごとに異なっているので，陽子の数で元素を区別できます。**陽子の数を原子番号（オ）**といい，元素記号の左下に書きます。

電子の質量は，陽子の質量に比べて無視できるほど小さく（およそ 1840 分の 1），陽子と中性子の質量がほぼ等しいので，原子の質量は「**陽子と中性子の数の和（＝質量数）**」にほぼ比例します。質量数は，元素記号の左上に書きます。

質量数 ➡ $^{12}_{6}C$　$^{13}_{6}C$
原子番号 ➡

同位体

原子番号＝陽子の数＝電子の数
質量数＝陽子の数＋中性子の数

原子には，**原子番号（陽子の数）が同じで，質量数の異なるもの**が存在します。このような原子を互いに**同位体（アイソトープ）**といって，同位体の化学的性質はほぼ等しくなります。

他の物質との反応のようす

答 **ア**：原子核　**イ**：電子　**ウ**：陽子　**エ**：中性子　**オ**：原子番号　**カ**：質量数

必修 基礎問

3 電子配置

次の文中の □ に適切な語句や数字をうめて文を完成せよ。

原子核をとりまく電子は，いくつかの層に分かれて存在している。これらの層を a といい，原子核に近いものから順に，K殻，L殻，M殻などとよばれている。 a のおのおのに収容できる電子の最大数は定まっており，例えば，K殻には b 個，L殻には c 個までの電子を入れることができる。原子の中の電子は，原則として原子核に近いK殻から順に優先的に配置されてゆく。例えば， d 原子では，8個の電子のうち e 個がK殻に入り，残りの f 個がL殻に入る。また，硫黄原子の電子は，K殻に g 個，L殻に h 個，M殻に f 個配置される。原子の中の電子のうち，最も外側の a に配置される電子のことを最外殻電子とよぶ。上の例では， d 原子のL殻，硫黄原子のM殻に配置される f 個の電子が最外殻電子である。元素を原子番号の順に並べると，最外殻電子の数が周期的に変化し，同数の最外殻電子をもつ元素が繰り返し現れる。同数の最外殻電子をもつ原子どうしは，よく似た性質を示す。このようにして，元素の i が合理的に理解される。

(九州大)

精講 （電子配置）

原子は，「原子核とそれをとりまく電子」からできていました（➡p.14）。電子は，**原子核を中心とするいくつかの空間である電子殻**を運動しています。
━━━━━━ Kからアルファベット順になっていく ━━━━━━
ばれています。電子殻は原子核に近い内側から，順にK殻，L殻，M殻，N殻…とよばれています。それぞれの電子殻に入ることができる電子の最大数は，

K殻：$2 \times 1^2 = 2$ 個　　L殻：$2 \times 2^2 = 8$ 個　　M殻：$2 \times 3^2 = 18$ 個

になります。つまり，内側から n 番目の電子殻に入ることができる電子は

$$2 \times n^2 = 2n^2 \text{ 個}$$

ということができます。

〈電子殻の名称と入ることができる電子の最大数（$2n^2$ 個）〉

電子は負電荷を帯びていて，正電荷を帯びている原子核に近いほど強く引きつけられるので，下の図のように，ふつう内側の**K殻から**順に**配置**されていきます。ただし，原子番号が18のアルゴン Ar から後の電子配置はやや複雑になっていきます。M殻に入ることができる電子は最大18個ですが，18個すべて満たされてからN殻に電子が入るわけではありません。

大学入試では，カリウム K とカルシウム Ca の電子配置が

$$_{19}\text{K}：\text{K(2)L(8)M(8)N(1)} \qquad _{20}\text{Ca}：\text{K(2)L(8)M(8)N(2)}$$

になることを知っていれば大丈夫です。

〈原子の電子配置の模式図〉

Point 6　電子配置

❶　入ることができる電子の最大数は，K殻2個，L殻8個，M殻18個，N殻32個。

❷　配置の順番は，原則として原子核に近いK殻からになる。また，$_{19}$K と $_{20}$Ca の電子配置は覚えておくとよい。

最外殻電子と価電子

最も外側の電子殻に存在する電子を最外殻電子といい，最外殻電子はふつうほかの原子との結合に使われるので，価電子ということもあります。価電子の数が等しい原子どうしは，互いによく似た化学的性質（反応のようす）を示します。ただし，**貴（希）ガス（18族元素）はほかの原子と結合しにくく原子の状態**（単原子分子）で存在するので，**貴ガスの価電子の数は0とします。**

貴ガス：最外殻電子の数 ≠ 価電子の数

ヘリウム He のK殻やネオン Ne のL殻のように，**最大数の電子でみたされた電子殻**を閉殻といいます。ヘリウム He やネオン Ne のように閉殻の場合や，アルゴン Ar のように最外殻電子が8個の場合，その電子配置は非常に安定です。つまり，**貴ガスの電子配置は，他の原子の電子配置に比べてとくに安定**になります。

16

元素名	原子	電子殻 K L M N	元素名	原子	電子殻 K L M N
水素	$_1$H	1	ナトリウム	$_{11}$Na	2 8 **1**
ヘリウム	$_2$He	2	マグネシウム	$_{12}$Mg	2 8 **2**
リチウム	$_3$Li	2 **1**	アルミニウム	$_{13}$Al	2 8 **3**
ベリリウム	$_4$Be	2 **2**	ケイ素	$_{14}$Si	2 8 **4**
ホウ素	$_5$B	2 **3**	リン	$_{15}$P	2 8 **5**
炭素	$_6$C	2 **4**	硫黄	$_{16}$S	2 8 **6**
窒素	$_7$N	2 **5**	塩素	$_{17}$Cl	2 8 **7**
酸素	$_8$O	2 **6**	アルゴン	$_{18}$Ar	2 8 **8**
フッ素	$_9$F	2 **7**	カリウム	$_{19}$K	2 8 8 **1**
ネオン	$_{10}$Ne	2 **8**	カルシウム	$_{20}$Ca	2 8 8 **2**

〈原子の電子配置〉　　　　　　　　　　太字は最外殻電子の数

Point 7　価電子

❶ 最外殻電子の数 ＝ 価電子の数　（貴ガスを除く典型元素）
❷ 貴ガスの価電子の数 ＝ 0
❸ 貴ガスの電子配置は非常に安定で，他の原子と結合しにくい。

解説

a：原子核を中心とするいくつかの層（空間）を電子殻といい，この電子殻に電子が存在します。

b，c：収容できる電子の最大数が，K殻2個，L殻8個，M殻18個…で，その配置の順番は，原則として原子核に近いK殻からになります。

d：問題文より，電子の数が8個なので，原子番号8の酸素原子になります。

e，f，g，h：原子番号8の酸素Oの場合，　K(2)L(6)
　　　　　　　　原子番号16の硫黄Sの場合，K(2)L(8)M(6)

　このとき，酸素原子のL殻，硫黄原子のM殻に配置されている電子を最外殻電子とよびます。

i：性質の似た元素が周期的に現れることを元素の周期律といいます。
　　　一定の間隔

答　a：電子殻　　b：2　　c：8　　d：酸素　　e：2　　f：6　　g：2
　　　h：8　　i：周期律

太郎君は下の元素の周期表を見て次のようなことに気がついた。

　周期表には$_{(ア)}$縦の列と横の行があり，元素を左上の水素から順番に並べている。元素記号の横には$_{(イ)}$その順番を表す番号を打っている。また，$_{(ウ)}$元素記号の下に小数点のついた数字が書いてあるが，この数字もおおむね小さい順に並んでいるようだ。また，$_{(エ)}$周期表の左の方には陽イオンになりやすい元素，右の方には陰イオンになりやすい元素が多いようであり，よく見ると周期表の縦の同じ列の元素はイオンになったとき，同じイオン価をもつことがわかる。

	1	2	3	4	5	6	7	8	9	10	11	12	13	14	15	16	17	18
1	$_1$H 1.008																	$_2$He 4.003
2	$_3$Li 6.941	$_4$Be 9.012											$_5$B 10.81	$_6$C 12.01	$_7$N 14.01	$_8$O 16.00	$_9$F 19.00	$_{10}$Ne 20.18
3	$_{11}$Na 22.99	$_{12}$Mg 24.31											$_{13}$Al 26.98	$_{14}$Si 28.09	$_{15}$P 30.97	$_{16}$S 32.07	$_{17}$Cl 35.45	$_{18}$Ar 39.95
4	$_{19}$K 39.10	$_{20}$Ca 40.08	$_{21}$Sc 44.96	$_{22}$Ti 47.87	$_{23}$V 50.94	$_{24}$Cr 52.00	$_{25}$Mn 54.94	$_{26}$Fe 55.85	$_{27}$Co 58.93	$_{28}$Ni 58.69	$_{29}$Cu 63.55	$_{30}$Zn 65.38	$_{31}$Ga 69.72	$_{32}$Ge 72.63	$_{33}$As 74.92	$_{34}$Se 78.97	$_{35}$Br 79.90	$_{36}$Kr 83.80

問1　下線部(ア)の周期表の縦の列は18列あり，族というが，横の行は何行あり，何というか。また，水素以外の1族元素のことを別名で何とよぶか。

問2　下線部(イ)の番号を何というか。また，この番号は原子のもつあるものの個数を表している。何の個数かを2通り答えよ。

問3　下線部(ウ)の数値は何とよばれるか。また，正確にいえば，この数値は必ずしも小さい順に並んでいるわけではない。小さい順に並んでいない原子を2組指摘せよ。

問4　下線部(エ)の例として，2族元素はどのようなイオンになるか。また，17族元素はどのようなイオンになるか。

問5　18族元素はいずれもイオンになりにくいが，その理由を述べよ。また，このような性質をもつ18族元素を別名で何とよぶか。

問6　この周期表を最初につくった人の名前を1人挙げよ。

問7　O^{2-}，F^-，Na^+，Mg^{2+}，Al^{3+} はいずれも Ne と同じ電子配置をもつ。

　(a)　これらのイオンのうち，半径の最も小さくなるものを答えよ。

　(b)　(a)で答えたイオンの半径が最も小さくなる理由を40字以内で説明せよ。

（問1〜問6香川大，問7神戸大）

精講 （イオン）

原子は電気的に中性でしたが（➡p.14），電子をやりとりすると電荷をもつようになります。このとき，**電子を失うと正の電荷をもった陽イオン**に，**電子をとり入れると負の電荷をもった陰イオン**になります。ふつう，価電子が1〜3個の原子は価電子すべてを放出して1〜3価の陽イオンになりやすく，価電子が6，7個の原子は2，1個の電子を受けとって2，1価の陰イオンになりやすくなります。

これは，イオンになることによって，より安定な貴ガスと同じ電子配置になろうとするためです。イオンになったときの電子配置の例は，次のようになります。

（例） 1族 $\begin{cases} {}_1H & K(1) \end{cases}$ ➡ ${}_1H^+$　K(0)　（同じ電子配置をもつ原子はない）

${}_3Li$　K(2)L(1) ➡ ${}_3Li^+$　K(2)　（${}_2He$ と同じ電子配置）

2族：${}_4Be$　K(2)L(2) ➡ ${}_4Be^{2+}$　K(2)　（${}_2He$ と同じ電子配置）

16族：${}_8O$　K(2)L(6) ➡ ${}_8O^{2-}$　K(2)L(8)　（${}_{10}Ne$ と同じ電子配置）

17族：${}_9F$　K(2)L(7) ➡ ${}_9F^-$　K(2)L(8)　（${}_{10}Ne$ と同じ電子配置）

Point 8　イオンの電子配置

陽イオン・陰イオンになるとき，水素イオン H^+ の他は原子番号が最も近い貴ガスと同じ電子配置になる傾向がある。

（周期表）

さまざまな化学者が性質の似ている元素をグループに分類する方法を研究し，元素を原子番号の順に並べていくと，元素の性質が周期的に変化する（周期律➡p.17）ことがわかりました。そして，メンデレーエフが元素を原子量の順に並べることにより，性質のよく似た元素が同じ列にくるように配列した最初の周期表を発表しました。現在の周期表は，元素を原子番号の順に並べ，その電子配置も考えてつくられています。

① 周期表の縦の列を**族**，横の行は**周期**といって，大学入試ではとくに「原子番号1の水素Hから原子番号20のカルシウムCa」までを覚える必要があります。

② 同じ族に属する元素群を**同族元素**といいます。価電子の数が等しい同族元素どうしは，化学的性質が似ています。

周期表の1，2および12〜18族の元素をまとめて**典型元素**とよびます。

また，水素 H を除く 1 族元素は<u>アルカリ金属</u>，ベリリウム Be とマグネシウム Mg を除く 2 族元素は<u>アルカリ土類金属</u>，17 族元素は<u>ハロゲン</u>，18 族元素は<u>貴(希)ガス</u>ともよばれます。

③ 第 4 周期以降に現れる 3 族～11 族の元素をまとめて<u>遷移元素</u> とよびます。遷移元素の原子は最外殻電子の数がほとんど 1 または 2 個なので，遷移元素では，左右にとなり合う元素どうしの化学的性質が似ていることが多くなります。

Point 9　暗記の必要な元素

原子番号 1 の水素 H から原子番号 20 のカルシウム Ca までは覚える！

スイ	ヘー	リー	ベイ	ボク	ノー	フ	ネ	ナナ	マガ	リ	シップ	ス	クアーク	カ

H He Li Be B C N O F Ne Na Mg Al Si P S Cl Ar K Ca

原子半径

原子を球形と考えたときの半径を<u>原子半径</u>といいます。典型元素（貴ガスを除く）の原子半径を，①同族元素 と ②同一周期（同じ周期）について考えます。

❶ 同族元素について

1 族元素である Li，Na，K の電子配置を例にとると，それぞれ

$_3$Li：K(2)L(1)，$_{11}$Na：K(2)L(8)M(1)，$_{19}$K：K(2)L(8)M(8)N(1)

となり，原子核から最外殻までの距離は，原子番号が大きくなるほど大きくなります。

原子半径　　　　周期表で下にいく

❷ 同一周期について

第 3 周期の $_{11}$Na から $_{17}$Cl を例にとると，<u>原子番号が大きくなると陽子の数が増えていくので，原子核の正電荷が大きくなって，最外殻電子が原子核に強く引かれ，原子半径が小さくなります。</u>

〈**原子半径** 数値の単位は nm（1nm＝10^{-9}m）〉

問1 周期表の横の行は周期といい，7 行（第 7 周期まで）あります。また，1 族元素（水素 H を除く）はアルカリ金属といいます（➡p.20）。

問2 元素記号の左下の番号は原子番号であり，陽子の数と電子の数と同じです。

問3 周期表には，「$_{18}Ar$ と $_{19}K$」や「$_{27}Co$ と $_{28}Ni$」などのように，原子量と原子番号の大小が逆転しているところがあります。

問4 2 族元素は価電子 2 個を放出して 2 価の陽イオンに，価電子 7 個の 17 族元素は電子を 1 個受け入れて 1 価の陰イオンになりやすくなります。

問5 18 族元素（貴ガス）の電子配置は安定で，電子を放出したり受けとったりしにくいので，イオンになりにくい性質があります。

問6 メンデレーエフが元素を原子量の順に並べた周期表を発表しました（➡p.19）。

問7 同じ電子配置をとるイオン（$_8O^{2-}$, $_9F^-$, $_{11}Na^+$, $_{12}Mg^{2+}$, $_{13}Al^{3+}$）では，原子番号が大きくなると陽子の数が増えていくので，原子核と電子の間の引力が大きくなり，そのイオン半径は小さくなります。

　　イオン半径：$_8O^{2-}>_9F^->_{11}Na^+>_{12}Mg^{2+}>_{13}Al^{3+}$

　　　　いずれも K(2)L(8)　（$_{10}Ne$ と同じ電子配置）

問1 横の行の数：7 行　　横の行の名称：周期
水素以外の 1 族元素の別名：アルカリ金属

問2 番号の名称：原子番号　　何の個数：陽子，電子

問3 数値の名称：原子量　　原子の組：Ar と K，Co と Ni

問4 2 族元素：2 価の陽イオン　　17 族元素：1 価の陰イオン

問5 理由：18 族元素の電子配置が安定であるから。　　別名：貴(希)ガス

問6 メンデレーエフ

問7 (a) Al^{3+}　(b) 陽子の数が最も多いため，原子核と電子の引力が大きくその半径が最も小さくなる。(38 字)

5 イオン化エネルギー

化学基礎

次の文章中の □ に最も適当な語句を（解答群）から選べ。同じ番号を何度使ってもよい。

気体状の原子から電子1個をとり去り，1価の陽イオンにするために必要なエネルギーは ア とよばれる。通常 ア は，同族では周期表の イ から ウ へいくにしたがって大きくなる。同一周期では エ から オ へいくほど大きくなり， カ 原子で最大となる。

（解答群） ⓪ 小さく ① 大きく ② 上 ③ 下 ④ 左
⑤ 右 ⑥ 貴（希）ガス ⑦ ハロゲン ⑧ アルカリ金属
⑨ アルカリ土類金属 ⑩ 化学エネルギー
⑪ イオン化エネルギー ⑫ 結合エネルギー （東京理科大）

精 講 （イオン化エネルギー）

気体状の原子から電子1個をとり去って，1価の陽イオンにするのに必要な最小のエネルギーを，その原子の**イオン化エネルギー**（第一イオン化エネルギー）といいます。イオン化エネルギーは，言葉だけでは理解しにくいので図を使って ①→②→③ の順に考えてみましょう。

①イオン化エネルギーを加えると，
②●電子が飛んでいき，
③陽イオン⁺になる!!

上図のように，電子1個をとり去るのに必要な最小のエネルギーをイオン化エネルギーといいます。そのため，イオン化エネルギーが小さい原子ほど陽イオンになりやすく，イオン化エネルギーが大きい原子ほど陽イオンになりにくいということができます。

Point 10 イオン化エネルギー

イオン化エネルギーが小さな原子ほど陽イオンになりやすい。
イオン化エネルギーが大きな原子ほど陽イオンになりにくい。

次に，イオン化エネルギーと周期表との関係をみてみましょう。

① 同族元素（たて）では，原子番号が大きくなるほど，原子核からとり去る最外殻電子までの距離が大きくなります。距離が大きくなると，最外殻電子を

22

引きつける力が弱くなるので，その電子をとり去るのに必要な**イオン化エネルギー**は**小さく**なります。

② 同一周期（よこ）では，原子番号が大きくなると，陽子の数が増えていきます。すると，原子核の正電荷が大きくなって，とり去る最外殻電子が原子核に強く引かれるので**イオン化エネルギーが大きくなり**，**貴ガスで最大**となります。

〈イオン化エネルギーと周期表の関係〉　〈イオン化エネルギーの周期的変化〉

また，貴ガス（He, Ne, Ar）のイオン化エネルギーが非常に大きなことから，貴ガスの電子配置が極めて安定であることが確認できますね。

Point 11　イオン化エネルギーと周期的変化の関係

同　　族：原子番号大 ➡ 原子核から最外殻電子までの距離大
　　　　　　　　　　➡ とり去る最外殻電子を引きつける力弱
　　　　　　　　　　➡ イオン化エネルギー小
同一周期：原子番号大 ➡ 陽子の数多
　　　　　　　　　　➡ とり去る最外殻電子を引きつける力強
　　　　　　　　　　➡ イオン化エネルギー大

ア：気体状の原子から電子1個をとり去り，1価の陽イオンにするために必要なエネルギーは**イオン化エネルギー**とよばれます。

イ，ウ：イオン化エネルギーは，同族（たて）では周期表の**下**から**上**へいくにしたがって大きくなります。

エ，オ，カ：イオン化エネルギーは，同一周期（よこ）では周期表の**左**から**右**へいくほど大きくなり，18族の**貴ガス**原子で最大となります。

答 ア：⑪　イ：③　ウ：②　エ：④　オ：⑤　カ：⑥

2 放射性同位体による年代測定

化学基礎 化学

問1 ア ～ オ に語句, カ に元素記号を入れよ。

放射性同位体は, 原子核が不安定であり, 放射線を出し別の原子に変化する。この変化を ア という。また, 放射線を出す性質を イ といい, イ をもつ物質を ウ 物質とよぶ。

^{3}H は放射線の一種である エ 線を出しながら同じ オ の原子 カ に変換し, 約 12 年でその量が半分になる。

問2 大気中の ^{14}N に宇宙線によって生じた中性子が衝突すると ^{14}C が生成する。この変化は以下の式で表される。 に入る語句を答えよ。

$$^{14}N + {}^1n(中性子) \longrightarrow {}^{14}C + \boxed{}$$

問3 ある遺跡から出土した木の実の中の $^{14}_{6}$C の存在比は, 大気中の値の 6.25 % であった。この木の実は, 今からおよそ何年前に採取されたものと推定できるか, 有効数字 2 桁で答えよ。ただし, $^{14}_{6}$C の半減期を 5.7×10^3 年とする。

(問2 早稲田大, 問3 富山大)

精 講 （放射性同位体）

同位体のうち, 原子核から α 線, β 線, γ 線などの**放射線を出して壊れ, 別の原子に変わる** (この変化を壊変といいます) ものを**放射性同位体** (ラジオアイソトープ) といいます。天然には, $^3_1$H や $^{14}_{6}$C などがあります。

❶ β 線

β 線は**電子 e^- のこと**で, β 線（電子）が放出される壊変を β 壊変といいます。β 壊変では, 中性子 1 個が陽子 1 個と電子 1 個に変化します。

中性子　　　　　　　陽子　　　　　電子 e^-（β 線）

中性子が 1 個減って陽子が 1 個増えるので, β 壊変では原子番号が 1 増えますが, 質量数は変化しません。

質量数＝陽子の数＋中性子の数　なので, 変化しません
（1 個増える）（1 個減る）

（例）　β 壊変

質量数は変化しません！

$$^{14}_{6}C \longrightarrow {}^{14}_{7}N + \beta 線 (e^-)$$

原子番号が 1 増えます！　　原子番号が変われば元素記号も変わります

❷ **半減期**

　壊変により，放射性同位体がもとの量の半分になるまでの時間を<u>半減期</u>といいます。^{14}C の半減期は約 5730 年，^3_1H の半減期は約 12 年…のように，半減期はそれぞれの放射性同位体で異なります。

（例） 枯れた植物中の ^{14}C（半減期 5730 年）の割合のようす

枯れた瞬間を 1 とします $\xrightarrow[\text{半分に}\atop\text{なります！}]{\text{最初の}\atop\text{5730 年で}}$ $\dfrac{1}{2}$ $\xrightarrow[\text{さらに半分に}\atop\text{なります！}]{\text{次の}\atop\text{5730 年で}}$ $\left(\dfrac{1}{2}\right)^2$ $\xrightarrow[\text{さらに半分に}\atop\text{なります！}]{\text{その次の}\atop\text{5730 年で}}$ $\left(\dfrac{1}{2}\right)^3$ $\xrightarrow{}$ … くり返されます！

（年代測定）

　$^{14}_{6}C$ は考古学試料の年代測定に利用されています。$^{14}_{6}C$ は β 壊変により $^{14}_{7}N$ へと変化しました。

$$^{14}_{6}C \longrightarrow {}^{14}_{7}N + \beta\,線\,(e^-)$$

　一方，地球には宇宙からの放射線（宇宙線）が降り注いでいて，これが地球の大気に衝突し中性子が生じています。この中性子が大気中の $^{14}_{7}N$ に衝突し，$^{14}_{6}C$ が生じてもいます。

　大気中では「$^{14}_{6}C$ が壊れる量＝$^{14}_{6}C$ が生じる量」となるので，<u>大気中の $^{14}_{6}C$ の存在比は過去から現在までほぼ一定に保たれています</u>。植物は $^{14}_{6}C$ を含む CO_2 を光合成で取り込むことで，植物中の $^{14}_{6}C$ は大気中と同じ割合に保たれます。ところが，植物が枯れると $^{14}_{6}C$ の取り込みが途絶えるので植物中（枯木中）の $^{14}_{6}C$ は壊変して減っていきます。

普通の CO_2 ⟶

$^{14}_{6}C$ を含む CO_2 ⟶

木が枯れる

枯木中の $^{14}_{6}C$ は減少していきます

$^{14}_{6}C$ の半減期は 5730 年なので，枯木中の $^{14}_{6}C$ は 5730 年経過するごとに半分になります

Point 12 半減期（半分になるまでの時間）は一定になる。

　問 1　ア：<u>壊変</u>は，<u>崩壊</u>ともよびます。
　　　　イ：放射線を放出する能力を<u>放射能</u>といいます。
　エ～カ：β 壊変では，原子番号は 1 増えますが，<u>質量数</u>は変化しません。

質量数は変化しません！

$$^3_1H \longrightarrow {}^3_2He_{\text{カ}} + \beta_{\text{エ}}\,線\,(e^-)$$

原子番号が 1 増えます！　　原子番号 2 はヘリウムです

問2 大気中の ^{14}N のもつ陽子 1 個に宇宙線からの中性子 1 個が衝突すると，中性子が陽子と置き換わります。

陽子 1 個が減るので，原子番号が 1 減少して 6 になります。中性子は 1 個増えますが陽子が 1 個減っているので，質量数は変化せず 14 のままです

中性子 → $^{14}_{7}$N → $^{14}_{6}$C に変化

衝突します
陽子が追い出されます

質量数は 1　質量数は 1
中性子を $^{1}_{0}$n，陽子を $^{1}_{1}$p と表すと，この変化は次の式で表せます。
neutron 原子番号　proton 原子番号は 1
なし

$$^{14}_{7}\text{N} + {}^{1}_{0}\text{n} \longrightarrow {}^{14}_{6}\text{C} + {}^{1}_{1}\text{p}$$ ➡ ☐ に入る語句は陽子

別解 左右両辺で「原子番号の和」や「質量数の和」が等しくなることに注目します。

質量数の和は，左辺・右辺ともに 15 になる

$$^{14}_{7}\text{N} + {}_{0}^{}\text{n} \longrightarrow {}_{6}^{14}\text{C} + {}_{1}^{}\text{p}$$

原子番号の和は，左辺・右辺ともに 7 になる

問3 出土した木の実の中の $^{14}_{6}$C の存在比は，大気中の値の $6.25\% = \dfrac{6.25}{100} = \dfrac{625}{10000} = \dfrac{1}{16}$

で，$^{14}_{6}$C の半減期は 5.7×10^3 年 = 5700 年 であることに注意しましょう。

採取された瞬間
大気中の ^{14}C を表すグラフ（過去から現在まで一定に保たれています）
出土した木の実の中の $^{14}_{6}$C の存在比
木の実の中の ^{14}C を表すグラフ
5700 年で半分になります
大気中の ^{14}C の $\dfrac{1}{16}$ となります
木の実が出土した瞬間（今）
「半分になるまでの時間は一定」

よって，この木の実は今から $5700 \times 4 ≒ 2.3 \times 10^4$ 年前 に採取されたものと推定できます。

答 **問1** ア：壊変（または崩壊）　イ：放射能　ウ：放射性　エ：ベータ
オ：質量数　カ：He　**問2** 陽子　**問3** 2.3×10^4 年前

必修 基礎問

3. 物質量

6 原子量

次の文章を読んで，下の問いに答えよ。

原子核に含まれる ［ A ］ の数は同じで ［ B ］ の数が異なる原子を互いに ［ C ］ といい，自然界の多くの元素に存在する。元素の原子量は，質量数 12 の炭素原子の質量の値を 12 とし，これを基準とした相対質量として求められる。したがって，［ C ］ が存在する場合はその存在比を考慮して元素の相対質量を求め，これを元素の原子量とする。天然の炭素の場合には質量数 12 と質量数 13 の炭素原子の他に，極微量に質量数 14 の炭素原子が存在する。質量数 14 の炭素原子は放射線を放出すると ［ B ］ が 1 個減り，［ A ］ が 1 個増えることによって別の元素である（ ア ）となる。このように質量数 14 の炭素原子の数は一定の速さで減少することから，その存在比を調べることにより遺跡から出土する木片などの年代測定に利用されている。

問1 ［ A ］ ～ ［ C ］ に当てはまる最も適切な語句を記せ。また，（ ア ）に当てはまる原子を（例）にならって記せ。ただし，a，b は数値，X は元素記号とする。

（例）

$$\begin{array}{c} a \\ b \end{array} X$$

問2 下線部の例として，天然の塩素には安定した原子が 2 種類のみ存在する。相対質量 35.0 の塩素原子の存在比を 75.0 ％ としたとき，もう 1 種類の塩素原子の相対質量を有効数字 3 桁で答えよ。ただし，塩素の原子量は 35.5 とする。

(防衛大)

精講 ［原子量］

原子 1 個の質量はとても小さく，例えば，^{1}H 1 個の質量は 1.674×10^{-24} g，^{35}Cl 1 個の質量は 5.808×10^{-23} g です。この数値では小さすぎて，扱いにくいですね。そのため，原子を扱うときには，ある特定の原子 1 個を基準にして，その原子との相対質量の値で扱います。

現在では，質量数 12 の炭素原子 ^{12}C 1 個の質量 1.993×10^{-23} g を 12 として，これを基準にとったときの各原子の相対質量を原子量としています。

（例） ^{1}H や ^{35}Cl の相対質量（原子量）は次のように計算して求めます。

$$^1\text{H} : \frac{12}{1.993 \times 10^{-23} \,(g)} \times 1.674 \times 10^{-24} \,(g) = 12 \times \frac{1.674 \times 10^{-1}}{1.993} \fallingdotseq 1.008$$

←g どうしを消去する→

質量数にほぼ等しくなる

$$^{35}\text{Cl} : \frac{12}{1.993 \times 10^{-23} \,(g)} \times 5.808 \times 10^{-23} \,(g) = 12 \times \frac{5.808}{1.993} \fallingdotseq 34.97$$

また，天然に存在する多くの元素には同位体が一定の割合で存在します（➡p.14）。同位体の存在する原子は，同位体の相対質量の平均値を求めて原子量とします。

原子量

❶ ^{12}C 1個の質量を 12 とした各原子の相対質量を原子量とする。
❷ 同位体が存在する場合，同位体の相対質量の平均値を求め，それを原子量とする。

解説

問1 A，B，C：原子核に含まれる陽子$_A$の数は同じで中性子$_B$の数が異なる原子を互いに同位体（アイソトープ）$_C$といいます（➡p.14）。
（　B　の数とあるので，　B　を質量数にはできません。）

ア：質量数 14 の炭素原子 $^{14}_{6}C$ は放射線を放出すると中性子$_B$が1個減り，陽子$_A$が[1]個増えるとあるので，

原子番号が [6]+[1]＝7，質量数が 14−1+1＝14

Cの原子番号は 6　陽子は1個増える　^{14}Cの質量数は 14　中性子は1個減る

陽子は1個増える

の $^{14}_{7}N$ となることがわかります。

原子番号が 7 の元素は窒素 N で，質量数は 14 のまま変化していない

$$^{14}_{6}C \longrightarrow {}^{14}_{7}N + 放射線$$

β 線（正体は電子 e^-）

となります（➡p.24）。

問2 同位体の存在する原子の原子量は，同位体の相対質量の平均値となります。もう1種類の塩素原子の相対質量を x とすると，その存在比は $100-75.0=25.0\%$ とわかり，次の式が成り立ちます。

$$\underset{相対質量}{35.0} \times \underset{存在比}{\frac{75.0}{100}} + \underset{相対質量}{x} \times \underset{存在比}{\frac{25.0}{100}} = \underset{原子量}{35.5} \qquad よって，x=37.0$$

参考　各同位体の相対質量は，その質量数とほぼ等しくなるので，
相対質量 35.0 の塩素原子は ^{35}Cl
相対質量 37.0 の塩素原子は ^{37}Cl
だったとわかります。

問1　A：陽子　　B：中性子　　C：同位体（またはアイソトープ）　　ア：$^{14}_{7}N$
問2　37.0

必修 基礎問

7　物質量 (mol)

次の(A)〜(F)の物質について，その物質量が多いものから順に記号を並べよ。ただし，原子量は H＝1.0，C＝12，O＝16，Na＝23，Cl＝35.5，Cu＝64，アボガドロ定数は $6.0×10^{23}$/mol とする。

(A)　標準状態で 40.32 L のアルゴン　　(B)　ナトリウム $3.0×10^{24}$ 個

(C)　64 g の銅　　　　　　　　　　　　(D)　142.0 g の塩素

(E)　1 mol のエタノール C_2H_5OH を完全燃焼させたときに生成する水

(F)　7.8 g のベンゼン C_6H_6 を完全燃焼させたときに生成する二酸化炭素

(慶應義塾大)

精 講　　（単位変換）

　　化学の計算は，単位に注目して計算することが大切です。

　例えば，$1\,m＝10^2\,cm$ のように「同じ量が2通りの単位で表せる」とき，

$$\frac{1\,(m)}{10^2\,(cm)}　　または，\frac{10^2\,(cm)}{1\,(m)}$$

と表し，このうち「どちらか必要なほうを選択」して「単位も記入して計算する」ことで，単位変換を行うことができます。

（例）　5 m から cm への変換

$$5\,(m)×\frac{10^2\,(cm)}{1\,(m)}＝5×10^2\,(cm)　←単位も記入して計算する$$

　　　　　　　┗━ m どうしを消去して，cm を残す

（物質量（モル））

　私たちが日常生活で扱う物質には，莫大な数の原子や分子が含まれています。この莫大な数の原子や分子を1個ずつ数えるのは大変ですから，ふつうは，かたまり（集団）で数えることになります。つまり，多数の鉛筆を1本ずつ数えるのではなく，「12本を1ダース」として数えるのと同じように，原子や分子は

$6.0×10^{23}$ 個を 1 モル (mol)

として数えます。ここで注意する点は，鉛筆だけでなくジュースでも「12本を1ダース」として数えるように，<u>原子はもちろん分子やイオンでも「$6.0×10^{23}$ 個を1モル (mol)」として数える</u>点です。

（例）　銅 Cu，水 H_2O，塩化ナトリウム NaCl それぞれ $6.0×10^{23}$ 個は，1モル (mol) となる。また，NaCl 1モル (mol) 中には，Na^+ や Cl^- がそれぞれ 1 mol ずつ，つまり $6.0×10^{23}$ 個ずつ含まれていることに注意する。

Point 14　物質量 (モル)

原子・分子・イオンなど 6.0×10²³ 個を 1 モル (mol) とする。

物質 1 mol の質量

物質 1 mol あたりの質量をモル質量といって，原子量，分子量，式量の数値に単位 〔g/mol〕 をつけたものになります。
└─ 1 mol あたりを表す

(例) ①ナトリウム Na の原子量は 23 なので，Na のモル質量は 23 g/mol

②二酸化炭素 CO_2 の分子量は 44 なので，CO_2 のモル質量は 44 g/mol
（Cの原子量）＋（Oの原子量）×2＝12＋16×2＝44

③塩化ナトリウム NaCl の式量は 58.5 なので，NaCl のモル質量は 58.5 g/mol
（Naの原子量）＋（Clの原子量）＝23＋35.5＝58.5

単位に注目すると，物質量 〔mol〕 はモル質量 〔g/mol〕 を用いて次式のように求められます。

$$\frac{\text{物質の質量〔g〕}}{\text{モル質量〔g/mol〕}}=\text{物質量〔mol〕}$$

単位に注意すると，$\dfrac{g}{g/mol}=g\div\dfrac{g}{mol}=g\times\dfrac{mol}{g}=mol$
└─ g どうしが消去されて，mol が残る

物質 1 mol の体積

気体 1 mol は 6.0×10²³ 個の粒子の集まりなので，どの気体 1 mol でも，同じ温度・同じ圧力では同じ体積になります。とくに，

温度 0 ℃，圧力 1013 hPa[注]**＝1.013×10⁵ Pa＝1 atm の状態を標準状態**
といい，「気体の体積を考えるときの基準」とすることが多くなります。**標準状態では，気体 1 mol の体積は，気体の種類に関係なく 22.4 L という一定値**になります。

また，**物質 1 mol の占める体積をモル体積**といい，標準状態では気体の種類に関係なく 22.4 に単位 〔L/mol〕 をつけたものになります。
└─ 1 mol あたりを表す

(注)　ヘクト h は，10² を表すので，
1013 hPa＝1013×10² Pa＝1.013×10³×10² Pa＝1.013×10⁵ Pa

Point 15　物質 1 mol の個数，質量，体積

分子の個数, 質量, 体積は, 二酸化炭素 CO_2 1 mol を例にとってみると,

分子の個数　➡　6.0×10²³ 個

分子の質量　➡　44 g（分子量 g）

分子の体積　➡　22.4 L（標準状態）

　燃焼させる物質中のすべてのCやHが CO_2，H_2O に変化することを完全燃焼するといいます。このとき，CがCOに変化することは完全燃焼とよばないことに注意してください。

　また，完全燃焼の化学反応式の書き方は，

❶ 左辺に「完全燃焼させる物質と酸素 O_2（反応物）」，右辺に「完全燃焼後の物質（生成物）」を書きます。
❷ 完全燃焼させる物質の係数を1とおきます。
❸ CやHなどの数に注目しながら生成物に係数をつけます。
❹ O_2 で係数をそろえます。

　ここで，係数が分数になったときは，全体を何倍かして係数を最も簡単な整数にします。

(A)　標準状態でのアルゴン Ar 1 mol の体積は 22.4 L なので，アルゴン Ar 1 mol の占める体積（モル体積）は，

$$22.4 \text{ L} /_1 \text{mol}$$ →Ar 1 mol あたりを表す

となり，標準状態で 40.32 L のアルゴン Ar の物質量〔mol〕は，

$$40.32 \text{ [L]} \div \frac{22.4 \text{ [L]}}{1 \text{ [mol]}} = 40.32 \text{ [L]} \times \frac{1 \text{ [mol]}}{22.4 \text{ [L]}} = 1.8 \text{ [mol]}$$

Lどうしを消去して，mol を残す

(B)　**1 mol あたりの粒子**（原子，分子，イオンなど）**の個数を**アボガドロ定数といって，アボガドロ定数は $6.0 \times 10^{23} /_1 \text{mol}$ と表します。

→粒子 1 mol あたりを表す

　アボガドロ定数 $6.0 \times 10^{23} \text{ /mol}$ が与えられている問題では，6.0×10^{23} 個 $/_1 \text{mol}$ と書き直してから計算しましょう。

個と1を補って考えましょう

　ナトリウム Na 3.0×10^{24} 個の物質量〔mol〕は，アボガドロ定数を 6.0×10^{23} 個$/_1 \text{mol}$ と書き直してから次のように求めます。

$$3.0 \times 10^{24} \text{ [個]} \times \frac{1 \text{ [mol]}}{6.0 \times 10^{23} \text{ [個]}} = \frac{30 \times 10^{23}}{6.0 \times 10^{23}} = 5.0 \text{ [mol]}$$

個どうしを消去して，mol を残す

(C)　銅 Cu の原子量は 64 なので，そのモル質量は 64 g $/_1 \text{mol}$ となり，64 g の銅 Cu の物質量〔mol〕は，

→Cu 1 mol あたりを表す

$$64 \text{ [g]} \div \frac{64 \text{ [g]}}{1 \text{ [mol]}} = 64 \text{ [g]} \times \frac{1 \text{ [mol]}}{64 \text{ [g]}} = 1.0 \text{ [mol]}$$

gどうしを消去して，mol を残す

(D) 塩素 Cl_2 の分子量は，（Cl の原子量）×2＝35.5×2＝71.0　なので，そのモル質量は 71.0 g／1 mol となり，142.0 g の塩素 Cl_2 の物質量〔mol〕は，

└─Cl_2 1 mol あたりを表す

$$142.0 \text{〔g〕} \times \frac{1 \text{〔mol〕}}{71.0 \text{〔g〕}} = 2.0 \text{〔mol〕}$$

(E) エタノール C_2H_5OH の完全燃焼の化学反応式は，p.31 **精 講** の

完全燃焼の意味と化学反応式の書き方 から次のようになります。

❶　$C_2H_5OH + O_2 \longrightarrow CO_2 + H_2O$ ←完全燃焼なので

❷　$1\,C_2H_5OH + O_2 \longrightarrow CO_2 + H_2O$ ←完全燃焼させる物質の係数を 1 とおく

❸　$1\,C_2H_5OH + O_2 \longrightarrow 2\,CO_2 + 3\,H_2O$ ←C と H の数に注目して，生成物に係数をつける

❹　$1\,C_2H_5OH + 3\,O_2 \longrightarrow 2\,CO_2 + 3\,H_2O$ ←O の数に注目して，O_2 に係数をつける

よって，

$$C_2H_5OH + 3\,O_2 \longrightarrow 2\,CO_2 + 3\,H_2O$$

となり，完成した化学反応式の係数から，1 mol のエタノール C_2H_5OH を完全燃焼させたときに生成する水 H_2O は 3 mol となります。

(F) ベンゼン C_6H_6 の完全燃焼の化学反応式は，(E)と同様に考えると次のようになります。

$$1\,C_6H_6 + \frac{15}{2}O_2 \longrightarrow 6\,CO_2 + 3\,H_2O$$ ←計算に利用するだけなので，係数が分数のままでかまわない

ベンゼン C_6H_6 の分子量は，（C の原子量）×6＋（H の原子量）×6＝12×6＋1.0×6＝78 なので，そのモル質量は 78 g／1 mol であり，7.8 g のベンゼン C_6H_6 の物質量〔mol〕は，

└─C_6H_6 1 mol あたりを表す

$$7.8 \text{〔g〕} \times \frac{1 \text{〔mol〕}}{78 \text{〔g〕}} = 0.10 \text{〔mol〕}$$

となります。完成した化学反応式の係数を読みとると，ベンゼン C_6H_6 1 mol から二酸化炭素 CO_2 6 mol が生成することがわかります。よって，7.8 g つまり 0.10 mol のベンゼン C_6H_6 を完全燃焼させたときに生成する二酸化炭素 CO_2 は，

$$0.10 \text{〔mol〕} \times \frac{6 \text{〔mol〕}}{1 \text{〔mol〕}} = 0.60 \text{〔mol〕}$$

ベンゼン C_6H_6〔mol〕　　　CO_2〔mol〕

ベンゼン C_6H_6 の mol どうしを消去して，CO_2 の mol を残す

この結果，(A)～(F)の物質について，その物質量〔mol〕が多いものから順に，

(B)	>	(E)	>	(D)	>	(A)	>	(C)	>	(F)
5.0〔mol〕		3〔mol〕		2.0〔mol〕		1.8〔mol〕		1.0〔mol〕		0.60〔mol〕

となります。

答　(B)＞(E)＞(D)＞(A)＞(C)＞(F)

4. 化学結合と結晶

必修 基礎問

8 電気陰性度 化学基礎

　文章中の[　　]に最も適当な語句を(解答群)から選べ。また,(1)には最も適当な数字を答えよ。ただし,同じ番号を何度使ってもよい。

　化学結合において原子が結合している電子を引きつける能力は[　ア　]とよばれる。[　ア　]は同族では,一般に,原子番号が小さくなるほど[　イ　]なる。また,同一周期でこの値を比較すると,原子番号が大きくなるほど[　ウ　]なり,(1)族元素で最大となり,これらの元素のうちでも[　エ　]が最大値を示す。

(解答群)　⓪　小さく　　①　大きく　　②　ハロゲン　　③　塩素
　　　　　④　ヨウ素　　⑤　ホウ素　　⑥　炭素　　⑦　フッ素
　　　　　⑧　電子親和力　　⑨　クーロン力　　⑩　電気陰性度

(東京理科大)

精講　　(電気陰性度)

　　原子どうしが結合するとき,それぞれの原子が結合に使われる電子を引きつける能力を数値にしたものを**電気陰性度**といい,電気陰性度の値が大きい原子ほど電子を強く引きつけます。**周期表の右上の元素ほど電気陰性度は大きく,フッ素Fが最大**になります。ただし,**貴ガスは他の原子とほとんど結合しないので電気陰性度はふつう考えません。**

〈電気陰性度の値(ポーリングの値)〉

Point16　　電気陰性度

　周期表の右上にいくほど大きくなり,フッ素原子Fが最大。
　また,その大小関係として,　F>O>N, C>H　の順を覚えておく。

解説

　電気陰性度_アは，同族（たて）では原子番号が小さくなるほど大きく_イなります。また，同一周期（よこ）では原子番号が大きくなるほど大きく_ウなり，17₁族元素で最大となり，これらのうちでフッ素_エFが最大値を示します。

必修基礎問

9 化学結合の種類 　　　　　　　　　　　　化学基礎　化学

次の文章が正しければ○，誤っていれば×をつけよ。

① 電気陰性度の値は，アルカリ金属の方がハロゲンよりも大きい。
② 塩化水素の分子は，イオン結合でできている。
③ オキソニウムイオンとアンモニウムイオンには，配位結合が存在する。
④ NH_4^+ 中の4つのN–H結合には，イオン結合が1つ含まれている。
⑤ H_3O^+ 中の3つのO–H結合は，全く同じで区別することはできない。
⑥ ダイヤモンドの結晶では，炭素は互いに共有結合で結びついている。

精講　（電子式）

　元素記号のまわり（上下左右）に最外殻電子を点（・）で表したものを**電子式**といいます。電子式を書くときには，なるべく対をつくらないように書きます。電子式を書いたときに，対になっていない電子を**不対電子**，対になっている電子を**電子対**とよびます。

【電子式の書き方の例】

　$_7N$ K(2)L(5) の場合，最外殻電子5個を4個目までは元素記号の上下左右に1個ずつ対をつくらないように書き，5個目からは対にして書きます。

ふつう，元素記号の上下左右に2個ずつ最大8個まで電子（・）を書く

電 子 式	Li·	·Be·	·B·	·C·	·N·	·O·	·F·	:Ne:
最外殻電子	1	2	3	4	5	6	7	8
価 電 子	1	2	3	4	5	6	7	0
不対電子	1	2	3	4	3	2	1	0

（化学結合）

　原子やイオンなどの粒子の結びつき方には，おもに ①共有結合，②イオン結合，③金属結合 の3種類があります。

❶ 共有結合

　原子どうしが**不対電子を1個ずつ出し合ってつくった電子対（共有電子対）**を，2つの原子が共有することでつくられる結合を**共有結合**といいます。

このとき，共有結合に使われていない電子対を非共有電子対または孤立電子対といいます。

また，下表のような水素 H_2 や水 H_2O の共有結合は単結合といいます。さらに，二酸化炭素 CO_2 の共有結合は二重結合，窒素 N_2 の共有結合は三重結合といい，1組の共有電子対を1本の線（価標）で表した式を構造式といいます。このとき，単結合，二重結合，三重結合をそれぞれ「−」，「＝」，「≡」と書きます。

分子式	水素 H_2	水 H_2O	二酸化炭素 CO_2	窒素 N_2
電子式	H:H	H:Ö:H	:Ö::C::Ö:	:N⋮N:
構造式	H−H	H−O−H	O=C=O	N≡N

単結合　　　二重結合　　三重結合

【配位結合について】
　一方の原子から非共有電子対が提供されて，それをもう一方の原子と互いに共有することで生じる結合を配位結合といいます。

$$A⬚ \;+\; ⬚:B \longrightarrow A:B$$

　配位結合は結合のでき方が違うだけで，結合した後は共有結合と見分けがつかなくなります。例えば，次のアンモニウムイオン $NH_4{}^+$ 中の4つのN–H結合やオキソニウムイオン H_3O^+ 中の3つのO–H結合は，一度結合してしまうとどれが配位結合かわからなくなってしまいます。そこで，配位結合を矢印（→）で表し，他の共有結合と区別することがあります。

非共有電子対　　　　配位結合で生じた共有電子対

水素イオン　　アンモニア　　　　アンモニウムイオン　　　　　〈構造式〉

水素イオン　　水　　　　　　オキソニウムイオン　　　　　〈構造式〉

❷　イオン結合
　電子を失ってできた陽イオンと電子を受けとってできた陰イオンとが，イオン間に働く静電気的な引力（静電気力またはクーロン力）によって結びついた結合をイオン結合といいます。

$$Na· \;+\; :\overset{..}{\underset{..}{Cl}}: \longrightarrow Na^+\left[:\overset{..}{\underset{..}{Cl}}:\right]^-$$

自由電子

❸ 金属結合

金属原子は価電子を放出して，陽イオンになります。この陽イオンが価電子（自由電子）によって結びつけられた**自由電子による原子間の結合を金属結合**といいます。

Point 17 化学結合の種類

化学結合にはおもに，**共有結合・イオン結合・金属結合** がある。

解 説

①　周期表の右上の元素ほど電気陰性度は大きくなる（➡p.33）ために，ハロゲンの方がアルカリ金属よりも大きくなります。誤り。

②　塩化水素 HCl は，非金属元素と非金属元素の組み合わせからなるので，共有結合でできています（➡下のまとめ参照）。誤り。

【結合の見分け方について】
元素には金属元素と非金属元素がありました（➡p.20）。このため，これらが結合するには3通りの組み合わせが考えられ，それぞれの結合の名称は次のようになります。

```
①  非金属元素  と  非金属元素  ➡  共有結合
②  金属元素    と  非金属元素  ➡  イオン結合
③  金属元素    と  金属元素    ➡  金属結合
```

ただし，塩化アンモニウム NH_4Cl や硫酸アンモニウム $(NH_4)_2SO_4$ はすべて非金属元素からできていますが，NH_4Cl には NH_4^+ と Cl^-，$(NH_4)_2SO_4$ には NH_4^+ と SO_4^{2-} のイオン結合が含まれている点に注意しましょう。

③　オキソニウムイオン H_3O^+ とアンモニウムイオン NH_4^+ には，ともに配位結合（➡p.36）が存在します。正しい。

④　イオン結合は含まれていません。p.36 の構造式より，配位結合が1つ含まれていることがわかります。誤り。

⑤　配位結合は結合のでき方が違うだけで，結合した後は共有結合と見分けがつきません。正しい。

⑥　ダイヤモンドは，1個の炭素原子のまわりを4個の炭素原子が正四面体状に共有結合した結晶です。正しい。

ダイヤモンド

答
①　×　　②　×　　③　○　　④　×　　⑤　○　　⑥　○

第1章　理論化学

10 分子の形と極性

次の文中の□□□に適する分子式を記せ。

メタン CH_4，アセチレン C_2H_2，水 H_2O，アンモニア NH_3，四塩化炭素 CCl_4，二酸化炭素 CO_2 の 6 種類について，分子の幾何学的な形が直線形のものは □ア□ と □イ□，折れ線形のものは □ウ□，三角すい形のものは □エ□，正四面体形のものは □オ□ と □カ□ である。

また，分子の極性の有無は，正電荷の重心と負電荷の重心とが一致するかどうかによって決まる。このような考えにもとづき上述の 6 種類の物質を分類すると，極性を有するのは □キ□ と □ク□ である。　　　(東京電機大)

精 講　　(分子)

非金属元素どうしは共有結合で結びついています (➡p.37)。いくつかの原子が共有結合で結びついた粒子を分子といいます。分子は，原子 1 個からなると単原子分子，原子 2 個からなると二原子分子…とよんでいきます。

単原子分子

二原子分子

三原子分子

(分子の極性)

結合に電荷のかたよりがあることを結合に極性があるといって，原子間の電気陰性度の差が大きいほど，結合の極性は大きくなります。

① 例えば，塩化水素 HCl は，電気陰性度の大きな Cl が小さな H から共有電子対を引きつけて，Cl は－の電荷を少し帯びた状態に，H は＋の電荷を少し帯びた状態になり極性を生じます。HCl のような**極性がある分子**を**極性分子**といいます。

極性がある

② また，水素 H_2 のような単体の場合，電気陰性度の同じ原子どうしが結合しているので極性を生じません。このような**極性がない分子**を**無極性分子**といいます。

極性がない

ただ，分子の結合の一部に極性があっても直線形の二酸化炭素 CO_2 のように分子全体として極性が打ち消されると，無極性分子になるものもあります。分子は，その分子特有の形をとるので，次の(解説)に示した「分子の形」と「極性分子か無極性分子か」は，知っておいてください。

次表に，問題文にある6種類の他に，代表的なものも合わせてまとめておくので，覚えておいてください。

共有結合に極性はあるが，互いに打ち消し合っている

無極性分子	$Cl-Cl$ 塩素 （直線形）	$\overset{\delta-}{O}=\overset{\delta+}{C}=\overset{\delta-}{O}$ 二酸化炭素 （直線形）	$\overset{H^{\delta+}}{\underset{H}{\overset{\delta-}{C}}}$ メタン （正四面体形）	四塩化炭素 （正四面体形）	$\overset{\delta+}{H}-\overset{\delta-}{C}\equiv\overset{\delta-}{C}-\overset{\delta+}{H}$ アセチレン （直線形）	三フッ化ホウ素 （正三角形）
極性分子	$\overset{\delta+}{H}-\overset{\delta-}{Cl}$ 塩化水素 （直線形）	$\overset{\delta+}{H}\overset{\overset{\delta-}{O}}{}\overset{\delta+}{H}$ 水 （折れ線形）	$\overset{\delta+}{H}\overset{\overset{\delta-}{S}}{}\overset{\delta+}{H}$ 硫化水素 （折れ線形）	$\overset{\delta+}{H}\overset{\overset{\delta-}{N}}{\underset{H}{}}\overset{\delta+}{H}$ アンモニア （三角すい形）	電気陰性度の大小関係は，O>C，C>H，Cl>C，F>B Cl>H，O>H，S>H，N>H	

Point 18　極性分子と無極性分子の見分け方

❶ 単体 ➡ 無極性分子　　（例）　H_2，N_2，O_2，Cl_2 など

❷ 異なる種類の原子からなる二原子分子
　　　　➡ 極性分子　　　（例）　HCl，HF など

❸ 多原子分子の化合物
　(a) 直線形・正四面体形・正三角形 [注]
　　　➡ 無極性分子　　（例）　CO_2，CH_4，BF_3 など
　(b) 折れ線形・三角すい形
　　　➡ 極性分子　　　（例）　H_2O，NH_3 など
　(注) ただし，直線形・正四面体形・正三角形でも
　　　分子全体として極性が打ち消されないときには
　　　正電荷の重心と負電荷の重心とが一致しない
　　　極性分子になる（例 クロロメタン CH_3Cl）。　クロロメタン

答　ア，イ：C_2H_2，CO_2　　　ウ：H_2O　　　エ：NH_3　　　オ，カ：CH_4，CCl_4
　　キ，ク：H_2O，NH_3　　　　　　　　　　　　　　（アとイ，オとカ，キとクは順不同）

次の文章を読んで下の問いに答えよ。

右図は，周期表の 14, 15, 16 および 17 族の水素化合物の沸点と周期との関係を示したものである。

固体を液体にし，さらに気体にするためには，　a　が必要である。この　a　は，分子をはげしく運動させ，分子間に働く力に打ちかつことに使われる。　b　族の水素化合物の沸点は，周期の番号が大きくなるにつれて順次高くなっ

周期表の周期

ている。これは，これらの水素化合物には　c　がなく，分子の質量がこの順に大きくなっているためである。

これに対して，残りの族の各元素の水素化合物では，第　d　～第　e　周期の水素化合物の沸点が，　b　族とほぼ同じように上昇するのに対して，　b　族以外の族の第　f　周期の水素化合物の沸点だけが異常に高いことがわかる。これらの水素化合物では，　g　の大きい原子が　h　原子と結合しており，各結合の　c　がとくに大きくなっている。これは，　c　のない分子間に働く　i　よりはかなり強い　j　による力が働いているからである。

問1　上の文章で扱った第2周期元素の水素化合物のうちで，非共有電子対を3つもつものは何か。化合物名を書け。

問2　　b　および　d　～　f　に入る適切な数値を，それぞれ次の⑦～⑨から1つ選べ。

⑦　1　　　④　2　　　⑤　3　　　⑤　4　　　⑦　5　　　⑰　14　　　④　15

⑦　16　　　⑦　17

問3　　a　，　c　および　g　～　j　に入る適切な語句を，それぞれ次の⑦～⑤から1つ選べ。

⑦　イオン結合　　④　共有結合　　⑤　原子　　⑤　水素結合

⑦　水素　　⑰　ファンデルワールス力　　④　エネルギー

⑦　分子　　⑦　電気陰性度　　⑤　極性

（千葉工業大）

精 講 ファンデルワールス力

ドライアイスは二酸化炭素 CO_2 が集まって固体になっています。集まっているということから，CO_2 分子間に弱い引力が働いていることがわかります。この**弱い引力のこと**を**ファンデルワールス力**とよび，このファンデルワールス力が強く働く条件は次の@〜©になります。

ⓐ **分子の形が似ているときには，分子量が大きくなるほど強くなる**

(例) ファンデルワールス力 F_2 < Cl_2

$$\begin{pmatrix} 分子量 & 38 & < & 71 \\ 沸点 & -188℃ & < & -34℃ \end{pmatrix}$$

ⓑ **分子量が同じくらいなら，極性分子の方が無極性分子より強くなる**

(例) ファンデルワールス力 F_2 < HCl

$$\begin{pmatrix} 分子量 & 38 & ≒ & 36.5 \\ & 無極性分子 & & 極性分子 \\ 沸点 & -188℃ & < & -85℃ \end{pmatrix}$$

ⓒ **分子量や極性が同じくらいなら，分子の形が直線状になっているほど強くなる**

(例) ファンデルワールス力
$$CH_3\text{-}\underset{\underset{CH_3}{|}}{\overset{\overset{CH_3}{|}}{C}}\text{-}CH_3 < CH_3\text{-}CH_2\text{-}CH_2\text{-}CH_2\text{-}CH_3$$

$$\begin{pmatrix} 分子量 & 72 & = & 72 \\ 沸点 & 10℃ & < & 36℃ \end{pmatrix}$$

分子間に**強い引力**が働いていると分子を引き離すのに**多く**のエネルギーを必要とするので，沸点が**高く**なります。

(例) 14 族の水素化合物の沸点は，分子量が大きくなるほどファンデルワールス力が強くなるので高くなる (問題文中の図参照)。

沸点　　CH_4 < SiH_4 < GeH_4 < SnH_4
分子量　　16　　<　32　　<　77　　<　123

←いずれも無極性分子で，その形は正四面体形であり，極性や形については違いがない

Point 19 ファンデルワールス力と沸点の関係

❶ 分子量⊕ ➡ ファンデルワールス力⊕ ➡ 沸点⊛

❷ 分子量がほぼ同じとき
　　➡ 無極性分子より極性分子のファンデルワールス力⊕
　　➡ 極性分子の沸点⊛

❸ 分子量・極性がほぼ同じとき
　　➡ 直線状の分子のファンデルワールス力⊕
　　➡ 直線状の分子の沸点⊛

　問題文に与えられている図をみると，フッ化水素 HF，水 H_2O，アンモニア NH_3 は，分子量が小さいにもかかわらず沸点がかなり高いことがわかります。

　これらの分子には，電気陰性度の大きな原子（F，O，N）が電気陰性度の小さな H から共有電子対を自分の方に引きよせ，F，O，N が δ−，H が δ+ に帯電し，**分子間に次のような静電気的な引力**（水素結合）が働いているからです。

　水素結合は，ファンデルワールス力よりもかなり強い引力なので，水素結合で結びついている物質の沸点は分子量から予想される値よりもかなり高くなります。

フッ化水素 HF

水 H_2O

アンモニア NH_3

酢酸 CH_3COOH　← 二量体という

エタノール C_2H_5OH と水 H_2O

〈水素結合の例〉

Point 20　水素結合

❶　電気陰性度の大きな F，O，N の間に H をはさんでできる分子間の結合を水素結合という。

❷　水素結合で結びついている分子の沸点はかなり高い。

問1　問題中に与えられている第2周期元素の水素化合物の電子式は次のようになり，◯で囲んだものが非共有電子対になります。

電子式	H:Ö:H	H:F̈:	H:N̈:H 　H	H:C:H H　H
化合物名	水	フッ化水素	アンモニア	メタン
非共有電子対の数	2	3	1	0

問2，3　図をみると，14_b_族の水素化合物（CH₄, SiH₄, GeH₄, SnH₄）の沸点は，どれも形が似ていて無極性分子である（極性_c_がない）ために**Point19**の❶から分子量が大きくなるほど高くなっていきます。
周期の番号が大きくなるほど，分子量が大きくなる

$$H-\underset{H}{\overset{H}{C}}-H \qquad H-\underset{H}{\overset{H}{Si}}-H \qquad H-\underset{H}{\overset{H}{Ge}}-H \qquad H-\underset{H}{\overset{H}{Sn}}-H$$

◀ すべて正四面体形

　これに対して，フッ化水素 HF，水 H₂O，アンモニア NH₃ の沸点は，ファンデルワールス力_i_よりもかなり強い引力である水素結合_j_（電気陰性度_g_の大きな F，O，N の間に H_h_をはさんでできる分子間の結合）を形成しているためにかなり高くなります。

11　結晶の種類と性質

次の記述①～⑤から，内容に誤りを含むものを１つ選べ。

①　銀の結晶では，価電子は特定の原子間に共有されないで，結晶内を自由に移動する。

②　塩化ナトリウムは，高温で融解して液体になると電気をよく導く。

③　イオン結晶では，陽イオンと陰イオンとが静電気的な引力で結合しており，その結合力は分子結晶内の分子間の結合力よりも強い。

④　グラファイトの結晶構造の各層どうしは，共有結合によって互いに結びついており，電気伝導性を示す。

⑤　ヨウ素の結晶は，二原子分子 I_2 で構成された分子結晶である。

（センター試験）

精　講

固体

　固体は，結晶（クリスタル）と非晶質（アモルファス）に分けることができます。結晶は粒子が規則正しく配列していて融点が一定のもので，非晶質は粒子が不規則に配列していて融点が一定でないものになります。また，結晶は粒子間の結合の種類によって，金属結晶，イオン結晶，共有結合の結晶，分子結晶　に分けることができます。

Point 21　固体の分類

❶　結晶：規則正しく粒子が配列。融点が一定
　　　➡　金属結晶，イオン結晶，共有結合の結晶，分子結晶
❷　非晶質：不規則に粒子が配列。融点は一定でない
　　　（例）　ガラス，アモルファス金属

金属結晶

　金属元素どうしは金属結合で結びついています（➡p.37）。金属原子間にある電子は，金属原子の電気陰性度が小さいために金属原子にほとんど引かれることなく自由に動きまわるので自由電子とよばれています。この自由電子が，すべての金属の陽イオンに共有されてできた結晶を金属結晶といいます。

　その性質は，自由電子により光が反射されるので金属光沢をもち，自由電子

金属のつや

が移動することで**電気や熱をよく導きます**。外から力が加わって結晶中の原子どうしの位置がずれても，自由電子が移動して変形はしますが結合は切れません。

変形

金属原子

変形しても結合状態は変わらない

そのため，たたいて**薄く広げたり**（展性），引っ張って**長く延ばしたり**（延性）することができます。金箔は展性，銅線は延性を利用してつくられます。

Point 22　金属結晶

❶　自由電子をすべての原子で共有している。
❷　金属光沢，電気伝導性，展性・延性がある。

イオン結晶

多くの**陽イオンと陰イオン**が，**静電気力（クーロン力）によるイオン結合**で結びついてできた結晶を**イオン結晶**といいます。例えば，食塩である塩化ナトリウム $NaCl$ は，ナトリウムイオン Na^+ と塩化物イオン Cl^- が右図のように交互に静電気力で立体的に配列してできています。

Na^+

Cl^-

イオン結晶はかなり強い静電気力で結びついてできているので，**融点が高くて硬いものが多く**なります。ただし，外から強い力が加えられてイオンの配列がずれると，

力

力

反発

陽イオンどうし，陰イオンどうしが出合って反発力が働くため，**もろく**，一定方向に割れやすくなります。この性質を**へき開**といいます。

また，イオン結晶は，イオンの位置が固定されているので結晶のままでは電気を導かないのですが，**結晶を融解した液体や結晶を溶かした水溶液では構成イオンが自由に動けるようになるので電気を導きます**。

Point 23　イオン結晶

❶　結晶状態では電気を導かないが，融解液，水溶液では電気を導く。
❷　外からの大きな力で壊れる。

　非金属元素どうしが共有結合で結びつくと，二酸化炭素 CO_2 や水 H_2O などのような分子になることがほとんどです。これらの分子がファンデルワールス力や水素結合などの分子間の引力によって結びついてできた結晶は分子結晶（次ページで勉強します）といいます。

　しかし，14族元素である炭素 C やケイ素 Si などは，**多数の原子が共有結合で規則正しく結びついた巨大な分子**になっていて，この結晶を<u>共有結合の結晶</u>といいます。共有結合の結晶には，C の同素体であるダイヤモンドや黒鉛（グラファイト），Si の単体，二酸化ケイ素 SiO_2 などがあり，共有結合で強く結合しているので<u>融点が高く</u>，価電子がすべて共有結合に使われている（黒鉛を除く）ので<u>電気を導きにくい</u>などの性質があります。

ダイヤモンド(C)

二酸化ケイ素（SiO_2）
（温度によりさまざまな構造になる）

黒鉛(C)

Point 24　共有結合の結晶

融点が高く，硬く，電気を導きにくい。
（ただし，ケイ素は半導体の性質をもち，黒鉛はやわらかくて電気を
<u>電気の導きやすさが金属と絶縁体の中間</u>
導く。）
（例）　ダイヤモンド C，黒鉛（グラファイト）C，ケイ素 Si，
　　　二酸化ケイ素 SiO_2　など

【黒鉛（グラファイト）について】
　黒鉛は，炭素 C の価電子4個のうち3個が他の炭素原子と共有結合で正六角形の平面層状構造をつくり，残り1個の価電子はこの平面にそって動くことができるので電気をよく導きます。また，平面層状構造どうしは弱い分子間力（ファンデルワールス力）で積み重なっているため，<u>やわらかくて，うすくはがれやすく</u>なっています。

分子結晶

二酸化炭素 CO_2 や水 H_2O などの**分子がファンデルワールス力や水素結合という分子間の引力によってできている結晶**を**分子結晶**といいます。分子結晶は，弱い分子間の引力で結びついているために，やわらかくて融点の低いものが多く，ドライアイス CO_2 のように昇華性を示すものもあります。

ドライアイス(CO_2)

共有結合
水素結合

H
O

氷(H_2O)

 分子結晶

やわらかくて融点の低いものが多く，昇華性を示すものもある。
(例) ヨウ素 I_2，ドライアイス CO_2，ナフタレン $C_{10}H_8$，氷 H_2O など

解説

① 金属結晶では，価電子が自由電子となって，すべての金属の陽イオンに共有されてできています。正しい。

② イオン結晶は電気を導かないですが，融解液や水溶液になると，構成イオンが自由に動けるようになるので電気をよく導きます。正しい。

③ イオン結晶は陽イオンと陰イオンがイオン結合で結びつき，分子結晶をつくっている分子どうしは水素結合やファンデルワールス力で結びついています。結合の強さは，共有結合，イオン結合，金属結合に比べて，水素結合は弱く，ファンデルワールス力ではさらに弱くなります。正しい。

【粒子間に働く力の大きさ】
共有結合≧イオン結合，金属結合≫水素結合＞ファンデルワールス力

④ グラファイト(黒鉛)の各層どうしは，共有結合ではなく，弱い分子間力(ファンデルワールス力)で結びついています。誤り。

⑤ 分子結晶には，ヨウ素 I_2，ドライアイス CO_2，ナフタレン $C_{10}H_8$，氷 H_2O などがあります。正しい。

 ④

必修
基礎問

12 金属結晶　　　　　　　　　　　　　　　　　　　　　　化学

　金属の結晶では，金属元素の原子（正確には陽イオン）が規則的に配列している。そのおもなものに3種類あり，ほとんどの金属の結晶格子における原子の配列は，右図のa～cに示す構造のいずれかに分類することができる。図では，原子を球で表している。次の問いに答えよ。数値は，有効数字2桁で示せ。

金属結晶の構造

問1　a，bおよびcのそれぞれの配列は何とよばれるか。

問2　a，bおよびcのそれぞれの結晶構造において，1個の原子に何個の原子が接しているか。

問3　X線により鉄の結晶を調べたところ，cの配列をとり，単位格子の1辺の長さが2.9×10^{-8} cm であることがわかった。鉄の原子を球とみなすと，その半径は何 cm か。ただし，$\sqrt{3} = 1.7$ とする。

問4　問3における鉄の密度は何 g/cm^3 か。ただし，アボガドロ定数 $N_A = 6.0 \times 10^{23}$ /mol，Fe = 56.0 とする。

問5　aやbをもつ金属結晶の例として，正しい組み合わせを右の1～6から1つ選べ。

（問1～4岩手大，問5星薬科大）

	aの例	bの例
1	アルミニウム，銅	亜鉛，マグネシウム
2	銅，マグネシウム	亜鉛，アルミニウム
3	亜鉛，銅	アルミニウム，マグネシウム
4	アルミニウム，マグネシウム	亜鉛，銅
5	亜鉛，アルミニウム	銅，マグネシウム
6	亜鉛，マグネシウム	アルミニウム，銅

精　講

単位格子

　結晶によって，構成粒子の配列構造（結晶格子）が何種類もあり，この何種類もある配列の繰り返しの最小単位を単位格子といいます。

単位格子

これを調べて全体のようすとする

金属結晶

　金属原子が金属結合で規則正しく結合して，金属結晶ができています（➡p.44）。その構造は，次の(1)～(3)のどれかにたいてい分類することができます。

48

(1) **体心立方格子**
（例）Na, K

(2) **面心立方格子**
（例）Cu, Ag, Al

(3) **六方最密構造**
（例）Mg, Zn

【単位格子中に含まれる原子の個数】 まず，下の図を参照してください。

格子内 … 1個分　　面上 … $\frac{1}{2}$個分　　辺上 … $\frac{1}{4}$個分　　立方体の頂点 … $\frac{1}{8}$個分（90°）　　正六角柱の頂点 … $\frac{1}{6}$個分（120°）

体心立方格子

面心立方格子

合わせて1個

六方最密構造

層A，層Bにおける原子の配列
（上から見た図）

立方体の「頂点は 8 か所」，「面は 6 面」に注意すると，

体心立方格子： $\underbrace{\frac{1}{8}\times \boxed{8}}_{\text{頂点の原子}} + \underbrace{1}_{\text{格子内の原子}} = 2$〔個〕

面心立方格子： $\underbrace{\frac{1}{8}\times \boxed{8}}_{\text{頂点の原子}} + \underbrace{\frac{1}{2}\times \boxed{6}}_{\text{面上の原子}} = 4$〔個〕

また，正六角柱は「頂点 12 か所」，「上下の面」と「正六角柱内」に原子があることに注意すると，

$\underbrace{\frac{1}{6}\times \boxed{12}}_{\text{頂点の原子}} + \underbrace{\frac{1}{2}\times \boxed{2}}_{\text{面上の原子}} + \underbrace{1\times \boxed{3}}_{\text{正六角柱内の原子}} = 6$〔個〕

の原子が正六角柱内に含まれていますね。ただ，**六方最密構造の単位格子はこの正六角柱の3分の1に相当する**ので，

$6 \div 3 = 2$〔個〕

の原子が単位格子中に含まれていることになります。

□□の部分が単位格子

単位格子を
横からみた図　　単位格子を
上からみた図

Point 26 **単位格子中に含まれる原子の個数**

体心立方格子：2　　面心立方格子：4　　六方最密構造：2

問2　「1個の原子が他の原子何個に囲まれているか(配位数)」を求めることになります。

　　体心立方格子の場合，単位格子の中心にある原子に注目すると，各頂点にある8個の原子に囲まれていることがわかります。面心立方格子の場合は，例えば単位格子の右の面にある原子に注目し，六方最密構造の場合，例えば上の面にある原子に注目して考えるとよいでしょう。

◉1個は○8個に囲まれている
体心立方格子(c)

◉1個は○12個に囲まれている
面心立方格子(a)

◉1個は○12個に囲まれている
六方最密構造(b)

問3　体心立方格子 (c) の「原子の半径 r と単位格子1辺の長さ a との関係」は，右図のように単位格子の断面に注目して求めます。

体心立方格子
体心立方格子の断面
$4r=\sqrt{3}\,a$

　右図より，$4r=\sqrt{3}\,a$ で，1辺の長さ $a=2.9\times10^{-8}$ cm であることから，

$$原子の半径 \ r=\frac{\sqrt{3}}{4}a$$

$$=\frac{1.7}{4}\times2.9\times10^{-8}≒1.2\times10^{-8}〔cm〕$$

参考　面心立方格子の「原子の半径 r と単位格子1辺の長さ a との関係」を調べてみましょう。面心立方格子では，単位格子の面の部分に注目して求めます。右図より，

$$4r=\sqrt{2}\,a$$

面心立方格子

Point 27　金属結晶

	配位数	a と r の関係	単位格子内の原子数
体心立方格子	8	$\sqrt{3}\,a=4r$	2
面心立方格子	12	$\sqrt{2}\,a=4r$	4
六方最密構造	12	—	2

問4　体心立方格子である鉄 Fe の単位格子中に，鉄 Fe 原子は次式より 2 個分含まれています（➡p.49）。

$$\underbrace{\frac{1}{8}\times 8}_{\text{頂点の原子}}+\underbrace{1}_{\substack{\text{頂点の数}}}=2\,\text{〔個〕}$$

格子内の原子

　また，アボガドロ定数は 6.0×10^{23} 個 $/_1$mol なので，鉄 Fe 原子 2 個分の物質量〔mol〕は，

$$2\,\text{〔個〕}\times\frac{1\,\text{〔mol〕}}{6.0\times10^{23}\,\text{〔個〕}}=\frac{2}{6.0\times10^{23}}\,\text{〔mol〕}$$

個どうしを消去して，mol を残す

とわかります。ここで，鉄 Fe の原子量が 56.0 なので，そのモル質量は 56.0 g/mol となり，鉄 Fe 原子 2 個分の質量は，

$$\frac{2}{6.0\times10^{23}}\,\text{〔mol〕}\times\frac{56.0\,\text{〔g〕}}{1\,\text{〔mol〕}}=\frac{2}{6.0\times10^{23}}\times56.0\,\text{〔g〕}$$

mol どうしを消去して，g を残す

と求められます。

　よって，密度は単位〔g/cm³〕に注目すると g÷cm³ を計算すればよいとわかり，次のように求めることができます。

$$\frac{\dfrac{2}{6.0\times10^{23}}\times56.0\,\text{〔g〕}}{(2.9\times10^{-8})^{3}\,\text{〔cm}^3\text{〕}}\fallingdotseq7.7\,\text{〔g/cm}^3\text{〕}$$

単位格子（体心立方格子）中に含まれている鉄 Fe 原子 2 個分の質量〔g〕

cm³ を求めるために 3 乗する

単位格子（体心立方格子）の体積〔cm³〕

問5　体心立方格子の例として Na，K，面心立方格子の例として Ag，Cu，Al，六方最密構造の例として Mg，Zn を覚えておきましょう。

アルカリ金属

答

　問1　a：面心立方格子　　b：六方最密構造　　c：体心立方格子
　問2　a：12 個　　b：12 個　　c：8 個
　問3　1.2×10^{-8} cm
　問4　7.7 g/cm³
　問5　1

必修 基礎問 ❶⓷ イオン結晶　　　　　　　　　　　　　　　　　化学

○：塩化物イオン Cl⁻
●：ナトリウムイオン Na⁺

　右図は塩化ナトリウム結晶の単位格子を示している。次の問いに答えよ。

問1　この結晶では，ナトリウムイオンは最短距離にある塩化物イオン6個でとり囲まれている。では，最短距離にある同じナトリウムイオン何個でとり囲まれているか。

問2　ナトリウムイオンあるいは塩化物イオンのみを考えると，何という結晶格子となるか。

問3　この単位格子中に含まれるナトリウムイオンおよび塩化物イオンの数はそれぞれいくつか。

問4　塩化ナトリウム結晶の密度は $2.2\,\mathrm{g/cm^3}$ であり，この単位格子1辺の長さは $5.6\times10^{-8}\,\mathrm{cm}$ である。塩化ナトリウムの式量を有効数字2桁で答えよ。ただし，$5.6^3=176$，アボガドロ定数 $N_\mathrm{A}=6.0\times10^{23}\,/\mathrm{mol}$ とする。

(甲南大)

精　講 （イオン結晶）

　　　イオン結晶の単位格子には，代表的な2種類の単位格子として，下図の塩化セシウム CsCl 型構造と塩化ナトリウム NaCl 型構造があります。この2種類については，単位格子の図をかくことができるようにしておきましょう。

CsCl の結晶構造

●Cs⁺
●Cl⁻

NaCl の結晶構造

●Na⁺
●Cl⁻

【単位格子中に含まれる陽イオンと陰イオンの個数】

　上図を見ながら，CsCl，NaCl の各単位格子中に含まれているイオンの数を求めてみると，立方体の頂点は8か所，辺は12辺，面は6面あることに注意して（➡p.49），

CsCl : ○ $\underset{\text{格子内の Cs}^+}{\underline{1}}$〔個〕 ● $\underset{\text{頂点の Cl}^-}{\dfrac{1}{8} \times 8 = 1}$〔個〕

NaCl : ○ $\underset{\text{辺上の Na}^+}{\dfrac{1}{4} \times 12} + \underset{\text{格子内の Na}^+}{\underline{1}} = 4$〔個〕 ● $\underset{\text{面上の Cl}^-}{\dfrac{1}{2} \times 6} + \underset{\text{頂点の Cl}^-}{\dfrac{1}{8} \times 8} = 4$〔個〕

となり，今回の2種類の単位格子中には，○と●（または○と●）ともに同じ個数が含まれていることがわかります。つまり，○と●（または○と●）が1:1の比で含まれるため，組成式がCsCl，NaClとなります。

Point 28 単位格子中に含まれる陽イオンと陰イオンの個数

$$\begin{cases} \text{CsCl} \Rightarrow \text{Cs}^+ : 1\text{個} \quad \text{Cl}^- : 1\text{個} \\ \text{NaCl} \Rightarrow \text{Na}^+ : 4\text{個} \quad \text{Cl}^- : 4\text{個} \end{cases}$$

【配位数】

　次に，配位数を求めてみます。イオン結晶の場合，ふつう「○の最も近くに存在する●の数」を「○の配位数」，「●の最も近くに存在する○の数」を「●の配位数」とよぶ点に注意してください。

　　CsCl：下図から，○の配位数は8，●の配位数は8
　　NaCl：下図から，○の配位数は6，●の配位数は6
　　　　　　　　　　　　　　　　　　　└→あと2分の1格子加えた図から考える

ここに注目する　ここに注目する
○ Cs$^+$
● Cl$^-$
CsCl

ここに注目する
● Na$^+$
● Cl$^-$
NaCl

ここに注目する
$\dfrac{1}{2}$ 格子を加えて考える

Point 29 配位数

$$\begin{cases} \text{CsCl} \Rightarrow \text{Cs}^+ : 8 \quad \text{Cl}^- : 8 \\ \text{NaCl} \Rightarrow \text{Na}^+ : 6 \quad \text{Cl}^- : 6 \end{cases}$$

【イオンの半径 r と単位格子 1 辺の長さ a との関係】

CsCl では下図のように単位格子の断面に注目して求め，NaCl では単位格子の面の部分に注目して求めます。

Point 30　a と r の関係

$$\begin{cases} \text{CsCl}：\sqrt{3}\,a = 2(r_{Cs^+} + r_{Cl^-}) \\ \text{NaCl}：a = 2(r_{Na^+} + r_{Cl^-}) \end{cases}$$

解　説

問 1　下図から，単位格子の中心にあるナトリウムイオン●に注目すると，塩化物イオン（○）6 個，ナトリウムイオン（●）12 個にとり囲まれていることがわかります。

○ : 塩化物イオン Cl^-
● : ナトリウムイオン Na^+

中心にある●は
○6 個にとり囲まれている

中心にある●は
●12 個にとり囲まれている

（●のみに注目すると●は面心立方格子をつくっている（**問 2** の解説参照）ことから，●は最短距離にある●12 個にとり囲まれている（面心立方格子の配位数
➡p.50）と考えることもできます。）

問 2　NaCl のナトリウムイオンあるいは塩化物イオンだけを考えると，面心立方格子と同じ配列になっています。これは，次ページの図の「塩化物イオン（○）に注目した図（左図）」と「ナトリウムイオン（●）に注目した単位格子にあと $\frac{1}{2}$ 格子加えた図（右図）」から確認できます。

○（塩化物イオン）だけに注目した図

●（ナトリウムイオン）だけに注目した図

問3 問題に与えられている図から，

ナトリウムイオン（●）：$\underset{\text{格子内の Na}^+}{1}+\underset{\text{辺上の Na}^+}{\dfrac{1}{4}\times 12}=4$〔個〕

塩化物イオン（○）：$\underset{\text{頂点の Cl}^-}{\dfrac{1}{8}\times 8}+\underset{\text{面上の Cl}^-}{\dfrac{1}{2}\times 6}=4$〔個〕

がそれぞれ単位格子中に含まれています。

問4 Na$^+$ 1個，Cl$^-$ 1個で，NaCl 1個分になることに注意しましょう。問3より，単位格子中には Na$^+$ 4個，Cl$^-$ 4個，つまり NaCl は4個分含まれています。そし

て，アボガドロ定数 6.0×10^{23} 個 $/_1$mol から「NaCl は 6.0×10^{23} 個で 1 mol」であり，その物質量は，

$$4\,〔個〕\times \frac{1\,〔\text{mol}〕}{6.0\times 10^{23}\,〔個〕}=\frac{4}{6.0\times 10^{23}}\,〔\text{mol}〕$$

個どうしを消去して，mol を残す

ここで，NaCl の式量を M とすると，そのモル質量は M〔g/mol〕となり，NaCl 4個分の質量は，

$$\frac{4}{6.0\times 10^{23}}\,〔\text{mol}〕\times \frac{M\,〔\text{g}〕}{1\,〔\text{mol}〕}=\frac{4}{6.0\times 10^{23}}\times M\,〔\text{g}〕$$

mol どうしを消去して，g を残す

最後に，NaCl の密度が $2.2\ \text{g/cm}^3$ であることから，単位に注目すると $\text{g}\div \text{cm}^3$ を計算すればよいとわかり，次式が成り立ちます。

NaCl の密度〔g/cm^3〕

$$2.2\,〔\text{g/cm}^3〕=\frac{\dfrac{4}{6.0\times 10^{23}}\times M\,〔\text{g}〕}{(5.6\times 10^{-8})^3\,〔\text{cm}^3〕}$$

←単位格子中に含まれている NaCl 4個分の質量〔g〕
←単位格子の体積〔cm^3〕
cm^3 を求めるために 3 乗する

よって，$5.6^3=176$ に注意して計算すると，$M \fallingdotseq 58$ と求められます。

答

問1 12個　　**問2** 面心立方格子　　**問3** Na$^+$：4個　　Cl$^-$：4個

問4 58

14 イオン結晶の融点　　　　　　　　　　　　　　　　　　　　　化学

> NaCl，NaF，KBr はいずれも塩化ナトリウム型の結晶構造をもつ。これら
> を融点の高いものから並べるとどの順になるか。次の①～⑥から選び，番号
> で答えよ。
>
> ①　NaCl＞NaF＞KBr　　　②　NaCl＞KBr＞NaF　　　③　NaF＞NaCl＞KBr
> ④　NaF＞KBr＞NaCl　　　⑤　KBr＞NaF＞NaCl　　　⑥　KBr＞NaCl＞NaF
>
> （群馬大）

イオン結晶の融点は，静電気力（クーロン力）が強く働くほど，高くなります。イオン間に働く静電気力は，

> ①　**イオン間の距離（$r^+ + r^-$）が短いほど強くなり，**
> ②　**イオンの価数（a，b）が大きいほど強くなります。**

陽イオン陰イオン

NaCl，NaF，KBr はいずれも NaCl 型構造で，イオン半径が

$$_{11}Na^+ < _{19}K^+ \qquad _9F^- < _{17}Cl^- < _{35}Br^-$$

最外殻がL殻，M殻なので　　最外殻がL殻，M殻，N殻なので

の順になるので，イオン間の距離は　NaF＜NaCl＜KBr　の順になります。

　また，イオンの価数は，Na^+Cl^-，Na^+F^-，K^+Br^- となり，すべて 1 価どうしの組み合わせです。イオン結晶の融点の高低は，イオン間の距離とイオンの価数により決定するため，本問では（価数が 1 価どうしの組み合わせなので）イオン間の距離が短くなるほど融点が高くなります。

　よって，融点は　NaF＞NaCl＞KBr　の順になります。

　③

56

実戦 基礎問

4 共有結合の結晶

化学基礎 化学

次の文章を読み，下の問いに答えよ。必要であれば次の値を用いよ。アボガドロ定数 $6.0 \times 10^{23}/\text{mol}$, $\sqrt{3} = 1.73$, $C = 12$

結晶格子の最小の繰り返し単位を単位格子という。おもな単位格子の構造に，図1に示した面心立方格子がある。ダイヤモンドの結晶は図2に示す単位格子をもつが，

炭素原子間の結合

図1　　図2　　図3

3.6×10^{-8} cm　　1.8×10^{-8} cm

この単位格子は面心立方格子をつくる炭素原子に，4個の炭素原子が黒色で示した位置に加わった構造である。1つの炭素原子は，最も近接した4つの炭素原子と化学結合している。すべての炭素原子が4つの化学結合をもっているが，図2では，単位格子の内側の化学結合だけを棒で表示している。黒色で示した位置にある炭素原子とそれに結合した4つの炭素原子に着目すると，それらは図3に示す立方体の中心および頂点に位置しており，正四面体を形づくっている。

(1) 次の中から炭素の同素体をすべて選び，記号で答えよ。

　ⓐ　黒鉛　　ⓑ　石英　　ⓒ　フラーレン　　ⓓ　アセチレン

　ⓔ　ベンゼン　　ⓕ　メタン

(2) ダイヤモンドの単位格子に含まれる炭素原子の数を記せ。

(3) ダイヤモンドの単位格子は1辺の長さが 3.6×10^{-8} cm の立方体である。ダイヤモンドの結晶の密度は何 g/cm^3 であるか，有効数字2桁で答えよ。

(4) 化学結合した炭素原子の中心間の距離は何 cm であるか，有効数字2桁で答えよ。

（大阪市立大）

精 講　共有結合の結晶（ダイヤモンドの結晶）

共有結合の結晶には，炭素の同素体であるダイヤモンドや黒鉛（グラファイト）があります（➡p.46）。

ダイヤモンド

黒鉛

ここでは，ダイヤモンドの結晶について考えてみまし

ょう。**ダイヤモンドは**，炭素原子1個が不対電子4個

$\cdot\overset{\cdot}{\underset{\cdot}{\text{C}}}\cdot$ で他の炭素原子4個と共有結合して**正四面体形をつ**
<u>配位数が4になる</u>

くりながら，1個の巨大な分子となっています。その単

ダイヤモンドの単位格子
図A

位格子は，右図のようになります。この他，ダイヤモン

ドと似た構造をした共有結合の結晶には，ケイ素 Si，二

酸化ケイ素 SiO_2 などがあります。

【単位格子中に含まれる原子の個数】

ダイヤモンドの場合，構成原子は炭素原子1種類ですが，図Aでは見やすく

するために，単位格子の頂点を占める原子を○，面上のものを◖，格子内部にあ

るものを●で示してあります。そうすると，単位格子中には（➡p.49），

$$\underset{\text{頂点○}}{\frac{1}{8}\times 8}+\underset{\text{面上◖}}{\frac{1}{2}\times 6}+\underset{\text{格子内●}}{1\times 4}=8 \text{〔個〕}$$

の原子が含まれていることになります。

【1個の原子に接している原子の数（配位数）】

4個になることをすでに紹介しましたが，ここでは単位格子を

見ながら考えてみましょう。

図Aの炭素原子アに注目すると（図B），他の炭素原子4個が炭

素原子アを囲んでいることが確認できますね。

図B

　ダイヤモンドの単位格子

ダイヤモンドの単位格子中には，
　　8個の原子が含まれ，配位数は4　となる。

解　説

⑴　炭素の同素体には，ダイヤモンドの他に黒鉛（グラファイト），フラーレン，カーボ
ンナノチューブがありました。（➡p.10）

⑵　問題文の図2より，ダイヤモンドの単位格子中に炭素原子は，

$$\underset{\text{頂点}}{\frac{1}{8}\times 8}+\underset{\text{面上}}{\frac{1}{2}\times 6}+\underset{\text{格子内}}{1\times 4}=8 \text{〔個〕}\qquad$$ 含まれています。

⑶　⑵より，ダイヤモンドの単位格子中に炭素原子は8個含まれていて，アボガドロ

定数 $6.0×10^{23}$ 個 $/_1$mol より「炭素原子は $6.0×10^{23}$ 個で 1 mol」なので，その物質量 〔mol〕は，

$$8 〔個〕×\frac{1 〔mol〕}{6.0×10^{23} 〔個〕}=\frac{8}{6.0×10^{23}} 〔mol〕$$

← 個どうしを消去して，mol を残す

　ここで，炭素の原子量は C＝12 であり，そのモル質量は $12 g/_1$mol となります。よって，この炭素原子 8 個分の質量〔g〕は，

$$\frac{8}{6.0×10^{23}} 〔mol〕×\frac{12 〔g〕}{1 〔mol〕}=\frac{8}{6.0×10^{23}}×12 〔g〕$$

← mol どうしを消去して，g を残す

　ダイヤモンドの結晶の密度〔g/cm³〕を求めるので，単位に注目すると g÷cm³ を計算すればよいとわかり，

$$\frac{\frac{8}{6.0×10^{23}}×12 〔g〕}{(3.6×10^{-8})^3 〔cm^3〕}≒3.4 〔g/cm^3〕$$

←単位格子中に含まれている炭素原子 8 個分の質量〔g〕
←結晶の密度〔g/cm³〕
単位格子の体積〔cm³〕

と求められます。

(4)　炭素原子の原子半径を r〔cm〕とすると，求める炭素原子の中心間の距離は $2r$〔cm〕です。ここで，単位格子の一部を表している図3に注目しましょう。

　図3の立方体の1辺の長さ $1.8×10^{-8}$ cm を a〔cm〕とすると，

$1.8×10^{-8}$ cm＝a〔cm〕とする

図3

　断面の対角線（体対角線）の長さは，

$$(体対角線の長さ)^2=a^2+(\sqrt{2} a)^2 \qquad ←三平方の定理$$

より，

$$体対角線の長さ=\sqrt{3a^2}=\sqrt{3} a 〔cm〕$$

なので，炭素原子の中心間の距離 $2r$ は，

$$2r=\sqrt{3} a×\frac{1}{2}=1.73×1.8×10^{-8}×\frac{1}{2}≒1.6×10^{-8} 〔cm〕$$

体対角線の長さ
半分
$\sqrt{3}$＝1.73，a＝$1.8×10^{-8}$ を代入する

と求められます。

 答

(1)　ⓐ，ⓒ　　(2)　8 個　　(3)　3.4 g/cm³　　(4)　$1.6×10^{-8}$ cm

5 分子結晶

標準状態における氷の結晶は,右図のような構造をしている。水分子どうしが水素原子と酸素原子の水素結合を介して結びつき,酸素原子の配置は正四面体形である。ただし,図の構造における酸素原子の配置は,同様な正四面体形結合で構成されるダイヤモンドの構造とは異なっている。次の問いに答えよ。

酸素原子のみを球で表している。水素原子は酸素原子間を結ぶ線上にある。
(a) 氷の構造

酸素原子のみを黒丸で表し,水素原子は省略している。
(b) 氷の構造の基本単位の拡大図

問1　1つの水分子は何個の水分子と水素結合をしているかを答えよ。

問2　氷が水に浮く理由を,構造の観点から50～100字で述べよ。　（東京大）

解　説　分子結晶（氷 H_2O の結晶）

　　右図のように,氷は1個の水 H_2O 分子が他の4個の水 H_2O 分子と方向性のある $O-H\cdots O$ の水素
　　　　問1
結合をしていて,酸素原子が正四面体形のすきまの多い結晶構造をとっています。

　また,液体の水は水素結合が部分的に切れてすきまが一部なくなっているため,水の体積は氷の体積よりも小さく

氷 H_2O の結晶

なります。そのため,「密度＝質量÷体積」から,氷のほうが水より密度が小さくなりますね。結果,水より密度の小さな氷は水に浮くことになります。

Point 32　氷 H_2O の結晶構造

❶ H_2O 1個がまわりの H_2O 4個と水素結合している。
❷ 正四面体形に酸素原子が配列したすきまの多い構造である。

答

問1　4個

問2　氷は酸素原子の配置が正四面体形のすきまの多い構造になっている。氷が水になると,水素結合が部分的に切れてすきまが一部減少し,水の密度が氷より大きくなる。このため,氷が水に浮く。(87字)

5. 気体

必修
基礎問

15 気体の拡散　　　　　　　　　　　　　　　　　　　　　　　化学

　右図のような容積の等しい2つのガラス球を，コックでつないだ容器がある。この容器の上の球にはアルゴンが，下の球には水素が，ともに 0 ℃, 1.013×10⁵ Pa で入れてあり，コックは閉じてある。このコックを開いて長時間放置すると，容器内の気体は最後にはどのようになるか。次の⑦～⑤の記述から最も適当なものを1つ選び，記号で答えよ。

アルゴン (上方)
コック
水素 (下方)

⑦　2つの気体は，等温，等圧であるから，容器内の気体はもとのままである。

④　アルゴンは水素より重いので，アルゴンが下の球に，水素が上の球に入れ代わる。

⑤　アルゴンは水素より重いので，2つの気体の密度が等しくなるまで水素が圧縮される。

⑤　アルゴンと水素は，それぞれ分子の運動によって互いに混合し，均一な混合気体となる。

（センター試験）

精　講　　　　**粒子の拡散と熱運動**

　右図のように，赤褐色の臭素 Br_2（液体）の入ったビーカーを密閉できる容器に入れて，ふたを開けておくと，液体の

ふた
放置
赤褐色の気体の Br_2
液体の Br_2
（赤褐色）

表面から蒸発した赤褐色の気体 Br_2 がゆっくりと容器の中全体に広がっていきます。このときに，**粒子が熱運動して，全体に広がっていく現象を拡散**といいます。**拡散は，分子がその熱運動によって濃度の高いところから低いところへ広がって，濃度が均一になる現象**で，逆の現象は，起こりません。

解　説

　図のように一方のガラス球にアルゴン Ar を入れて，他方に水素 H_2 を入れてコックでつないで長時間放置すると，アルゴンと水素が熱運動によって散らばって2つのガラス球全体に均一に広がっていきます。熱運動は温度が高くなるほど激しくなるため，温度が高いほど拡散は速く進みます。

答　⑤

16 気体の状態方程式

次の問いに有効数字2桁で答えよ。

問1 27℃，5.0×10^5 Pa で 10 L の水素がある。水素の物質量は何 mol か。ただし，気体定数 $R = 8.3$〔N・m/(mol・K)〕とする。

問2 100℃，1.0×10^5 Pa のとき 360 mL の体積を占める気体の質量は 1.0 g であった。この気体の分子量を求めよ。ただし，気体定数 $R = 8.3$〔J/(mol・K)〕とする。

問3 67℃，5.0×10^2 Pa で体積が 100 mL の気体の物質量を求めよ。ただし，気体定数 $R = 8.3 \times 10^3$〔Pa・L/(mol・K)〕とする。

問4 27℃，1.5 atm で 8.2 L の体積を占める気体は何 mol か。ただし，気体定数 $R = 0.082$〔atm・L/(mol・K)〕とする。

精 講 　（気体の圧力）
　　　　　　　　ピストンのついている容器に気体を入れると，気体は容器の中を熱運動してピストンに衝突します。このとき**ピストンが受ける「単位面積あたりに加わる力」**を気体の圧力といいます。圧力は，

ピストン
圧力

$$\text{圧力〔N/m}^2\text{〕} = \text{力の大きさ〔N〕} \div \text{力を受ける面積〔m}^2\text{〕}$$

で求められます。単位をみてもわかるように，<u>圧力は単位面積〔1 m²〕あたりにかかる力の大きさ〔N〕</u>になります。

　地球をとりまく空気（大気）は，地球に引きつけられています。この圧力を**大気圧**といいます。大気圧を実験によって確かめてみましょう。

　およそ1mのガラス管を用意して，その中に水銀 Hg をガラス管いっぱいに満たします。この水銀をこぼさないように，水銀の入っている容器の中にさかさまに立てると，大部分の水銀はガラス管の中に残り，その高さは 76 cm で止まります。

約1m　ガラス管　水銀 Hg を入れる

ガラス管を容器の中にさかさまに立てる

Hg

真空
Hg
水銀柱の高さ 76 cm
大気圧（1.013×10^5Pa）

　ガラス管の真空部分を割ると，水銀は上がりません（高さ0cm）。これは，割ることでガラス管中にも大気圧がかかり，水銀が上がらなくなるためです。

　以上から，大気圧 1.013×10^5 Pa＝1 atm は高さ 76 cm＝760 mm の水銀が示す圧力と等しいことが確認できます。この関係を次のように表します。

$$\textbf{大気圧＝1 atm（1 気圧）＝76 cmHg＝760 mmHg}$$

　ここで大気圧についてさらに考えてみます。

　水銀柱の底面積を S〔cm²〕とすると，水銀の体積は，"底面積×高さ"より，

$$S \text{〔cm}^2\text{〕} \times 76 \text{〔cm〕} = 76S \text{〔cm}^3\text{〕} \quad \leftarrow \text{cm}^2 \times \text{cm} = \text{cm}^3$$

となり，水銀の密度は 13.6 g/cm³ なので，水銀の質量は，

$$76S \text{〔cm}^3\text{〕} \times \frac{13.6 \text{〔g〕}}{1 \text{〔cm}^3\text{〕}} = 1033.6S \text{〔g〕} \quad \leftarrow \begin{array}{l}\text{cm}^3 \text{どうしを}\\\text{消去して g を残す}\end{array}$$

　ここで，「1 kg の物体に働く重力は 9.8 N」であることと，圧力〔N/m²〕＝力の大きさ〔N〕÷力を受ける面積〔m²〕　であることから，水銀柱の底面に働いている圧力は，

$$\left\{ 1033.6S \text{〔g〕} \times \frac{1 \text{〔kg〕}}{10^3 \text{〔g〕}} \times \frac{9.8 \text{〔N〕}}{1 \text{〔kg〕}} \right\} \div \left\{ S \text{〔cm}^2\text{〕} \times \left(\frac{1 \text{〔m〕}}{10^2 \text{〔cm〕}} \right)^2 \right\}$$

kg どうしを消去して N を残す　　　cm² にするために2乗する
g どうしを消去する　　　cm² どうしを消去して m² を残す

$$= \frac{1033.6S \times 10^{-3} \times 9.8 \text{〔N〕}}{S \times 10^{-4} \text{〔m}^2\text{〕}} \fallingdotseq 1.013 \times 10^5 \text{〔N/m}^2\text{〕}$$

となり，また「1 Pa＝1 N/m²」なので，

$$1.013 \times 10^5 \text{〔N/m}^2\text{〕} = 1.013 \times 10^5 \text{〔Pa〕}$$

　よって，大気圧は次のように表せます。

$$\textbf{1 atm}＝76 \text{cmHg}＝\textbf{760 mmHg}＝1.013 \times 10^5 \text{N/m}^2＝\textbf{1.013} \times \textbf{10}^5 \textbf{Pa}$$

Point 33　気体の圧力

　気体の圧力は，単位面積あたりに加わる力で，次の関係が成り立つ。
$$\textbf{1 atm}＝76 \text{cmHg}＝\textbf{760 mmHg}＝1.013 \times 10^5 \text{N/m}^2＝\textbf{1.013} \times \textbf{10}^5 \textbf{Pa}$$

　気体の体積とは，気体分子の大きさのことではありません。**気体が自由に熱運動している空間を気体の体積というので**，同じ物質量〔mol〕の気体であってもピストンを押す力が変化すれば，体積も変化します。

体　積

気体の温度

　日常生活では，水の凝固点（融点）を 0 ℃，沸点を 100 ℃ として決められたセルシウス温度 t〔℃〕を使っています。ただ，-273 ℃ が温度の最低限界だとわかってきたので，-273 ℃（絶対零度）を原点とする新しい温度の表し方ができ，これを絶対温度 T〔K〕（ケルビン）といって，気体計算に使用します。T と t には，

$$T \text{〔K〕} = 273 + t \text{〔℃〕}$$

の対応関係があります。

理想気体の状態方程式

　分子の大きさがなく，分子間に引力が働かないと考えた気体を理想気体といって，この理想気体について次の式が成り立ちます。

$$PV = nRT$$

　この式を**理想気体の状態方程式**といい，R は気体定数とよばれる比例定数です。標準状態（0 ℃，1 atm＝$1.013×10^5$ Pa）では，1 mol の気体の体積は 22.4 L なので，気体定数 R は次の①～③のように求めることができます。

① 　0 ℃，1 atm（標準状態）で 1 mol の気体は 22.4 L を占めるので，

$$R=\frac{PV}{nT}=\frac{1\,〔\text{atm}〕\cdot22.4\,〔\text{L}〕}{1\,〔\text{mol}〕\cdot273\,〔\text{K}〕}≒0.082\,〔\text{atm}\cdot\text{L}/(\text{mol}\cdot\text{K})〕$$

　気体定数 R の値が 0.082 のとき
　　　　　➡ 圧力 P は atm，体積 V は L，温度 T は K　を使用する

② 　0 ℃，$1.013×10^5$ Pa（標準状態）で 1 mol の気体は 22.4 L を占めるので，

$$R=\frac{PV}{nT}=\frac{1.013×10^5\,〔\text{Pa}〕\cdot22.4\,〔\text{L}〕}{1\,〔\text{mol}〕\cdot273\,〔\text{K}〕}≒8.3×10^3\,〔\text{Pa}\cdot\text{L}/(\text{mol}\cdot\text{K})〕$$

　気体定数 R の値が $8.3×10^3$ のとき
　　　　　➡ 圧力 P は Pa，体積 V は L，温度 T は K　を使用する

③ 　0 〔℃〕＝273 〔K〕，$1.013×10^5$ 〔Pa〕＝$1.013×10^5$ 〔N/m²〕，
　22.4 〔L〕＝$22.4×10^{-3}$ 〔m³〕，1 〔J〕＝1 〔N·m〕 なので，②は，

$$R=\frac{PV}{nT}=\frac{1.013×10^5\,〔\text{N/m}^2〕\cdot22.4×10^{-3}\,〔\text{m}^3〕}{1\,〔\text{mol}〕\cdot273\,〔\text{K}〕}$$
$$≒8.3\,〔\text{N}\cdot\text{m}/(\text{mol}\cdot\text{K})〕=8.3\,〔\text{J}/(\text{mol}\cdot\text{K})〕$$

と単位を変換することもできます。

　気体定数 R の値が 8.3 のとき
　　　　　➡ 圧力 P は Pa，体積 V は m³，温度 T は K　を使用する

Point 36 　気体計算のポイント

$$PV=nRT$$ （与えられた気体定数 R の値や単位によって，P，V の単位を使い分けて解くようにしよう。）

問1 　$PV=nRT$ より，**気体の物質量 n 〔mol〕は，圧力 P・体積 V・温度 T 〔K〕の3つの値がわかれば求められる**ことがわかります。R の単位から，P には Pa，V は m³，T は K　を使用します。

$P=5.0×10^5$ 〔Pa〕＝$5.0×10^5$ 〔N/m²〕，1 〔m³〕＝10^3 〔L〕 なので，

$$V=10\,〔\text{L}〕×\frac{1\,〔\text{m}^3〕}{10^3\,〔\text{L}〕}=10×10^{-3}\,〔\text{m}^3〕$$ ←Lどうしを消去して m³ を残す

より，

$$n = \frac{PV}{RT} = \frac{5.0 \times 10^5\,[\mathrm{N/m^2}] \times 10 \times 10^{-3}\,[\mathrm{m^3}]}{8.3\,[\mathrm{N \cdot m/(mol \cdot K)}] \times (273+27)\,[\mathrm{K}]} \fallingdotseq 2.0\,[\mathrm{mol}]$$

問2　R の単位から，P には Pa，V は $\mathrm{m^3}$，T は K，n は mol を使用します。

$P = 1.0 \times 10^5\,[\mathrm{Pa}] = 1.0 \times 10^5\,[\mathrm{N/m^2}]$，$1\,[\mathrm{m^3}] = 10^3\,[\mathrm{L}]$ なので，

$$V = 360\,[\mathrm{mL}] \times \frac{1\,[\mathrm{L}]}{10^3\,[\mathrm{mL}]} \times \frac{1\,[\mathrm{m^3}]}{10^3\,[\mathrm{L}]} = 360 \times 10^{-6}\,[\mathrm{m^3}]$$

　質量 $1.0\,[\mathrm{g}]$ の気体の物質量 $n\,[\mathrm{mol}]$ を求める。ここで，この気体の分子量を M とおくと，そのモル質量は $M\,[\mathrm{g/mol}]$ なので，

$$n = 1.0\,[\mathrm{g}] \times \frac{1\,[\mathrm{mol}]}{M\,[\mathrm{g}]} \quad \leftarrow \text{g どうしを消去して mol を残す}$$

したがって，$PV = nRT$ より，

$$1.0 \times 10^5\,[\mathrm{N/m^2}] \times 360 \times 10^{-6}\,[\mathrm{m^3}]$$
$$= \frac{1.0}{M}\,[\mathrm{mol}] \times 8.3\,\underset{\mathrm{J = N \cdot m}}{[\mathrm{N \cdot m/(mol \cdot K)}]} \times (273+100)\,[\mathrm{K}]$$

よって，　$M \fallingdotseq 86\,[\mathrm{g/mol}]$

> **参考**　気体定数は $R = 8.3 \times 10^3\,[\mathrm{Pa \cdot L/(mol \cdot K)}]$ で与えられることが多いので，「$R = 8.3 \times 10^3$ のときは P には Pa，V は L，T は K を使用する」と覚えておくとよいでしょう。例えば，**問1**や**問2**のように $R = 8.3\,[\mathrm{N \cdot m/(mol \cdot K)}]$ や $R = 8.3\,[\mathrm{J/(mol \cdot K)}]$ で与えられたときには $R = 8.3$ を $R = 8.3 \times 10^3$ と書き直し，
>
> P は Pa，V は L，T は K を使用すればよいのです。よって，**問1**や**問2**は次のようにも解けます。

問1 ➡ $\underset{P \text{に Pa}}{\underline{5.0 \times 10^5}} \times \underset{V \text{に L}}{\underline{10}} = \underset{n \text{は mol}}{\underline{n}} \times \underset{\times 10^3 \text{をつける}}{\underline{8.3 \times 10^3}} \times \underset{T \text{に K}}{\underline{(273+27)}}$　より　$n \fallingdotseq 2.0\,[\mathrm{mol}]$

問2 ➡ $\underset{P \text{に Pa}}{\underline{1.0 \times 10^5}} \times \underset{V \text{に L}}{\underline{\frac{360}{1000}}} = \underset{n \text{は mol}}{\underline{\frac{1.0}{M}}} \times \underset{\times 10^3 \text{をつける}}{\underline{8.3 \times 10^3}} \times \underset{T \text{に K}}{\underline{(273+100)}}$　より　$M \fallingdotseq 86\,[\mathrm{g/mol}]$

問3　R の単位から，P には Pa，V は L，T は K，n は mol を使用します。

$$5.0 \times 10^2\,[\mathrm{Pa}] \times \frac{100}{1000}\,[\mathrm{L}]$$
$$= n\,[\mathrm{mol}] \times 8.3 \times 10^3\,[\mathrm{Pa \cdot L/(mol \cdot K)}] \times (273+67)\,[\mathrm{K}]$$

よって，　$n \fallingdotseq 1.8 \times 10^{-5}\,[\mathrm{mol}]$

問4　R の単位から，P には atm，V は L，T は K，n は mol を使用します。

$$1.5\,[\mathrm{atm}] \times 8.2\,[\mathrm{L}] = n\,[\mathrm{mol}] \times 0.082\,[\mathrm{atm \cdot L/(mol \cdot K)}] \times (273+27)\,[\mathrm{K}]$$

よって，　$n = 0.50\,[\mathrm{mol}]$

答　　**問1**　2.0 mol　　**問2**　86　　**問3**　1.8×10^{-5} mol　　**問4**　0.50 mol

17　気体の諸法則

　　物質量が一定の理想気体を体積可変の密封容器に入れ，圧力を P_1〔Pa〕または P_2〔Pa〕に保ったまま，温度を変化させ，体積と温度の関係を調べた。この実験における気体の体積〔L〕と絶対温度〔K〕との関係を表すグラフとして，最も適当なものを次のA～Fから1つ選べ。ただし，$P_1 > P_2$ とする。

（神戸学院大）

精 講　　**気体の諸法則**

　　❶～❹の法則を表す式は，$PV = nRT$ の中で変化していない値（一定の値）を探し，□をつけ，まとめることでつくることができます。

❶　ボイルの法則

　　[一定温度]において，[一定量]の気体の体積 V は，圧力 P に反比例します。

$$P_1V_1 = P_2V_2 = P_3V_3 (= 一定)$$

$$\boxed{PV = k(一定)}$$

　　（式のつくり方：$PV = \boxed{n}\boxed{R}\boxed{T}$　より　$PV = \boxed{nRT}$）

❷ シャルルの法則

一定圧力 で，一定量 の気体の体積 V は，絶対温度 T に比例します。

$$\frac{V_1}{T_1} = \frac{V_2}{T_2} = \frac{V_3}{T_3} (= 一定)$$

$$\boxed{\frac{V}{T} = k (一定)}$$

$\left(式のつくり方：\boxed{P}V = \boxed{n}\boxed{R}T \quad より \quad \frac{V}{T} = \boxed{\frac{nR}{P}}\right)$

❸ ボイル・シャルルの法則

一定量 の気体の体積 V は，圧力 P に反比例し，絶対温度 T に比例します。

$$\frac{P_1 V_1}{T_1} = \frac{P_2 V_2}{T_2} (= 一定)$$

$$\boxed{\frac{PV}{T} = k (一定)}$$

$\left(式のつくり方：PV = \boxed{n}\boxed{R}T \quad より \quad \frac{PV}{T} = \boxed{nR}\right)$

❹ アボガドロの法則

一定温度，一定圧力において
気体の体積 V は物質量 n に比例する

$$\frac{V_1}{n_1} = \frac{V_2}{n_2} (= 一定)$$

$$\boxed{\frac{V}{n} = k (一定)}$$

同じ体積 V_1 に含まれる気体
の分子数は気体の種類に
よらず（●，●関係なく）同数
（アボガドロの法則）

{測定しているとき
の温度 T：一定
圧力 P：一定

$\left(式のつくり方：\boxed{P}V = n\boxed{R}\boxed{T} \quad より \quad \frac{V}{n} = \boxed{\frac{RT}{P}}\right)$

68

Point 37 気体の法則間の関係

ボイルの法則
（T, n 一定）

シャルルの法則
（P, n 一定）

ボイル・シャルルの法則
（n 一定）

アボガドロの法則
（T, P 一定）

理想気体の状態方程式

理想気体の状態方程式には, 他の法則の
関係がすべて含まれている

P：圧力
V：体積
T：絶対温度〔K〕
n：物質量〔mol〕

解説 「物質量〔mol〕が一定の理想気体」とあるので, n は一定の値です。
「気体定数は一定の値」なので, R も一定の値です。

P_1〔Pa〕において,

$P_1V = nRT$ が成立します。

P_1, n, R が一定の値なので,
□をつける

$\boxed{P_1}V = \boxed{n}\boxed{R}T$

より, まとめると,

$V = \dfrac{nR}{P_1}T$ ⋯(ア)

P_2〔Pa〕において,

$P_2V = nRT$ が成立します。

P_2, n, R が一定の値なので,
□をつける

$\boxed{P_2}V = \boxed{n}\boxed{R}T$

より, まとめると,

$V = \dfrac{nR}{P_2}T$ ⋯(イ)

（注） P_1, P_2 は, それぞれの圧力（P_1, P_2）のもとで考えているため, 一定の値です。

(ア)式, (イ)式のグラフは, 横軸に T, 縦軸に V をとると正比例のグラフ（シャルルの法則）になります。

ここで $P_1 > P_2$ なので(ア)式, (イ)式より, $\dfrac{nR}{P_1} < \dfrac{nR}{P_2}$ ← $P_1 > P_2$ なので, $\dfrac{1}{P_1} < \dfrac{1}{P_2}$ つまり $\dfrac{nR}{P_1} < \dfrac{nR}{P_2}$ ですね

グラフの傾きに相当

P_2 のときの傾きは, P_1 のときの傾きよりも大きくなります。

〔L〕
V
P_2 ←傾き大
P_1 ←傾き小

$T = 0$〔K〕のとき,
$V = 0$〔L〕
になりますね

0 T〔K〕

答 B

18　混合気体の分圧

化学

　右図に示すように，容器AとBはコックCでつなが
っている。コックCを閉めた状態で，容器Aには二酸
化炭素 2.2 g が，容器Bにはメタン 6.4 g が入ってい
る。次の問いに答えよ。ただし，気体は理想気体としてふるまうものとし，
解答は有効数字2桁で示せ。また，必要ならば，原子量，気体定数 R として
次の数値を使え。H=1.0，C=12，O=16，$R=8.3\times10^3$〔Pa・L/(mol・K)〕

問1　㋐二酸化炭素と㋑メタンの物質量は，それぞれ何 mol か。

問2　容器Aおよび容器Bの容積が，それぞれ 1.0 L および 4.0 L で，温度
　　　が 27°C のとき，㋒二酸化炭素と㋓メタンの圧力は，それぞれ何 Pa か。

問3　「混合気体の全圧は，各気体成分の分圧の和に等しい。」この関係を何
　　　の法則とよぶか。

問4　コックCを開き，2つの気体を混合し，27°C に保った。㋔混合気体の
　　　全圧と㋕メタンの分圧はそれぞれ何 Pa か。

問5　混合気体の密度は何 g/L か。

（大阪工業大）

精講　　モル分率と平均分子量

　　　　　　　容器の中で n_A〔mol〕の気
体A（分子量 M_A）と n_B〔mol〕の気体B（分子
量 M_B）を混合します。このとき，**気体Aと気
体Bのモル（物質量）の割合**を，それぞれ気体
Aと気体Bの**モル分率**といいます。

$$モル分率=\frac{成分気体の物質量〔mol〕}{混合気体の全物質量〔mol〕}$$

A のモル分率＝$\dfrac{n_A}{n_A+n_B}$ ← A の mol
　　　　　　　　　　　　↑A と B の mol

B のモル分率＝$\dfrac{n_B}{n_A+n_B}$

　次に混合気体の平均分子量（みかけの分子量）$\overline{M}$ について考えてみましょう。
ここでは，2種類の気体A，Bが混合しているので，この**混合気体を1種類の気
体のようにとり扱って**，分子量 $\overline{M}$ を求めます。このときの $\overline{M}$ を**平均分子量
（みかけの分子量）**といいます。つまり，

$$混合気体の全質量〔g〕=\underbrace{n_A〔mol〕\times\frac{M_A〔g〕}{1〔mol〕}}_{気体Aの質量〔g〕}+\underbrace{n_B〔mol〕\times\frac{M_B〔g〕}{1〔mol〕}}_{気体Bの質量〔g〕}$$ ←単位変換

$$混合気体の全物質量〔mol〕=\underbrace{n_A}_{気体Aの物質量〔mol〕}+\underbrace{n_B}_{気体Bの物質量〔mol〕}〔mol〕$$

70

となるので，平均分子量 $\overline{M}$ 〔g/mol〕は，　→単位に注目すると，g÷mol で求められますね

$$\overline{M} = 混合気体の全質量〔g〕÷混合気体の全物質量〔mol〕$$

$$= (n_A \times M_A + n_B \times M_B) \div (n_A + n_B) = \underbrace{\frac{n_A}{n_A + n_B}}_{\text{Aのモル分率}} \times \underbrace{M_A}_{\text{Aの分子量}} + \underbrace{\frac{n_B}{n_A + n_B}}_{\text{Bのモル分率}} \times \underbrace{M_B}_{\text{Bの分子量}}$$

ドルトンの分圧の法則

　互いに反応しない気体A，Bが混合して，同じ容器の中に入っている場合を考えましょう。この**気体Aや気体Bがそれぞれ単独で混合気体と同じ体積を占めたときに，気体Aや気体Bの示すそれぞれの圧力 P_A，P_B をAの分圧，Bの分圧**といいます。また，**混合気体が示す圧力を全圧 P** といいます。

$$PV = (n_A + n_B)RT \quad \cdots ①$$
$$P_A V = n_A RT \quad \cdots ②$$
$$P_B V = n_B RT \quad \cdots ③$$

②式÷①式 $= \dfrac{②式}{①式}$ より，　$\dfrac{P_A}{P} = \dfrac{n_A}{n_A + n_B}$　よって，　$P_A = \dfrac{n_A}{n_A + n_B} \times P$

③式÷①式 $= \dfrac{③式}{①式}$ より，　$\dfrac{P_B}{P} = \dfrac{n_B}{n_A + n_B}$　よって，　$P_B = \dfrac{n_B}{n_A + n_B} \times P$

②＋③式 より，

$$P_A V + P_B V = n_A RT + n_B RT$$
$$(P_A + P_B)V = (n_A + n_B)RT \quad \cdots ④$$

分圧＝モル分率×全圧

　ここで，④式と①式を見比べてみると，混合気体について，

$$P = P_A + P_B \quad ←全圧は，分圧の和となる$$

が成り立ちます。この関係は，**混合気体の全圧は，その成分気体の分圧の和に等しい**（**ドルトンの分圧の法則**）ことを示します。

Point 38　混合気体の圧力

❶ 混合気体の全圧は，その成分気体の分圧の和に等しい。
$$P = P_A + P_B + \cdots\cdots$$
❷ 分圧＝全圧×モル分率

分子量と密度の関係

　質量 w〔g〕の気体の物質量 n〔mol〕は分子量を M とすると，M は M〔g/mol〕と表せるので，

$$n〔\mathrm{mol}〕=w〔\mathrm{g}〕\times\frac{1〔\mathrm{mol}〕}{M〔\mathrm{g}〕}$$　←gどうしを消去して，mol を残す

となり，これを理想気体の状態方程式に代入すると，

$$PV=\frac{w}{M}\times RT\quad\cdots①$$　←$PV=nRT$ に $n=\frac{w}{M}$ を代入した

となります。ここで，気体の密度を d〔g/L〕とすると，

$$d〔\mathrm{g/L}〕=w〔\mathrm{g}〕\div V〔\mathrm{L}〕$$　←単位に注目すると，g÷L で求められる

なので，①式を変形した

$$PM=\frac{w}{V}\times RT\quad\cdots②$$　←$\frac{w}{V}$ の形をつくる

に代入して，

$$PM=d\times RT\quad\cdots③$$　←$\frac{w}{V}=d$ となる

が成立します。

問1　(ア)　二酸化炭素 CO_2 の分子量は 44 つまり 44〔g/mol〕なので，その物質量は，

$$2.2〔\mathrm{g}〕\times\frac{1〔\mathrm{mol}〕}{44〔\mathrm{g}〕}=0.050〔\mathrm{mol}〕$$　←gどうしを消去して，mol を残す

　(イ)　メタン CH_4 の物質量は，分子量が 16 つまり 16〔g/mol〕なので，

$$6.4〔\mathrm{g}〕\times\frac{1〔\mathrm{mol}〕}{16〔\mathrm{g}〕}=0.40〔\mathrm{mol}〕$$

　参考　CO_2 と CH_4 のモル比は，$0.050:0.40=1:8$　となります。よって，平均分子量 $\overline{M}$ は，

$$\overline{M}=\underset{\substack{CO_2の\\モル分率}}{\frac{1}{1+8}}\times\underset{\substack{CO_2の\\分子量}}{44}+\underset{\substack{CH_4の\\モル分率}}{\frac{8}{1+8}}\times\underset{\substack{CH_4の\\分子量}}{16}≒19$$　と求めることができます。

問2　(ウ)　容器A中の二酸化炭素 CO_2 について考えてみましょう。

　理想気体の状態方程式に，$V=1.0$〔L〕，$T=273+27=300$〔K〕，$n_{CO_2}=0.050$〔mol〕，$R=8.3\times10^3$〔Pa・L/(mol・K)〕を代入します。

$$P_{CO_2}\times1.0=0.050\times8.3\times10^3\times300$$　←$PV=nRT$ に代入した

　よって，　$P_{CO_2}=1.24\times10^5≒1.2\times10^5$〔Pa〕

　(エ)　容器B中のメタン CH_4 について考えてみましょう。

　理想気体の状態方程式に，$V=4.0$〔L〕，$T=273+27=300$〔K〕，$n_{CH_4}=0.40$〔mol〕，$R=8.3\times10^3$〔Pa・L/(mol・K)〕を代入します。

$$P_{CH_4} \times 4.0 = 0.40 \times 8.3 \times 10^3 \times 300$$

よって，$P_{CH_4} = 2.49 \times 10^5 \fallingdotseq 2.5 \times 10^5$ 〔Pa〕

問4 コックを開けると，容器A，容器B内の圧力が等しくなり，最終的には均一になります。

㋔，㋖ 二酸化炭素 CO_2 に注目してみましょう。

コックCを開く前と後で，二酸化炭素について理想気体の状態方程式が成り立ちます。コックCを開いた後の二酸化炭素の分圧を P_{CO_2}' とすると，

コックCを開く前：$1.24 \times 10^5 \times 1.0 = \boxed{0.050 \times 8.3 \times 10^3 \times 300}$ …①

コックCを開いた後：$P_{CO_2}' \times (1.0+4.0) = \boxed{0.050 \times 8.3 \times 10^3 \times 300}$ …②

同じ値

となります。ここで，コックCを開く前と開いた後において，物質量 n〔mol〕，温度 T〔K〕，気体定数 R〔Pa·L/(mol·K)〕が変化していないので，①式，②式の同じ値になっている□部分をつなぐと，

$$1.24 \times 10^5 \times 1.0 = P_{CO_2}' \times (1.0+4.0)$$

よって，$P_{CO_2}' = 2.48 \times 10^4$ 〔Pa〕

となります。つまり，**ボイルの法則 $PV=$（一定）を使って解いたことと同じに**なります。

また，メタン CH_4 についても物質量 n〔mol〕，温度 T〔K〕，気体定数 R〔Pa·L/(mol·K)〕が変化していないので，メタンの分圧を P_{CH_4}' とすると，ボイルの法則 $PV=$（一定）より，

→変化していない値に□をつけると，$PV=\boxed{n}\boxed{R}\boxed{T}$ となる

$$2.49 \times 10^5 \times 4.0 = P_{CH_4}' \times (1.0+4.0)$$

よって，$P_{CH_4}' = 1.99 \times 10^5 \fallingdotseq 2.0 \times 10^5$ 〔Pa〕

全圧を P とすると，ドルトンの分圧の法則より，

$$P = P_{CO_2}' + P_{CH_4}' = 2.48 \times 10^4 + 1.99 \times 10^5 \fallingdotseq 2.2 \times 10^5 \text{〔Pa〕}$$

問5 混合気体の全質量は $2.2+6.4=8.6$〔g〕で，その体積は $1.0+4.0=5.0$〔L〕です。よって，混合気体の密度〔g/L〕は，

$$\frac{8.6 \text{〔g〕}}{5.0 \text{〔L〕}} \fallingdotseq 1.7 \text{〔g/L〕}$$

 答

問1 ㋐ 0.050 mol ㋑ 0.40 mol

問2 ㋒ 1.2×10^5 Pa ㋓ 2.5×10^5 Pa **問3** ドルトンの分圧の法則

問4 ㋔ 2.2×10^5 Pa ㋖ 2.0×10^5 Pa **問5** 1.7 g/L

必修
基礎問

次の文を読み，下の問いに答えよ。必要があれば次の数値を用いること。
$0\,°C=273\,K$，気体定数 $R=8.31\times10^3\,Pa\cdot L/(mol\cdot K)$，$C=12$，$H=1.0$，
$He=4.0$，$O=16$

右図には，a，b，c という3種類
の気体における $\dfrac{PV}{T}$ と P の関係が
示してある。ここで P は圧力，V は
体積，T は絶対温度である。また，
これら3種類の気体の物質量はすべ
て同じである。

問1　いずれの気体も理想気体の状態方程式 $PV=nRT$ が成立していない。
a の気体において，圧力を上げていくと，縦軸の数値ははじめ減少したが，
さらに高い圧力では逆に増加した。このような現象がみられた理由を90
字程度で説明せよ。

問2　a，b，c がすべて同じ物質であり，その温度だけが異なる場合，最も温
度が高いのはどれか。

問3　3種類の気体がメタン，ヘリウム，二酸化炭素である場合，a，b，c は
それぞれどれに相当するか。ただし，すべての気体は同じ温度であるもの
とする。

問4　これらの気体と同じ物質量の理想気体では，縦軸 $\left(\dfrac{PV}{T}\right)$ の数値が
1.25×10^4 であった。これらの気体の物質量はどれだけか。有効数字3桁
で答えよ。

(甲南大)

 精　講　　理想気体と実在気体

　　理想気体とは，分子に大きさがなく，分子間力が働かないと
仮定した仮想の気体で，理想気体の状態方程式 $PV=nRT$ に厳密にしたがい
ます。しかし，実際に存在するアンモニア NH_3 や二酸化炭素 CO_2 などの気体
(**実在気体**)には，分子自身に大きさがあり，分子間に引力が働いています。

　実在気体が理想気体とどれくらい異なるか(ズレるか)を考えるのに，理想気
体や実在気体について，一定温度の下で圧力 P を変えながらの $\dfrac{PV}{nRT}$ の値(図1)，
一定圧力の下で温度 T を変えながらの $\dfrac{PV}{nRT}$ の値(図2)を調べてみましょう。

図1　圧力変化にともなう理想気体からのズレ　図2　温度変化にともなう理想気体からのズレ

図1をみると、実在気体のグラフは低圧になるほど理想気体のグラフに近づいていくことが確認できます。
　　　　　　　　　　　　　　　左にいくほど

低圧状態では、気体が密に詰まっていません（下図）。そのため、気体分子間の距離が遠く離れているので、分子間力や分子の大きさが無視できます。

分子の大きさが無視できるということは、やや考えにくいですね。低圧の場合は、同じ体積で考えると含まれている分子の数が少ないために、容器の体積に対して分子の大きさを無視できます。
　　　　　　　　　　　　　　　　　　　　　　　　　気体全体の体積

おもりが1つなので低圧　　　同体積で考えてみましょう　　　おもりが3つもあるので高圧

低圧の場合　　　　　高圧の場合

図2をみると、実在気体のグラフは温度が高くなるほど理想気体のグラフに近づいていくことがわかります。これは、高温になればなるほど気体ははげしく熱運動するために、分子間力の影響が無視できるようになるからです。

よって、低圧・高温になると実在気体が理想気体に近づくことがわかります。

Point 39　理想気体と実在気体

	理想気体	実在気体
分子の大きさ（体積）	ない	ある
分子間力	働かない	働く
$PV=nRT$	厳密に成り立つ	厳密には成り立たない

実在気体が理想気体に近づく条件　➡　高温・低圧

問1　次のようにグラフとあわせておさえましょう。

問2　温度が高くなるほど，実在気体は理想気体に近づくので，理想気体に最も近いグラフ c が答になります。

問3　ヘリウム He は，3種類の気体の中で分子の大きさが最も小さく，分子量（He＝4.0）も最も小さいために分子間力も最も小さくなり，理想気体に最も近いグラフ c となります。

　　二酸化炭素 CO_2 は，3種類の気体の中で分子の大きさが最も大きく，分子量（CO_2＝44）も最も大きいために分子間力も最も大きくなり，理想気体から最も大きくずれたグラフ a になります。

問4　理想気体の状態方程式 $PV=nRT$ より，

$$\frac{PV}{T}=nR=1.25\times10^4$$ ←理想気体は，$\frac{PV}{T}=1.25\times10^4$ とあるので

ここで，$R=8.31\times10^3$ から，

$$n=\frac{1.25\times10^4}{8.31\times10^3}\fallingdotseq1.50 \,〔mol〕$$

問1　はじめは，分子間力の影響が大きいために体積の減少が大きくなり縦軸の値が小さくなる。圧力を上げていくと，分子の大きさの影響で体積の減少が小さくなるので縦軸の値が大きくなる。(85字)

問2　c

問3　a：二酸化炭素　　b：メタン　　c：ヘリウム

問4　1.50 mol

20 （飽和）蒸気圧　　　　　　　　　　　　　　　化学

エタノールの蒸気圧曲線を右図に示し
た。これを参考にして下の問いに答えよ。
解答はすべて有効数字 2 桁で求めよ。た
だし，1.0×10^5 Pa＝760 mmHg，
$R = 8.3 \times 10^3$〔Pa・L/(mol・K)〕とする。

問1　エタノールの 1.0×10^5 Pa＝760
mmHg における沸点は何 ℃ か。

問2　大気圧が 7.5×10^4 Pa のとき，エ
タノールは何 ℃ で沸騰するか。

問3　40℃，5.0×10^4 Pa の空気を入れた内容積 0.83 L の密閉容器に 0.010
mol のエタノールを加えて 40℃ に保つと，容器内の圧力は何 Pa になる
か。

（千葉大）

精 講　　　[蒸気圧]

一定温度に保たれた真空の容器に水を入れて長い時間放置し
ておくと，水の一部は蒸発して水蒸気になっていくとともに，水蒸気の一部は
凝縮して水にもどって，そのうち，蒸発も凝縮も起こらなくなったようにみえ
る状態になります。

このとき，蒸発する水分子の数と凝縮する水分子の数が等しくなっているだ
けで，蒸発や凝縮が止まっているわけではありません。このように，**みかけ上，
蒸発も凝縮も起こっていない状態**を**気液平衡**（蒸発平衡）といって，この平衡状
態における蒸気の圧力を**蒸気圧**または**飽和蒸気圧**といいます。

はじめは，液体の水からの蒸発が起こる　　　蒸発する水分子の数と
　　　　　　　　　　　　　　　　　　　　凝縮する水分子の数が等しい

蒸気圧には，次の@，ⓑの性質があります。

@　**液体の種類と温度だけで決まる最大圧力**である。

ⓑ　温度が一定ならば，残っている液体の量，容器の大きさ，他の気体の存
在に関係なく一定である。

液体の温度が高くなると，液体の表面から蒸発する分子の数が増え，気体分子の数が多くなり熱運動も激しくなるので，(飽和)蒸気圧は温度が高くなると大きくなります。この蒸気圧と温度との関係を示すグラフを蒸気圧曲線といいます(右図)。

Point 40 蒸気圧

❶ 液体の種類と温度だけで決まる最大の圧力

❷ ⎧ 残っている液体の量 ⎫
　 ⎨ 容器の大きさ　　　 ⎬ に関係なく一定
　 ⎩ 他の気体の存在　　 ⎭

沸騰と沸点

液体を加熱していくと，**液体の表面からだけでなく液体の内部からも蒸気が気泡となって発生するようになります。この現象を沸騰**といって，**沸騰が続いている間は**，加えられた熱が液体の分子を気体にするために使われるので**一定温度が続きます。このときの温度を沸点**といいます。

↓大気圧 P〔Pa〕

(飽和)蒸気圧 P_0〔Pa〕

気泡をつぶそうとする
大気圧のようす

気泡内に働いている
(飽和)蒸気圧のようす

上図からもわかるとおり，**大気圧＝(飽和)蒸気圧 ($P = P_0$) になると，気泡がつぶれずに液体中に存在できます。**ふつう，大気圧は 1.013×10^5 Pa (1 atm)となるので，**(飽和)蒸気圧が 1.013×10^5 Pa (1 atm)になる温度がその液体の沸点になります。**

Point 41　沸点

（飽和）蒸気圧＝大気圧　のときの温度

（飽和）蒸気圧の計算

　（飽和）蒸気圧の計算では，次の@と⑥のどちらの状態になるかを判定させる問題がよく出題されます。

> 温度一定の密閉容器の中で
> @ 揮発性の液体Xがすべて気体として存在している。
> ⑥ 液体Xと気体Xが共存して，Xは（飽和）蒸気圧 P_0 を示している。

　次の図から，密閉容器でのXのようすを見ながら@と⑥との違いをおさえましょう。（T〔K〕におけるXの（飽和）蒸気圧を P_0 とします。）

（飽和）蒸気圧の計算問題の解き方

Step 1　温度一定の容器に入れたXがすべて気体であると**仮定**して，Xの仮の圧力 P_{if} を求めます。

Step 2　@，⑥のどちらになるのか考えます。

@ $P_{if} \leqq$（Xの（飽和）蒸気圧 P_0）の場合

　　P_{if} がXの（飽和）蒸気圧 P_0 以下になることは可能なので，仮定は正しく，

　　容器内にはXが**すべて気体として存在**し，

　　　　その圧力は P_{if} を示します。

⑥ $P_{if} >$（Xの（飽和）蒸気圧 P_0）の場合

　　P_{if} がXの（飽和）蒸気圧 P_0 をこえることはないので，仮定はまちがっており，

　　容器内には**液体Xと気体Xが共存**し，

　　　　その圧力はXの（飽和）蒸気圧 P_0 を示します。

問1　与えられている蒸気圧曲線から,
　　　760 mmHg＝蒸気圧
となる温度を読みとります。

蒸気圧が760 mmHgの温度を読みとる

大気圧760 mmHgにおけるエタノールの沸点

問2　大気圧が 7.5×10^4 Pa なので,まず〔Pa〕を〔mmHg〕に単位変換します。

$$7.5 \times 10^4 \,〔\text{Pa}〕 \times \frac{760 \,〔\text{mmHg}〕}{1.0 \times 10^5 \,〔\text{Pa}〕}$$

Pa どうしを消去して,mmHg を残す

$$=570 \,〔\text{mmHg}〕$$

となるので,与えられている蒸気圧曲線から,
　　　大気圧 (570 mmHg)
　　　＝蒸気圧 (570 mmHg)
の温度を読みとります。

蒸気圧が570 mmHgの温度を読みとる

大気圧570 mmHgにおけるエタノールの沸点

問3　**Step 1**　容器に入れたエタノール 0.010 mol がすべて気体であると仮定して,仮のエタノールの分圧 P_{if} を求めます。

$$P_{if} \times 0.83 = 0.010 \times 8.3 \times 10^3 \times (273+40)　\leftarrow PV=nRT \text{ に代入する}$$

よって,

$$P_{if} = 3.13 \times 10^4 \,〔\text{Pa}〕$$

〔Pa〕を〔mmHg〕に単位変換すると,

$$3.13 \times 10^4 \,〔\text{Pa}〕 \times \frac{760 \,〔\text{mmHg}〕}{1.0 \times 10^5 \,〔\text{Pa}〕} ≒ 238 \,〔\text{mmHg}〕　\leftarrow \text{Pa どうしを消去して, mmHg を残す}$$

Step 2　40℃におけるエタノールの蒸気圧 P_0 を蒸気圧曲線から読みとると 130 mmHg になるので,$P_{if} = 238$〔mmHg〕$> P_0 = 130$〔mmHg〕となり,仮定が誤っていたことになるので,容器内には液体のエタノールと気体のエタノールが共存していて,エタノールの分圧は,

$$P_0 = 130 \,〔\text{mmHg}〕$$

となります。ここで,〔mmHg〕を〔Pa〕に単位変換すると,

$$130 \,〔\text{mmHg}〕 \times \frac{1.0 \times 10^5 \,〔\text{Pa}〕}{760 \,〔\text{mmHg}〕} ≒ 1.71 \times 10^4 \,〔\text{Pa}〕　\leftarrow \text{mmHg どうしを消去して, Pa を残す}$$

となり,容器内の圧力 (全圧) は,

　　　容器内の圧力＝空気の圧力＋エタノールの蒸気圧　$\leftarrow$全圧は,分圧の和
　　　　　　　　＝$5.0 \times 10^4 + 1.71 \times 10^4 ≒ 6.7 \times 10^4$〔Pa〕

答

　　問1　78℃　　**問2**　72℃　　**問3**　6.7×10^4 Pa

6 蒸気圧（水上置換の場合）　　　　　　　　　　　　　　　化学

　　鉄に希硫酸を加え，発生した水素を水上置換で捕集した。捕集した気体の温度，圧力，体積を測定したところ，それぞれ T〔K〕，P〔Pa〕，V〔L〕であった。発生した水素の質量〔g〕を表す式として最も適当なものを，次の①～⑥から1つ選べ。ただし，T〔K〕における水蒸気圧は p_w〔Pa〕であり，R〔Pa・L/(mol・K)〕は気体定数である。また，分子量は $H_2 = 2$ とする。

① $\dfrac{(P - p_w)V}{RT}$　　② $\dfrac{2(P - p_w)V}{RT}$　　③ $\dfrac{PV}{RT}$　　④ $\dfrac{2PV}{RT}$

⑤ $\dfrac{(P + p_w)V}{RT}$　　⑥ $\dfrac{2(P + p_w)V}{RT}$

（センター試験）

精　講　　**蒸気圧（水上置換の場合）**　　水素 H_2 のような水に溶けにくい気体を発生させたときには，水上置換で集めます。このとき，メスシリンダー内は水素 H_2 と水蒸気 H_2O の混合気体になっています。

　　下図では，メスシリンダー内の水面と外の水面が一致している（メスシリンダー内と外の圧力が等しい）ことから，次の関係が成り立ちます。

　　大気圧 ＝ 捕集した水素の分圧 ＋ 水蒸気の分圧（水の蒸気圧）

解　説　　水素 H_2 の分圧を p_{H_2} とすると，①式が成立します。

$$P = p_{H_2} + p_w \quad \cdots ①$$

　　水素の質量を W〔g〕とすると，その分子量が2つまりモル質量は2〔g/mol〕なので，②式が成立します。

$$p_{H_2} \times V = \dfrac{W}{2} \times R \times T \quad \cdots ② \quad \leftarrow PV = nRT \text{ に代入する}$$

①式を②式に代入すると，

$$(P - p_w) \times V = \dfrac{W}{2} \times R \times T \quad \text{よって，} \quad W = \dfrac{2(P - p_w)V}{RT}$$

 ②

21 三態間の変化

　物質は, 固体・液体・気体の状態をとり, 圧力や温度を変えると状態が変化する。次の説明文を読み, 下の問いに答えよ。

　右図は, 水がどのような状態にあるかを表している。曲線 AB は, 蒸気圧曲線とよばれ, 状態Ⅰと状態Ⅱが共存するときの圧力(蒸気圧)と温度の関係を示す。同様に, 曲線 AC は状態Ⅱと状態Ⅲが共存し, また曲線 AD は状態Ⅲと状態Ⅰが共存するときの圧力と温度の関係を示す。

外圧が 1.013×10^5 Pa (1 atm)のとき, 水の凝固点は t_1, 沸点は t_2 となる。

問1　状態Ⅰ, Ⅱ, Ⅲの状態名を書け。

問2　状態Ⅰから状態Ⅱ, 状態Ⅲから状態Ⅱ, 状態Ⅲから状態Ⅰへの状態変化を何とよぶか。

問3　外圧が低くなると, 水の凝固点と沸点はそれぞれどのように変化するか。

問4　不揮発性の物質を水に溶かした溶液の蒸気圧曲線はどのようになるか。その概形を右図に描け。また, 1.013×10^5 Pa のもとでのこの溶液の沸点を作図によって図中に示せ。

図中の実線は, 水の蒸気圧曲線を示す

（大阪市立大）

精　講　物質の三態

　物質は温度や圧力の条件によって, ふつう固体・液体・気体の3種類のいずれかの状態をとります。これら**3つの状態**を<u>物質の三態</u>といいます。

❶　固体

　粒子の熱運動に比べて粒子の間に働く引力が大きく, 粒子がほぼ一定の位置に固定されています。粒子は規則正しく並んでいて, それぞれ決まった位置で, 振動や回転という熱運動をしています。固体は一定の体積・一定の形を保っています。

❷　液体

　固体と液体の体積を比較すると水 H_2O などの一部を除いて, 液体の方が固体より大きくなります。粒子間隔が広くなることでできたすきまを利用しながら, 粒子が熱運動しているので, 液体は流動性があり形を自由に変えることができます。

❸ 気体

　粒子と粒子の間の距離が大きいために，粒子間にはほとんど引力が働いていません。粒子は熱運動によって空間を自由に運動しています。

固体	液体	気体
定位置で振動・回転している	動きまわっている	自由に運動している

Point 42　物質の状態

物質は温度や圧力の条件によって，
　　固体・液体・気体　　のいずれかになる。

［状態図］

　圧力を縦軸に，温度を横軸にとり，物質がどのような状態にあるかを表した図を状態図といいます。

　下の図1は水 H_2O，図2は二酸化炭素 CO_2 の状態図です。水の状態図をみると，融解曲線がわずかに左に傾いています（融解曲線の傾きが負）。そのため，図中の矢印↑のように一定温度のもとで圧力を高くすると　固体（氷）→液体（水）に変化します。融解曲線が左に傾いている例は，水ぐらいしかありません。また，3つの曲線の交点は，固体・液体・気体の3つの状態が共存していて，三重点とよばれます。

図1　水の状態図　　**図2　二酸化炭素の状態図**

（注）　臨界点以上の温度や圧力では液体と気体の区別がなくなり，臨界点以上の温度・圧力の条件で存在する物質を超臨界流体といいます。超臨界流体は液体と気体の区別がつかない物質のことで，液体と気体の中間的な性質をもっています。

 Point 43　状態図の各曲線の名称を覚えておこう！

解 説

問 1　1.013×10^5 Pa（1 atm）の圧力のもと，温度を上げていくと，温度 t_1 で固体から液体に，温度 t_2 で液体から気体に変化していきます。
〔状態Ⅲ〕〔状態Ⅱ〕〔状態Ⅱ〕〔状態Ⅰ〕
　　したがって，外圧が 1.013×10^5 Pa のとき，t_1 は水の融点（凝固点），t_2 は沸点になります。

問 2　状態変化における化学用語は覚えておきましょう。

問 3　右上図から外圧を低くすると，水の凝固点（融点）は高くなって $t_1{}'$ に，沸点は低くなって $t_2{}'$ になることがわかります。

問 4　不揮発性の物質を溶かした水溶液は，水溶液の表面から蒸発する水分子の数が溶質を溶かす前に比べて少なくなり，水溶液の蒸気圧が水の蒸気圧に比べて低くなる蒸気圧降下という現象が起こります（➡p.97）。

答
　問 1　状態Ⅰ：気体　　状態Ⅱ：液体
　　　　　状態Ⅲ：固体
　問 2　状態Ⅰから状態Ⅱ：凝縮
　　　　　状態Ⅲから状態Ⅱ：融解
　　　　　状態Ⅲから状態Ⅰ：昇華
　問 3　凝固点：高くなる
　　　　　沸点：低くなる
　問 4

必修 基礎問

6. 溶液の性質

22 溶解と濃度

〔I〕 次の文中の◻◻◻に適当な語句を入れよ。

　水に溶けて電離する物質を ア という。水分子の中の酸素原子は イ の電荷を帯び，水素原子は ウ の電荷を帯びているので，ア の水溶液では，水分子とイオンの間に静電気的な引力が働く。例えば，負の電荷をもつイオンに対しては，水分子の中の エ 原子がとり囲むことによって静電気的に安定化する。このような現象を オ という。　(東北大)

〔II〕 滴定実験に使用する塩酸は，市販の濃塩酸を蒸留水で希釈してつくったものである。市販の濃塩酸は，質量パーセント濃度が37％で，密度が $1.18\,g/cm^3$ であった。次の問いに有効数字2桁で答えよ。

問1 市販の濃塩酸のモル濃度と質量モル濃度を求めよ。ただし，$HCl＝36.5$ とする。

問2 $0.0100\,mol/L$ の塩酸 $1.0\,L$ をつくるには，何 mL の濃塩酸が必要か。

(岐阜大)

精講

溶解

　塩化ナトリウム NaCl やスクロース $C_{12}H_{22}O_{11}$ などの溶質が水などの溶媒に溶けて均一になる現象を溶解，できた混合物を溶液といいます。

溶媒　溶質　溶液

　溶媒には極性溶媒と無極性溶媒があります。

| 極 性 溶 媒：極性分子からなる溶媒 | (例) 水 H_2O，エタノール C_2H_5OH |
| 無極性溶媒：無極性分子からなる溶媒 | (例) ベンゼン C_6H_6，四塩化炭素 CCl_4 |

また，溶質には電解質や非電解質があります。

| 電解質：水に溶けて陽イオンと陰イオンに電離する物質 | (例) 塩化ナトリウム NaCl |
| 非電解質：水に溶けても電離しない物質 | (例) スクロース $C_{12}H_{22}O_{11}$ または $C_{12}H_{14}O_3(OH)_8$ |

溶解のようす

　溶け方の違いは，「溶質と溶媒の極性や構造が似たものどうしなのか」で決まってきます。ふつう

極性や構造が似たものどうしはよく溶け合い，そうでなければあまり溶けません。

例えば，塩化ナトリウム NaCl は極性溶媒である水 H_2O に溶けます。これは，電気陰性度が O>H であることから，水分子の共有電子対が酸素 O 原子の方にかたよって，水分子の O 原子は $\delta-$，H 原子は $\delta+$ に分極しています。ここで，イオン結晶である NaCl を水の中に入れると，水 H_2O の $\delta-$ に帯電している O 原子の部分が Na^+ に，$\delta+$ に帯電している H 原子の部分が Cl^- に引きつけられて，それぞれのイオンをとり囲んで混ざっていきます。このように，**溶質が水にとり囲まれることを水和**，水和しているイオンを**水和イオン**といいます。

〈塩化ナトリウムの水への溶解〉

スクロース $C_{12}H_{14}O_3(OH)_8$ はヒドロキシ基 –OH を多くもっているので，水分子に水素結合によってとり囲まれて混ざり合います。

〈スクロースの水への溶解〉

一方，ベンゼン分子 C_6H_6 の間には弱いファンデルワールス力が，水分子 H_2O 間には強い水素結合が働いて，ベンゼン分子どうしや水分子どうしの結合力が異なるために，ベンゼン分子が水分子の間に入りこむことができません。そのため，ベンゼンと水は混ざり合いません。

Point 44 　溶解

- イオン結晶やヒドロキシ基 –OH をもつ物質 ➡ 極性溶媒に溶けやすい
- 無極性分子 ➡ 無極性溶媒に溶けやすい

濃度

溶質の量が，「基準とするものの量（溶液や溶媒）」に対してどれくらい溶けているかを表したものを**濃度**といいます。次の 3 つの濃度を覚えましょう。

質量パーセント濃度〔%〕	$\dfrac{溶質の質量〔g〕}{溶液の質量〔g〕} \times 100$	溶液 100 g 中の溶質の g 数
モル濃度〔mol/L〕	$\dfrac{溶質の物質量〔mol〕}{溶液の体積〔L〕}$	溶液 1 L 中の溶質のモル数
質量モル濃度〔mol/kg〕	$\dfrac{溶質の物質量〔mol〕}{溶媒の質量〔kg〕}$	溶媒 1 kg 中の溶質のモル数

〔Ⅰ〕 水に溶けて電離する物質を電解質ァといいます。

$$水分子 {}^{\delta+}H{-}O{}^{\delta-}{-}H{}^{\delta+} ⇒ O原子は負ィ の電荷を，H原子は正ゥ の電荷を帯びている$$

例えば，NaCl の水溶液では，正の電荷をもつ Na^+ に対しては水分子の中の酸素原子，負の電荷をもつ Cl^- に対しては水分子の中の水素ェ 原子がとり囲むことによって静電気的に安定化します。このような現象を水和ォ，水にとり囲まれているイオンを水和イオンといいます。

〔Ⅱ〕 **問1** 質量パーセント濃度は，溶液 100 g 中に溶けている溶質の g 数を表すので，質量パーセント濃度が与えられた場合は次のように書き直せるようにしましょう。

質量パーセント濃度 37% →（右の分数式に書き直そう!!）

$$\frac{37 〔g〕（溶質の質量）}{100 〔g〕（溶液の質量）} \quad …①$$

や

$$\frac{37 〔g〕（溶質の質量）}{100-37 〔g〕（溶媒の質量）} \quad …①'$$

密度 1.18 $〔g/cm^3〕$ は，$\dfrac{1.18 〔g〕}{1 〔cm^3〕}$ と表すことができ，$1 〔cm^3〕＝1 〔mL〕$ なので，

水溶液 $1 cm^3$ あたりを表している

$$\frac{1.18 〔g〕}{1 〔mL〕} \quad …②$$

と表すこともできます。また，塩化水素 HCl の分子量は 36.5 なので，そのモル質量は

$$36.5 〔g/mol〕 \quad …③$$

と表すことができます。

モル濃度 〔mol/L〕 は，溶質〔mol〕÷溶液〔L〕で求められるので，単位に注意しながら分母・分子に①，②，③を代入します。

分子には溶質 (HCl) の①より
データを代入する

モル質量③より。単位を mol に変換するために，$\dfrac{mol}{g}$ をかける

$$\frac{溶質〔mol〕}{溶液 〔L〕}=\frac{37 〔g〕 \times \dfrac{1 〔mol〕}{36.5 〔g〕}}{100 〔g〕 \times \dfrac{1 〔mL〕}{1.18 〔g〕} \times \dfrac{1 〔L〕}{10^3 〔mL〕}} ≒12 〔mol/L〕$$

分母には溶液の
データを代入する

密度②より。
溶液の g どうしを消去するために，$\dfrac{mL}{g}$ をかける

$1 L＝1000 mL＝10^3 mL$ より
mL どうしを消去して L とする

また，質量モル濃度 〔mol/kg〕 は，溶質〔mol〕÷溶媒〔kg〕で求められるので，同様に単位に注意しながら①'と③を利用して求めます。

$$\frac{溶質〔mol〕}{溶媒〔kg〕} = \frac{37〔g〕 \times \dfrac{1〔mol〕}{36.5〔g〕}}{(100-37)〔g〕 \times \dfrac{1〔kg〕}{10^3〔g〕}} \fallingdotseq 16〔mol/kg〕$$

問2 必要な濃塩酸を x〔mL〕とし，塩酸をつくる前と後で溶質である HClの物質量〔mol〕が変化していないことに注目すると，次式が成り立ちます。

$$x〔mL〕 \times \frac{1.18〔g〕}{1〔mL〕} \times \frac{37〔g〕}{100〔g〕} \times \frac{1〔mol〕}{36.5〔g〕} = \frac{0.0100〔mol〕}{1〔L〕} \times 1.0〔L〕$$

よって， $x \fallingdotseq 0.84$〔mL〕

〔I〕 **ア**：電解質　　**イ**：負（またはマイナス）　　**ウ**：正（またはプラス）
　　 エ：水素　　**オ**：水和
〔II〕 **問1　モル濃度**：12 mol/L　　**質量モル濃度**：16 mol/kg
　　 問2　0.84 mL

必修 基礎問

23 固体の溶解度

次の文章を読み，下の問いに答えよ。

右表に塩化ナトリウムと硝酸カリウムの溶解度〔g/水100 g〕を示した。

温度〔℃〕		20	40	60	80	100
溶解度	NaCl	35.8	36.4	37.1	38.0	39.1
〔g/水100 g〕	KNO₃	31.6	62.9	109	169	246

〈塩化ナトリウム，硝酸カリウムの溶解度〉

塩化ナトリウムと硝酸カリウムの混合物があり，その含有率は質量比で1（塩化ナトリウム）：9（硝酸カリウム）であった。この混合物200 gを80℃に保たれている水100 gに入れ十分にかくはんし溶解させた後，<u>同じ温度を保ちながら溶液中の溶解していない物質をろ別した</u>①。この操作で得られた<u>ろ液を20℃に冷却すると結晶Aが析出した</u>②。

問1　下線部①の溶解していない物質は何グラム〔g〕か。整数で記せ。

問2　下線部②の操作でろ液を冷却して析出した結晶Aは何か。a～cの中から該当するものを1つ選べ。

　　a：塩化ナトリウム　　b：硝酸カリウム　　c：塩化ナトリウムと硝酸カリウム

問3　下線部②の操作でろ液を冷却して析出した結晶Aは何グラム〔g〕か。最も近い数値を1つ選べ。

　　a：2.2 g　　b：137 g　　c：169 g　　d：180 g　　e：200 g　　（東海大）

精 講

固体の溶解度

溶媒に溶ける溶質の量は，溶媒の量や温度によって限界があります。**限界まで溶質が溶けた溶液のことを飽和溶液**といい，このときに必要な溶質の量を溶解度といいます。

溶解度は，ふつう**溶媒100 gに溶ける溶質の最大質量**〔g〕で表します。ただ，溶媒には水を使うことが多いので，**水100 gに溶ける溶質の最大質量**〔g〕ということもでき，これをS〔g/水100 g〕と表します。

溶解度は，溶液の温度によって変化します。温度が高くなるほど溶解度が大きくなるものが多いですが，水酸化カルシウム Ca(OH)₂ のように温度が高くな

ると溶解度が小さくなるものもあります。また、**溶解度と温度の関係を表すグラフ**を溶解度曲線といいます。

溶解度

水 $100\,\mathrm{g}$ に溶ける溶質の最大質量 $S\,(\mathrm{g})$

↕

$S\,(\mathrm{g}/水\,100\,\mathrm{g})$

〈溶解度曲線〉

問1 混合物 $200\,\mathrm{g}$ 中には，塩化ナトリウム $NaCl$ と硝酸カリウム KNO_3 が質量比 $1:9$ であることからそれぞれ，

塩化ナトリウム $NaCl：200 \times \dfrac{1}{1+9} = 20\,(\mathrm{g})$

硝酸カリウム $KNO_3：200 \times \dfrac{9}{1+9} = 180\,(\mathrm{g})$

ずつ含まれています。$80\,^{\circ}\mathrm{C}$ のときの溶解度は，表から，

$NaCl：38.0\,\mathrm{g}/水\,100\,\mathrm{g}$ …(ア)

$KNO_3：169\,\mathrm{g}/水\,100\,\mathrm{g}$ …(イ)

であることがわかります。

　まず，$80\,^{\circ}\mathrm{C}$ に保たれている水 $100\,\mathrm{g}$ に混合物 $200\,\mathrm{g}$ を入れると，

- (ア)より ➡ $20 < 38.0$ なので $NaCl$ $20\,\mathrm{g}$ は，$80\,^{\circ}\mathrm{C}$ の水 $100\,\mathrm{g}$ に完全に溶けます。
- (イ)より ➡ $180 > 169$ なので KNO_3 は，$80\,^{\circ}\mathrm{C}$ の水 $100\,\mathrm{g}$ には $169\,\mathrm{g}$ までしか溶けません。そのため，$180 - 169 = 11\,(\mathrm{g})$ の KNO_3 が溶けきれずに析出します。

　ここで，$80\,^{\circ}\mathrm{C}$ のまま，ろ過を行うと KNO_3 $11\,\mathrm{g}$ を得ることができます。

問2，3 ろ過後の $80\,^{\circ}\mathrm{C}$ のろ液には，水 $100\,\mathrm{g}$ に $NaCl$ $20\,\mathrm{g}$（すべて），KNO_3 $169\,\mathrm{g}$（溶解度の分）がそれぞれ溶解しています。$20\,^{\circ}\mathrm{C}$ のときの溶解度は，表から，

$NaCl：35.8\,\mathrm{g}/水\,100\,\mathrm{g}$ …(ウ)

$KNO_3：31.6\,\mathrm{g}/水\,100\,\mathrm{g}$ …(エ)

であることがわかり，ろ液を $20\,^{\circ}\mathrm{C}$ に冷却すると，

- (ウ)より ➡ $20 < 35.8$ なので $NaCl$ $20\,\mathrm{g}$ は，$20\,^{\circ}\mathrm{C}$ の水 $100\,\mathrm{g}$ に完全に溶けたままです。
- (エ)より ➡ $169 > 31.6$ なので KNO_3 は，$20\,^{\circ}\mathrm{C}$ の水 $100\,\mathrm{g}$ には $31.6\,\mathrm{g}$ までしか溶けません。$169 - 31.6 \fallingdotseq 137\,(\mathrm{g})$ の KNO_3（**結晶A**）が溶けきれずに析出します。

 　問1 $11\,\mathrm{g}$　　**問2** b　　**問3** b

実戦 基礎問

7　固体の溶解度の計算

　塩化鉄(Ⅲ)は，20℃で水100gに92.0g，30℃で107.0g溶ける。(a)30℃で調製した飽和塩化鉄(Ⅲ)水溶液621gを20℃まで冷却したところ，(b)塩化鉄(Ⅲ)六水和物の結晶が析出した。原子量は，H＝1.00，O＝16.0，Cl＝35.4，Fe＝55.8とする。

問1　下線部(a)の飽和塩化鉄(Ⅲ)水溶液に含まれる塩化鉄(Ⅲ)の質量〔g〕を有効数字3桁で求めよ。

問2　下線部(b)について，次の(1)，(2)に答えよ。

(1)　析出した塩化鉄(Ⅲ)六水和物の質量〔g〕をxとし，その塩化鉄(Ⅲ)六水和物に含まれる塩化鉄(Ⅲ)の質量〔g〕をyとしたとき，$\dfrac{y}{x}$の値を有効数字2桁で求めよ。

(2)　析出した塩化鉄(Ⅲ)六水和物の質量〔g〕を有効数字2桁で求めよ。

(筑波大)

精　講　　**固体の溶解度の計算**

　　　固体の溶解度の計算は，次の**手順❶**〜**手順❹**で解きましょう。

手順❶　問題文の操作を図に表す。

手順❷　$CuSO_4 \cdot 5H_2O$のような水和水をもつ物質があれば，無水物と水和水に分けて図にメモする。

手順❸　うわずみ液(飽和水溶液)を探し，見つかればその質量を図にメモする。

　　　次の**例1**や**例2**のように，溶質が水に溶けきれなくなり，ビーカーの底に析出したときのうわずみのところを「うわずみ液」といいます。

　うわずみ液は，限界まで溶質が溶けている水溶液なので，常に飽和水溶液です。

手順❹ （うわずみ液などの）飽和水溶液を探し，それぞれの温度において次の式のどちらかを立てる。

溶解度が S〔g/水 100 g〕のとき，

$$\frac{溶質〔g〕}{飽和水溶液〔g〕}=\frac{\boxed{S}〔g〕}{\boxed{100}+\boxed{S}〔g〕} \quad …（式1）$$

（式1）や（式2）の右辺には溶解度 $\boxed{S}$ g/$\boxed{水 100 g}$ を代入します

$$\frac{溶質〔g〕}{溶媒〔g〕}=\frac{\boxed{S}〔g〕}{\boxed{100}〔g〕} \quad …（式2）$$

Point 45

固体の溶解度の計算は **手順❶**～**手順❹** で解く！

解説

問1

$\boxed{30℃}$

含まれる塩化鉄（Ⅲ）$FeCl_3$ を A〔g〕とします

飽和水溶液

飽和水溶液 621 g をつくる

⟸ 図に表します（**手順❶**）。
水和水をもつ物質はありません（**手順❷**）。
うわずみ液もありません（**手順❸**）。

$\boxed{30℃}$ で飽和水溶液を探し，（式1）を立てます（**手順❹**）。

溶質（$FeCl_3$）
飽和水溶液
$$\frac{A〔g〕}{621〔g〕}=\frac{\boxed{107.0}〔g〕}{100+\boxed{107.0}〔g〕} \quad …（式1）$$
$\left(\begin{array}{l}\boxed{30℃} \text{ の溶解度は,}\\ \boxed{107.0}\text{ g/水 100 g}\quad\text{です}\end{array}\right)$

よって，$A=321$〔g〕 になります。

問2 (1) 問1で調製した飽和水溶液 621 g を $20℃$ まで冷却したときに析出した塩化鉄（Ⅲ）六水和物 $FeCl_3\cdot6H_2O$ を x〔g〕とし，この中に含まれている $FeCl_3$ y〔g〕は x を使って表すと $FeCl_3=162$，$H_2O=18.0$ から次のようになります（**手順❷**）。

$$\underset{162}{FeCl_3}\cdot\underset{108}{6H_2O}\ x〔g〕\begin{cases}FeCl_3 \quad x\times\dfrac{162}{162+108}=\dfrac{162}{270}x〔g〕 \quad (=y〔g〕\text{となります})\\[2mm] H_2O \quad x\times\dfrac{108}{162+108}=\dfrac{108}{270}x〔g〕\end{cases}$$

より，$y=\dfrac{162}{270}x$ となり，$\dfrac{y}{x}=\dfrac{162}{270}=0.60$

(2) 下線部(b)の操作を図に表します（手順❶）。

問1の $\boxed{30℃}$ 飽和水溶液 621 g を 20℃ まで冷却します。 ➡

ここで，うわずみ液（飽和水溶液）は $621 - x$〔g〕で，その内訳を考えてみます。

溶媒（H_2O）は

$$\underset{\substack{溶液全体 \quad 全FeCl_3 \quad 水和水になった \\ の質量〔g〕 \ の質量〔g〕 \ H_2Oの質量〔g〕}}{621 - A - 0.40x}〔g〕$$

であり，この溶媒に $FeCl_3$ が

$$\underset{\substack{全FeCl_3 \qquad 析出した \\ の質量〔g〕 \quad FeCl_3の質量〔g〕}}{A - 0.60x}〔g〕$$

溶けています。（手順❸）

$\boxed{20℃}$ で，うわずみ液（飽和水溶液）について（式1）または（式2）を立てます（手順❹）。

こちらは 別解 とします。

$\boxed{20℃}$

$$\underset{\substack{溶質（FeCl_3）→ \\ 飽和水溶液→}}{\frac{A - 0.60x〔g〕}{621 - x〔g〕}} = \frac{\boxed{92.0}〔g〕}{100 + \boxed{92.0}〔g〕} \quad \cdots（式1） \quad \left(\begin{array}{l}\boxed{20℃}\text{の溶解度は,} \\ \boxed{92.0}\text{ g/水 100 g です}\end{array}\right)$$

問1で求めた $A = 321$ を代入すると，$x ≒ 1.9 \times 10^2$〔g〕

別解 （式2）で解くこともできます。

$\boxed{20℃}$

$$\underset{\substack{溶質（FeCl_3）→ \\ 溶媒→}}{\frac{A - 0.60x〔g〕}{621 - A - 0.40x〔g〕}} = \frac{\boxed{92.0}〔g〕}{100〔g〕} \quad \cdots（式2） \quad \left(\begin{array}{l}\boxed{20℃}\text{の溶解度は,} \\ \boxed{92.0}\text{ g/水 100 g です}\end{array}\right)$$

問1で求めた $A = 321$ を代入すると，$x ≒ 1.9 \times 10^2$〔g〕

問1 321 g　（3.21×10^2 g）
問2 (1) 0.60　(2) 1.9×10^2 g

水素は将来のクリーンなエネルギー源として期待されている。メタノール
と水蒸気との反応(1)により，1 mol のメタノールから 3 mol の H_2 をとり出
すことができる。

$$CH_3OH(気) + H_2O(気) \longrightarrow CO_2(気) + 3H_2(気) \quad \cdots(1)$$

反応で得られた混合気体中の H_2 の物質量で表した純度は 75% であるが，
この混合気体を冷水で洗浄することによって純度を上げることが考えられる。
これを確かめるため，反応(1)によりメタノール 0.1 mol から生成した CO_2 と
H_2 の混合気体を体積可変の容器に水 5.0 L とともに入れて密封し，0 ℃，
1.0×10^5 Pa 下で十分長い時間放置した。次の問いに答えよ。

問 このとき，容器中の H_2 の分圧 p_{H_2}〔Pa〕と混合気体の体積 V〔L〕はどの
ような関係式で表されるか。また，CO_2 の分圧 p_{CO_2}〔Pa〕と混合気体の体
積 V〔L〕との関係式も示せ。温度を T〔K〕，気体定数を R〔Pa・L/(mol・K)〕
とする。CO_2 は 0 ℃，1.0×10^5 Pa 下で水 1.0 L に 0.08 mol 溶け，ヘンリ
ーの法則にしたがうものとする。ただし，水の蒸気圧と H_2 の水への溶け
こみは無視できるものとする。

(東京大)

精 講 気体の溶解度と温度・圧力の関係

夏の暑い日に，池の水温が上がって魚が窒息死して浮くこと
があります。これは，暑くなって水温が上がることで水の中に溶けている酸素
O_2 の量が減少するために起こります。また，炭酸飲料水の栓を抜くと，二酸化
炭素 CO_2 の泡が水溶液中からさかんに発生します。これは，炭酸飲料水は高圧
で CO_2 を水に溶かしているので，栓を抜くと圧力が下がり水溶液中に溶けきれ
なくなった CO_2 が気体となって発生するためです。

これらのことから，**気体の溶解度は ①温度が高く，②圧力が低い ほど小
さい** ことが確認できます。

Point 46 気体の溶解度

気体の溶解度は，
　　①温度が高く，②圧力が低い
ほど小さくなる。

1803 年，イギリスのヘンリーは，

> **溶解度のあまり大きくない気体では，一定温度で，一定量の溶媒に溶ける気体の溶解度は，その気体の圧力に比例する**
> 物質量〔mol〕，質量〔mg, g〕　　混合気体の場合は分圧

ことを発見しました。これを**ヘンリーの法則**といいます。

ヘンリーの法則を考える点で，注意すべき点が2つあります。ここでは，溶媒として「水」を使う場合を考えてみます。

注意1　「**溶解度のあまり大きくない気体**」とは，水素 H_2，酸素 O_2，窒素 N_2 などの水に溶けにくい気体をいいます。水に極めてよく溶ける塩化水素 HCl やアンモニア NH_3 などの気体については，ヘンリーの法則が成り立ちません。

注意2　混合気体の場合，一定量の水に溶ける気体の物質量〔mol〕や質量〔mg, g〕は，それぞれの気体の分圧に比例します。例えば，窒素 N_2 と酸素 O_2 の混合気体の場合には，N_2 の分圧に比例して N_2 が，O_2 の分圧に比例して O_2 が一定量の水に溶けます。

また，ヘンリーの法則を利用して計算する場合，問題文に与えられている条件を

> 水に溶ける気体の物質量〔mol〕または質量〔mg, g〕
> 気体の圧力〔Pa〕・水の体積〔mL, L〕

の形に表し，単位を消去すると解くことができます。

> ## Point 47　ヘンリーの法則について
> ❶　溶解度のあまり大きくない気体について成立。
> ❷　混合気体の場合，それぞれの気体の分圧に比例。

メタノール CH_3OH 0.1 mol が，次のように反応して CO_2 0.1 mol，H_2 0.3 mol を生成します。

$$CH_3OH + H_2O \longrightarrow CO_2 + 3H_2 \quad \text{（単位：mol）}$$

反応前	0.1	0	0
変化量	-0.1	$+0.1$	$+0.3$
反応後	0	$+0.1$	$+0.3$

今回は，H_2 の水への溶けこみを無視するので，生成したすべての H_2 0.3 mol が V〔L〕の容器中で T〔K〕のもと，p_{H_2}〔Pa〕の圧力を示しています。よって，理想気体の状態方程式より，

$$p_{H_2} V = 0.3RT \quad \text{となり，} \quad V = \frac{0.3RT}{p_{H_2}} \text{〔L〕}$$

また，0℃での CO_2 のデータは，

分子は mol，g，mg のいずれかで書く

$p_{CO_2}=1.0\times10^5$ Pa の下，水 1.0 L に溶ける CO_2 の物質量〔mol〕

$$\frac{0.08 \text{ mol}}{1.0\times10^5 \text{ Pa・水 } 1.0 \text{ L}} \quad \cdots ①$$

CO_2 は　　　　　　の下で，　　　　に対して

と表すことができます。

CO_2 は，T〔K〕，p_{CO_2}〔Pa〕で水に接しているので，水 5.0 L に溶けている CO_2 の物質量 n_{CO_2}〔mol〕は，

L どうしを消去する

$$n_{CO_2} = \frac{0.08 \text{〔mol〕}}{1.0\times10^5 \text{〔Pa〕・水 } 1.0 \text{〔L〕}} \times p_{CO_2} \text{〔Pa〕} \times 5.0 \text{〔L〕}$$

①より　　Pa どうしを消去する　　水は 5.0 L なので

となり，　$n_{CO_2} = 4\times10^{-6} p_{CO_2}$〔mol〕

ここで，水に溶けていない CO_2（気相の CO_2）は，

$$0.1 - n_{CO_2} = 0.1 - 4\times10^{-6} p_{CO_2} \text{〔mol〕}$$

となり，V〔L〕の容器中で T〔K〕のもと，p_{CO_2}〔Pa〕の圧力を示しています。よって，理想気体の状態方程式より，

$$p_{CO_2} V = (0.1 - 4\times10^{-6} p_{CO_2})RT \quad \text{となり，} \quad V = \frac{0.1 - 4\times10^{-6} p_{CO_2}}{p_{CO_2}}RT$$

答

$$V = \frac{0.3RT}{p_{H_2}} \qquad V = \frac{0.1 - 4\times10^{-6} p_{CO_2}}{p_{CO_2}}RT$$

必修 基礎問

25　蒸気圧降下　　　　　　　　　　　　　　　　　　　化学

　右図のように，空気を除いて密閉した容器のA側に純水を入れ，B側に高濃度のスクロース水溶液を入れる。この容器を室温で長く放置するとき，水面の高さはどうなるか。次の記述①〜④から，正しいものを1つ選べ。

水 ── スクロース水溶液

① 　A，Bそれぞれの側で蒸発する水分子の数と，凝縮する水分子の数がつり合っているので，水面の高さに変化がない。

② 　B側の水面がA側より高いので，B側からA側へ水分子が移り，やがて水面の高さが一致する。

③ 　B側の水蒸気圧がA側より低いため，B側では蒸発する水分子より凝縮する水分子の数が多く，B側の水面がさらに高くなる。

④ 　純水を得る蒸留器と同じ機能をもつため，B側で蒸発する水分子がA側で凝縮し，A側の水面が高くなる。

（センター試験）

精講　　（蒸気圧降下）

　スクロースなどの不揮発性の物
　　　　　　　　蒸気圧の非常に低い物質
質を溶かした溶液は，溶液の表面から蒸発する溶媒分子の数が溶質を溶かす前に比べて少なくなります。そのために，**溶液の蒸気圧が純粋な溶媒の蒸気圧に比べて低くなる**蒸気圧降下という現象が

●溶媒分子　○溶質粒子

溶媒の蒸気圧　　溶液の蒸気圧

起こります。**蒸気圧降下の大きさ**（蒸気圧降下度 ΔP）は，**溶質の種類には関係なく，溶質の物質量（モル）が多くなるほど，つまり濃度が大きくなるほど大きくなります。**このとき，**電解質の場合，電離した後の溶質の物質量〔mol〕を考える**ことに注意しましょう。

解説

　水（溶媒）にスクロース（溶質）を溶かすと，蒸気圧降下が起こります。そのため，蒸気圧の高いA側から低いB側へ，水蒸気が移動します。その結果，Aの水面が下がり，Bの水面がさらに高くなります。よって，③です。液量に惑わされないようにしましょう。

③

水 $100\,g$ にグルコース $C_6H_{12}O_6$ $1.80\,g$ を溶かしたとき、大気圧下における沸点が $0.0515\,K$ 上昇した。$H=1$, $C=12$, $N=14$, $O=16$, $Na=23$, $S=32$

(1) 水 $1000\,g$ に尿素 $(NH_2)_2CO$ $3.00\,g$ を溶かすと、沸点は何 K 上昇するか。最も近い値を $\text{ⓐ}～\text{ⓔ}$ から選べ。

  ⓐ 0.0258   ⓑ 0.0515   ⓒ 0.103   ⓓ 0.155   ⓔ 0.206

(2) 水 $500\,g$ に硫酸ナトリウム $7.10\,g$ を溶かすと、沸点は何 K 上昇するか。最も近い値を $\text{ⓐ}～\text{ⓔ}$ から選べ。

  ⓐ 0.0258   ⓑ 0.0515   ⓒ 0.103   ⓓ 0.155   ⓔ 0.206

(東京薬科大)

精講   （沸点上昇）

沸点は、大気圧＝(飽和)蒸気圧 になるときの温度 (➡p.78) です。不揮発性の溶質を溶かした溶液では蒸気圧降下のために、溶液の沸点が溶媒の沸点よりわずかに高くなります。この**溶液の沸点が溶媒の沸点より高くなる現象**を沸点上昇といい、**溶液と溶媒の沸点の差 $\varDelta T_b$** を沸点上昇度といいます。

Point 48 沸点

溶液の沸点は、溶媒の沸点よりも高くなる。

（沸点上昇度 $\varDelta T_b$）

不揮発性の溶質を溶かした溶液の**沸点上昇度 $\varDelta T_b$** は、薄い溶液では溶質の種類に関係なく、**質量モル濃度 m〔mol/kg〕に比例**します。

沸点上昇度 $\varDelta T_b = K_b \times m$ ◀式で表す

K_b はモル沸点上昇とよばれる「溶媒の種類によって決まる値」、つまり「比例定数」です。この式を使うときに注意しなければいけないのは、**電解質のとき**には電離後の全溶質粒子(全イオン)の質量モル濃度を代入する点です。

Point 49 沸点上昇度

沸点上昇度 $\varDelta T_b = K_b \times m$ （電解質の場合、m は電離後の全溶質粒子の質量モル濃度）

本問は，溶媒がどれも水であることからモル沸点上昇 K_b がすべて同じ値になります。(2)のように溶質が電解質のときは，電離後の全溶質粒子（全イオン）を考える点に注意しましょう。

　水 $100\,g=0.100\,kg$ に溶けている溶質（グルコース $C_6H_{12}O_6$）$1.80\,g$ の物質量〔mol〕は，グルコースの分子量が 180 なので，そのモル質量 $180\,g/mol$ より，

$$1.80\,〔g〕×\frac{1〔mol〕}{180〔g〕}=0.0100\,〔mol〕 \quad ←水\,0.100\,kg\,あたりの物質量〔mol〕$$

となります。グルコースの質量モル濃度は，

$$\frac{溶質の物質量〔mol〕}{溶媒の質量〔kg〕}=\frac{0.0100〔mol（グルコース）〕}{0.100〔kg（水）〕}=0.100\,〔mol/kg〕$$

となり，$\Delta T_b=0.0515$〔K〕より，次の式が成り立ちます。

　　　　　　　　　┌グルコースは電離しないので，0.100 mol/kg をそのまま代入する

$$0.0515〔K〕=K_b×0.100〔mol/kg〕 \quad ←\Delta T_b=K_b×m \,に代入$$

　よって，溶媒が水のときの K_b は，$K_b=0.515$〔K・kg/mol〕と求められます。

(1)　水 $1000\,g=1.00\,kg$（$K_b=0.515$）に尿素 $(NH_2)_2CO$（分子量 60）$3.00\,g$ を溶かしたときの沸点上昇度 ΔT_b は，尿素が電離しないので次のように求められます。

$$\Delta T_b=K_b×\frac{\dfrac{3.00}{60}〔mol（尿素）〕}{1.00〔kg（水）〕} \quad ←\Delta T_b=K_b×m \,に代入$$

$$=0.515×\frac{\dfrac{3.00}{60}〔mol〕}{1.00〔kg〕} \quad ←溶媒が水のときの\,K_b=0.515\,を代入$$

$$≒0.0258〔K〕 \quad ←単位\,\frac{K・kg}{mol}×\frac{mol}{kg}$$

(2)　水 $500\,g=0.500\,kg$（$K_b=0.515$）に硫酸ナトリウム Na_2SO_4（式量 142）$7.10\,g$ を溶かしたときの沸点上昇度 ΔT_b は，Na_2SO_4 が

$$\underline{1\,Na_2SO_4} \longrightarrow \underline{2\,Na^+ + 1\,SO_4{}^{2-}} \quad ←溶質粒子数が3倍になる$$
　　　　1 mol が…　　　　3 mol に電離する

とすべて電離することに注意すると，次のように求められます。

　　　　　　　　　　　　　　　　　┌電離後の質量モル濃度は3倍になる

$$\Delta T_b=0.515×\frac{\dfrac{7.10}{142}〔mol〕}{0.500〔kg〕}×3 \quad ←\Delta T_b=K_b×m \,に代入$$

$$≒0.155〔K〕 \quad ←単位\,\frac{K・kg}{mol}×\frac{mol}{kg}$$

　(1)　ⓐ　　**(2)**　ⓓ

次の文章を読み，以下の問いに答えよ。

　図の2つのグラフは，純粋な水の場合と，スクロース水溶液の場合の冷却曲線を表している。これらの液体を冷却していくと，時間とともに液体の温度は低下し，B点およびB′点まで温度が低下した後，C点およびC′点まで急激に上昇した。さらに冷却を続けるとC点からD点までは温度が変化しなかったが，C′点からD′点までは少しずつ温度が低下した。D点およびD′点をすぎると，大きく温度が低下するようになった。

t_3は直線C′D′の延長線とグラフとの交点の温度
t_4はC′点の温度

問1　次の⓪〜ⓥの領域のうち，固体の状態の水を含むものをすべて選び，記号で答えよ。

　ⓘ　A′点まで　　　ⓘⓘ　A′点からB′点まで　　　ⓘⓘⓘ　B′点からC′点まで
　ⓘⓥ　C′点からD′点まで　　　ⓥ　D′点以降

問2　スクロース水溶液の凝固点を示しているのはt_1〜t_6のうちのどれか答えよ。

問3　スクロース水溶液の凝固点降下度をt_1〜t_6のうち適当なものを用いて表せ。

問4　冷却曲線にB点およびB′点のように極小がみられるのは何とよばれる現象によるものか答えよ。

問5　B点からC点まで温度が上昇する理由として最も適当なものを次の中から選び記号で答えよ。

　㋐　水の融解にともない，融解熱が発生するから
　㋑　水の凝固にともない，凝固熱が発生するから
　㋒　水の凝固にともない，凝固熱を吸収するから
　㋓　氷の融解にともない，融解熱を吸収するから

問6　C′点からD′点まで，少しずつ温度が下がる理由として最も適当なものを次の中から選び記号で答えよ。

　㋐　溶液の濃度が下がり，凝固点が下がるから
　㋑　溶液の濃度が下がり，凝固点が上がるから

⑨　溶液の濃度が上がり，凝固点が上がるから

㊀　溶液の濃度が上がり，凝固点が下がるから

問7　水のモル凝固点降下を 1.85 K·kg/mol とし，0.400 mol/kg のスクロース水溶液の凝固点降下度を有効数字3桁まで計算せよ。　　　　　（名城大）

精　講　　**凝固点降下**

　　　　　溶液を冷やしていくと，まず溶媒だけが凝固しはじめます。この溶媒だけが凍りはじめる温度を，ふつう溶液の凝固点といいます。**溶液の凝固点は溶媒の凝固点より低くなり，この現象を凝固点降下といいます。**

　溶媒の凝固点では，凝固する溶媒分子と溶け出す溶媒分子の数が同じでつり合った状態になっています。ここに，溶質を加えて溶液にすると，溶質粒子の数の分だけ，凝固する溶媒分子の数が減少して凝固が起こりにくくなります。そこで，溶液全体の温度をさらに下げることによって，固体から溶媒分子が溶け出す数を減少させて，固体と溶液のつり合った状態にします。そのため，溶液の凝固点は溶媒の凝固点より低くなります。

溶液全体の温度を下げることによって，溶け出す溶媒分子の数を減少させる

● 溶媒分子
● 溶質粒子

凝固した溶媒分子
〈凝固点降下のモデル〉

溶質は溶媒が凝固するのをじゃまする

Point 50　凝固点

　　溶液の凝固点は，溶媒の凝固点より低くなる。

凝固点降下度 ΔT_f

溶液と溶媒の凝固点の差 ΔT_f を凝固点降下度といいます。

　不揮発性の溶質を溶かした溶液の凝固点降下度 ΔT_f は，沸点上昇度のときと同じように，**薄い溶液では溶質の種類に関係なく，質量モル濃度 m〔mol/kg〕に比例します。**式で表すと，

　　　凝固点降下度 $\Delta T_f = K_f \times m$

となります。K_f は**モル凝固点降下**とよばれる「溶媒の種類によって決まっている値」，つまり「比例定数」です。この式を使うときに注意しなければいけないのは，沸点上昇度のときと同じように，**電解質のときには電離後の全溶質粒子**

（全イオン）の質量モル濃度を代入する点になります。

Point 51　凝固点降下度

凝固点降下度 $\Delta T_f = K_f \times m$
（電解質の場合，m は電離後の全溶質粒子の質量モル濃度）

凝固点降下の測定実験

右下図のような装置を使い，溶媒や溶液の温度が時間とともにどのように変化するか調べると左下図を得ることができます。

純粋な溶媒をゆっくり冷やしていくと，**凝固点より低い温度になっても凝固が起こらず液体のままで存在している状態**（過冷却）となりますが，凝固がはじまると凝固熱が発生するので，温度が凝固点まで上昇します。

> 固体を加熱すると液体になることから，固体＋QkJ＝液体　と表せ，この熱化学方程式を右辺から左辺に向かってみると　液体＝固体＋QkJ　となります。この**液体が固体になる（凝固する）ときに発生する熱**（QkJ）**を凝固熱**といいます。

その後は，溶媒がすべて凝固するまでは発生する凝固熱をまわりの寒剤（冷却剤）が吸収するために温度が一定に保たれます。

溶液の場合も過冷却状態の後に発生する凝固熱により温度が上昇し，その後は凝固が進んでいきます。溶液の凝固点は，**純粋な溶媒の凝固点よりも低く**なります。

冷却曲線の図で，溶液の場合は純粋な溶媒と異なり，凝固中も徐々に温度が低下していきます。これは，**溶液中の溶媒だけが凝固することで溶液の濃度が増加し，凝固点が下がる**からです。

問 1 アのグラフは純粋な溶媒つまり純粋な水のグラフで，イのグラフは溶液つまりスクロース水溶液のグラフですね。

また，ア，イのグラフともに，B(B′) 点まで液体のみで存在し，B(B′) 点で凝固がはじまり，B(B′) 点から D(D′) 点までが液体と固体が共存，D(D′) 点以降で固体のみで存在します。

よって，イのグラフで固体状態の水を含むものは，B′ 点以降となり領域ⅲ, ⅳ, ⅴとわかります。

問 2 スクロース水溶液のグラフはイでした。スクロース水溶液が実際に凍りはじめるのは，冷却曲線の B′ 点になりますが，凝固点は過冷却状態を通ることなく凝固がはじまったとみせる温度とするので，冷却曲線の A′ 点（温度 t_3）になります。

問 3 凝固点降下の大きさは，水の A 点とスクロース水溶液の A′ 点との差となるので，スクロース水溶液の凝固点降下度は $t_1 - t_3$ です。

問 4 過冷却により，B 点や B′ 点のような極小がみられます。

問 5 水の凝固にともない，凝固熱が発生するため，B 点から C 点や B′ 点から C′ 点で温度が上昇します。

問 6 イのグラフ（スクロース水溶液）の C′ 点から D′ 点まで，少しずつ温度が下がるのは，水溶液中の水だけが凝固することで水溶液の濃度が上がり，凝固点が下がるからです。

問 7 スクロースは非電解質なので，電離しません。また，水のモル凝固点降下は $K_f = 1.85\,\mathrm{K \cdot kg/mol}$ で，このとき $0.400\,\mathrm{mol/kg}$ のスクロース水溶液の凝固点降下度 ΔT_f は，次のように求められます。

$$\Delta T_f = 1.85 \times 0.400 \quad \leftarrow \Delta T_f = K_f \times m \text{ に代入}$$
$$= 0.740\,\mathrm{[K]}$$

 問 1 ⅲ, ⅳ, ⅴ　　**問 2** t_3　　**問 3** $t_1 - t_3$　　**問 4** 過冷却

問 5 イ　　**問 6** エ　　**問 7** 0.740 K

次の文中の　□　に入れる語句の組み合わせとして最も適当なものを，下の①〜④から１つ選べ。

水分子は通すがスクロース（ショ糖）分子は通さない半透膜を中央に固定したU字管がある。右下図のように，A側に水を，B側にスクロース水溶液を，両方の液面の高さが同じになるように入れた。十分な時間をおくと液面の高さにhの差が生じ，　ア　の液面が高くなった。次にA側とB側の両方に，それぞれ体積Vの水を加え，放置したところ，液面の差はhより小さくなった。ここでA側から体積$2V$の水をとり除き，十分な時間放置したところ，液面の差は　イ　。ただし，A側から体積$2V$の水をとり除いたときも，A側の液面はU字管の垂直部分にあるものとする。また，水の蒸発はないものとする。

	ア	イ
①	A側	なくなった
②	A側	hにもどった
③	B側	なくなった
④	B側	hにもどった

（センター試験）

精　講　　浸透圧

セロハン膜，生物の細胞膜，動物のぼうこう膜などは，水などの小さな溶媒分子は通しますが，デンプンなどの大きな溶質粒子は通しにくい性質があります。このように，**ある成分は通すけれど，他の成分は通さない性質をもつ膜を半透膜**（右図参照）といいます。

次ページの図のように，水分子は通すが溶質粒子は通さない半透膜で

中央を仕切ったU字管の左右に，純粋な水と水溶液を液面の高さが同じになるように入れて放置します（図１）。このとき，小さな水分子は半透膜の左右どちらにも移動することができますが，「右（水溶液）から左（水）へ」は「左（水）か

ら右（水溶液）へ」に比べると溶質粒子が存在していることで移動できる水分子の数が少なくなり、水溶液の方により多くの**水分子が移動**（浸透）して水溶液の濃度が低くなっていきます。つまり、**水の液面が下がり、水溶液の液面が上がっていきます。**

このとき、**水の浸透をくい止めて、両液の液面を同じ高さに保つには、水溶液の液面に余分な圧力を加えて**「右（水溶液）から左（水）へ」移動する水分子の数を増やす必要があります（図2）。**この圧力を浸透圧といいます。**

余分な圧力を加えない場合には、両液面の高さの差 h になったところで見かけ上水の浸透が止まり、この差はそれ以上変化しなくなります（図3）。

図1　水と水溶液を入れた直後

図2　両液の液面を同じ高さに保つために、浸透圧に等しい圧力を水溶液側に加える

図3　圧力を加えず**図1**から十分な時間がたった後

水の液面が下がり、水溶液の液面が上がる

薄い溶液では、溶液の浸透圧 π〔Pa〕と溶液の体積 V〔L〕、溶液中の溶質の物質量 n〔mol〕、絶対温度 T〔K〕の間には次の関係式が成り立ち、この関係をファントホッフの法則といいます。

$$\pi V = nRT \quad (R〔\text{Pa·L/(mol·K)}〕)$$

この式は、溶液のモル濃度 C〔mol/L〕を使い、

$$\boldsymbol{\pi = \frac{n}{V}RT = CRT} \quad \leftarrow \frac{n〔\text{mol}〕}{V〔\text{L}〕} = C〔\text{mol/L}〕 \text{（モル濃度）}$$

と表すこともできます。

例えば、1.00×10^{-3} mol/L のデンプン水溶液があるとき、27℃（$=300$ K）におけるその浸透圧は、次のようにして求めることができます。ただし、$R = 8.31 \times 10^3$〔Pa·L/(mol·K)〕とします。

$$\pi = 1.00 \times 10^{-3} \times 8.31 \times 10^3 \times 300 ≒ 2.49 \times 10^3 〔\text{Pa}〕 \quad \leftarrow \pi = CRT \text{ に代入する}$$

単位に注目すると、$\dfrac{\text{mol}}{\text{L}} \times \dfrac{\text{Pa·L}}{\text{mol·K}} \times \text{K}$

ここで、**溶質が電解質の場合には、電離する割合に応じて溶質粒子の総数が増加するので、電離後の全イオンのモル濃度を考えることに注意しましょう。**

　　A側に水を，B側にスクロース水溶液を入れて十分な時間放置してお
くと，スクロース水溶液の方に水分子がより多く浸透して，液面の高さにhの差が生
じて，<u>スクロース水溶液（B側）</u>の液面が高くなります（状態1）。

　次に，A側とB側の両方にそれぞれ体積Vの水を加えて十分な時間放置すると，B
側はスクロースに対する水の量が増えるために，A側からB側に移動する水分子の数
が（<u>スクロースの濃度が小さくなる</u>）（状態1）のときより減少するので浸透圧が小さくなります。そのため，液面差はh
より小さいh'になります（状態2）。

　最後に，A側から体積$2V$の水をとり除くと液面差が（状態2）でのh'よりもはる
かに大きくなるため，水溶液側にスクロース水溶液の浸透圧以上の圧力が加わってい
る状態になって，水分子がB側からA側に移動して，（状態1）と同じ液面差hにもど
ります。これは，スクロースは半透膜を通ることができないので，A側は水，B側はス
クロース水溶液のままで，U字管全体のスクロースの量と水の量が（状態1）のときと
変化していない（水は$2V$加えて，$2V$除いているので）ためです。

　④

実戦 基礎問

11 コロイド

　コロイドに関する次の記述で正しいものには○，誤っているものには×をつけよ。

① 塩化鉄（Ⅲ）の水溶液を，沸騰水に加えてつくったコロイド溶液に電極を入れ，直流電源につなぐと，コロイド粒子は陽極側に移動する。

② 硫黄のコロイド溶液を凝析させるためには，硫酸アルミニウム溶液よりも，塩化ナトリウム溶液の方が有効である。

③ ゼラチンのコロイド溶液に少量の電解質溶液を加えると，ゼラチンが沈殿する。

④ 小さな分子やイオンを含んだタンパク質溶液をセロハンの袋に入れ，流水に浸すと，タンパク質はセロハンの袋の中に残る。

⑤ デンプン水溶液中のコロイド粒子の運動は，限外顕微鏡で観察できない。

⑥ チンダル現象を利用して，水の濁りの度合いをはかることができる。

⑦ 保護コロイドを加えると，疎水コロイドが親水コロイドに似た性質を示すようになる。

（センター試験）

精講 コロイド

　スクロース $C_{12}H_{22}O_{11}$ や塩化ナトリウム NaCl を水に溶かした水溶液を観察したら透き通って見えますね。このとき，スクロース分子や NaCl が電離してできた Na^+ と Cl^- などの**溶質はとても小さく，溶媒である水 H_2O 分子とほぼ同じくらいの大きさ**なので，光がそのまま通過します。このような溶液を真の溶液といいます。

　それに対して，デンプンやタンパク質などの水溶液は，真の溶液とは異なるさまざまな性質を示します。このようなデンプンやタンパク質などの溶液をコロイド溶液といいます。

　デンプンやタンパク質などの溶質は，ろ紙は通れるけれどセロハンなどの半透膜は通れない大きさで，その**直径は 10^{-9} m～10^{-7} m 程度**です。この程度の大きさの粒子をコロイド粒子といいます。

　ここで，**コロイド粒子を分散させている物質を分散媒，分散しているコロイド粒子を分散質**といい，**コロイド粒子が分散した状態または物質をコロイド**といいます。分散媒や分散質には，さまざまな状態があるため，さまざまなコロイドが知られています。

分散媒		固体	液体	気体
分散質	固体	ルビー，ステンドグラス	墨汁（ぼくじゅう），絵の具	煙，空気中のホコリ
	液体	ゼリー，豆腐	牛乳，マヨネーズ	霧，雲，もや
	気体	マシュマロ，スポンジ	泡	（気体どうしは混ざる）

〈いろいろなコロイドの例〉

　また，デンプン水溶液のような**流動性のあるコロイド**を**ゾル**，豆腐のような**流動性を失ったコロイド**を**ゲル**とよび，ゲルを乾燥させたものを**キセロゲル**といいます。

Point 52　コロイド粒子

❶ 直径は 10^{-9} m〜10^{-7} m 程度の粒子
❷ ろ紙は通れるが，半透膜は通れない大きさ

（コロイド溶液の性質）

❶ **チンダル現象とブラウン運動**

① コロイド溶液に横から強い光をあてると，**光の進路がはっきりと観察できる現象**を**チンダル現象**といいます。この現象は，コロイド粒子が光をよく散乱するために起こります。

② チンダル現象を起こしているコロイド溶液を限外（げんがい）顕微鏡で観察すると，光った**コロイド粒子が不規則なジグザグ運動**（**ブラウン運動**）をしているようすが観察できます。ブラウン運動は，**熱運動している溶媒分子が，コロイド粒子に不規則に衝突し，コロイド粒子が自分からジグザグ動いているようにみえる**ため観察できます。

〈チンダル現象〉　　〈ブラウン運動〉

❷ 電気泳動

　U字管にコロイド溶液を入れて**直流電圧をかける**と，**コロイド粒子が陽極または陰極に向かってゆっくりと移動する現象**を電気泳動といいます。

　この現象は，コロイド粒子が，＋または－に帯電しているので，反対符号の電極に引きよせられ移動することで起こります。

〈電気泳動〉

　また，**＋荷をもつコロイド**（正コロイド）の例として水酸化鉄（Ⅲ）$Fe(OH)_3$のコロイド，**－電荷をもつコロイド**（負コロイド）の例として粘土や硫黄Sのコロイドを覚えておきましょう。

❸ 透析

　コロイド溶液に不純物として分子やイオンが含まれる場合，セロハン膜などの半透膜の袋に入れて，これを流水中に浸しておくと不純物である分子やイオンがセロハン膜の外に出ていきます。このように，**コロイド溶液を精製する操作**のことを透析といいます。

　右に，塩化鉄（Ⅲ）$FeCl_3$水溶液を沸騰水中に滴下して得た赤褐色の水酸化鉄（Ⅲ）$Fe(OH)_3$のコロイド溶液を精製する操作を示します。

$$FeCl_3 + 3H_2O$$
$$\longrightarrow \underset{コロイド}{Fe(OH)_3} + \underset{不純物}{3HCl}$$

このコロイド溶液をセロハン膜（半透膜）の袋に入れる

〈透析〉

Point 53　コロイド溶液の性質

チンダル現象	コロイド粒子が光を散乱するために，光の進路がみえる現象
ブラウン運動	熱運動している溶媒が衝突することで起こるコロイド粒子の不規則な運動
電気泳動	帯電したコロイド粒子が，電極に引かれて移動する現象
透析	半透膜を用いたコロイド溶液を精製する操作

❶ 疎水コロイドと親水コロイド

① **水分子との親和力が小さいコロイドを疎水コロ**
イドといいます。疎水コロイドは，表面が＋また
は－のどちらかに帯電していて，**同じ電荷で反発**
しながら沈殿せずに分散しています。
<small>水と仲があまりよくない</small>

反発

Fe(OH)₃，粘土などの
無機物質に多い
〈疎水コロイド〉

② **水分子との親和力が大きいコロイドを親水コロ**
イドといいます。親水コロイドは，**表面に多くの**
水分子を強く引きつけて水中で安定しています。
<small>水と仲がいい</small>

●は水分子

デンプン，タンパク質，セッケン
などの有機化合物に多い
〈親水コロイド〉

❷ 凝析と塩析

① 疎水コロイドは，表面が同
じ電荷で反発しながら分散し
ています。ここに，反対符号
のイオンを加えると反発力が
除かれて沈殿します。**少量の**
電解質を加えることで，この

少量の
電解質を
加える

💿がくっつ
いて反発す
る力を除く

水分子　疎水コロイド　　陽イオン　陰イオン
〈凝析〉

電解質から電離して生じた陽イオンと陰イオンのうち，コロイド表面の電荷
と反対符号のイオンが，コロイドにくっついて反発する力を除いてくれます。
そうすると，**疎水コロイドは集まって沈殿**（凝析）します。

　また，少量の電解質を加えるとき，「コロイド表面の電荷と反対符号」で
「その価数の大きいイオン」が含まれている電解質の方が凝析の効果が大き
くなります。つまり，＋電荷をもつ Fe(OH)₃ のコロイドは，塩化物イオン Cl⁻
よりも硫酸イオン SO₄²⁻ の方が，－電荷をもつ粘土のコロイドならナトリウ
ムイオン Na⁺ よりもアルミニウムイオン Al³⁺ の方が効果的に凝析させるこ
とができます。

② 親水コロイドは，多くの水分子
がコロイドを安定化しています。
この親水コロイドに**多量の電解質**
を加えると，コロイドをとりまい
ている水和水が，電離して出てき
た陽イオンや陰イオンに水和する

多量の
電解質を
加える

水和水が
除かれる

水分子　親水コロイド　　陰イオン　陽イオン
〈塩析〉

ことで引き離されます。コロイドを支えていた水和水が除かれたので，**親水**
コロイドは集まって沈殿（塩析）します。

❸ 保護コロイド

疎水コロイドに親水コロイドを加えると，親水コロイドが疎水コロイドをおおいます。表面を親水コロイドがおおっているので，そのまわりをさらに水和水がとりまき，凝析し

にくくなることがあります。**このような働きをする親水コロイドを保護コロ**_ほ_ご**イド**といいます。保護コロイドには，インキ中のアラビアゴムや，墨汁中のニカワがあります。また，保護コロイドとしての作用が強い親水コロイドにゼラチンがあります。

Point 54　コロイド溶液の種類

疎水コロイド	少量の電解質でコロイドのもつ電荷が中和され凝析する【凝析効果】 〝反対符号〟で〝その価数の大きい〟イオン の効果が大きい （例）$Fe(OH)_3$（＋に帯電）………$PO_4{}^{3-} > SO_4{}^{2-} > Cl^-$ 　　　　粘土・硫黄S（－に帯電）…$Al^{3+} > Mg^{2+} > Na^+$
親水コロイド	多量の電解質を加えると水和水が除かれ塩析する
保護コロイド	疎水コロイド安定化のために加える親水コロイド

---

① 塩化鉄（Ⅲ）$FeCl_3$水溶液を沸騰水に加えると，水酸化鉄（Ⅲ）$Fe(OH)_3$のコロイド溶液ができます。$Fe(OH)_3$のコロイドは＋に帯電しているので，陰極側に移動します。誤り。

② 硫黄Sは，－電荷をもつコロイドなので，凝析効果はNa^+よりもAl^{3+}の方が高くなります。誤り。

③ ゼラチンのコロイドは親水コロイドなので，少量の電解質では沈殿せず，多量の電解質で沈殿します（塩析）。誤り。

④ 透析の説明です。小さな分子やイオンはセロハン（半透膜）を通過して外へ出ていきますが，タンパク質（コロイド粒子）はセロハンを通過できず，中に残ります。正しい。

⑤ ブラウン運動は，限外顕微鏡で観察することができます。誤り。

⑥ 正しい。

⑦ 疎水コロイドに保護コロイドを加えると，凝析しにくくなります。正しい。

答							
① ×	② ×	③ ×	④ ○	⑤ ×	⑥ ○	⑦ ○	

7. 化学反応と熱

26 いろいろな反応熱 化学

物質が化学変化をすれば，熱を生成したり，熱を吸収したりする。反応熱に関する次の記述㋐〜㋔から，正しいものを 1 つ選び，その記号を記せ。

㋐ 化学反応において，反応熱は反応物のもつエネルギーと生成物のもつエネルギーの差として表される。反応物のもつエネルギーが生成物のもつエネルギーよりも大きいと吸熱反応，その逆の場合には，発熱反応となる。

㋑ 燃焼熱は物質 1 mol が完全に燃焼するときの反応熱である。この反応には発熱反応と吸熱反応とがある。

㋒ 物質 1 mol がその成分元素の単体から生成するときの反応熱を生成熱という。この反応はすべて発熱反応である。

㋓ 溶質 1 mol を多量の溶媒に溶解するときに発生または吸収する熱量を溶解熱という。

㋔ 強酸と強塩基が反応し，1 mol の水を生成するときの反応熱を中和熱という。中和熱は強酸と強塩基の種類によって著しく変化する。　　(広島大)

精 講　　(熱化学方程式と反応熱)

物質は，それぞれに固有のエネルギーをもっています。そのため，物質が変化すると，物質がもつエネルギーも変化します。化学反応が起こると，**反応物がもつエネルギーの合計と生成物がもつエネルギーの合計の差が熱として出入りします。この熱を**反応熱といいます。

反応のようすと熱の出入りを表すのに，**化学反応式に熱の出入りを書き加えた**熱化学方程式を使います。このとき，**熱を発生しながら進む反応を**発熱反応といって反応式の右辺に正（＋）の符号をつけて表し，**熱を吸収しながら進む反応を**吸熱反応といって同じように負（−）の符号をつけて表します。

ここで，発熱反応や吸熱反応を図示（エネルギー図）してみましょう。

（例1）　H_2（気）$+ \dfrac{1}{2} O_2$（気）$= H_2O$（液）$+ 286\ kJ$

〈発熱反応のエネルギー図〉

（例2） H_2O（液）$=$ H_2O（気）-44 kJ

〈吸熱反応のエネルギー図〉

熱化学方程式を書くときには，次の4点に注意して書きます。

注意1 　反応熱は，注目する物質1 molあたりの熱量で表されているので，注目する物質の係数が1となるように表します。このため，他の物質の係数が分数になってもかまいません。

注意2 　化学反応式の右辺に反応熱を書き加え，左辺と右辺のエネルギーの総和が等しくなっているので「——」ではなく「＝」で結びます。また，発熱反応では＋，吸熱反応では－の符号をつけます。

注意3 　熱量の単位にはジュール（記号J）を使い，その値が大きなときにはkJを使います。また，1〔kJ〕$=10^3$〔J〕の関係があります。　　←k（キロ）$=10^3$

注意4 　反応熱は物質の状態によって変わるので，**物質の状態（固体・液体・気体など）を化学式の後ろに示します。** 物質の状態は，ふつう25℃，$1.013×10^5$ Pa（1 atm）の状態を書き，明らかに状態がわかるときには省略してかまいません。

Point 55 　熱化学方程式の書き方

H_2（気）$+$ $\dfrac{1}{2}O_2$（気）$=$ H_2O（液）$+$ 286 kJ

状態を明記する（状態が明らかにわかるときには，省略してもよい）

係数は分数になることもある

等号で結ぶ

発熱反応は＋

（**反応熱**）

反応熱〔kJ/mol〕には，反応の種類によって，次のようなものがあります。反応熱を覚えるときには，**どの物質1 mol** について表そうとしているのかをみていくとよいでしょう。

❶ 生成熱（発熱の場合も吸熱の場合もあり）

化合物 1 mol がその成分元素の単体から生成するときの反応熱〔kJ/mol〕。

（例）　アンモニア NH_3 の生成熱は 46 kJ/mol であることを熱化学方程式で表すと次のようになります。

化合物である NH_3 1 mol あたりを表す

$$\frac{1}{2}N_2(\text{気}) + \frac{3}{2}H_2(\text{気}) = 1\,NH_3(\text{気}) + 46\,kJ$$

単体　　　　　　　　化合物

ここを表す

❷ 燃焼熱（すべて発熱）

物質 1 mol が完全燃焼するときに発生する反応熱〔kJ/mol〕。 有機化合物の完全燃焼では，炭素 C は CO_2，水素 H は H_2O となります。

（例）　エタン C_2H_6 の燃焼熱は 1560 kJ/mol であることを熱化学方程式で表すと次のようになります。

C_2H_6 1 mol あたりを表す

$$1\,C_2H_6(\text{気}) + \frac{7}{2}O_2(\text{気}) = 2\,CO_2(\text{気}) + 3\,H_2O(\text{液}) + 1560\,kJ$$

ここを表す

❸ 溶解熱（発熱の場合も吸熱の場合もあり）

物質 1 mol が多量の水に溶解するときの熱量〔kJ/mol〕。

（例）　水酸化ナトリウム NaOH の溶解熱は 45 kJ/mol であることを熱化学方程式で表すと次のようになります。

NaOH 1 mol あたりを表す

$$1\,NaOH(\text{固}) + aq = Na^+aq + OH^-aq + 45\,kJ$$

多量の水を表す　　NaOHaq と書いても OK　　ここを表す

❹ 中和熱（すべて発熱）

酸と塩基が中和反応して，1 mol の水が生じるときの反応熱〔kJ/mol〕。

（例）　塩酸 HClaq と水酸化ナトリウム水溶液 NaOHaq との反応では，中和熱が 57 kJ/mol であることを熱化学方程式で表すと次のようになります。

H_2O 1 mol あたりを表す

$$HClaq + NaOHaq = 1\,H_2O(\text{液}) + NaClaq + 57\,kJ$$

ここを表す

❺ 結合エネルギー

気体分子内の共有結合 1 mol を切り離すのに必要なエネルギー〔kJ/mol〕。

（例）　H–H 結合の結合エネルギーが 432 kJ/mol であることを熱化学方程式で表すと次のようになります。

気体状の H–H 結合 1 mol あたりを表す

$$H\text{–}H(\text{気}) + 432\,kJ = H(\text{気}) + H(\text{気})$$

気体状　　バラバラになっても気体状のまま

よって，

$$H_2(\text{気}) = 2H(\text{気}) - 432\,kJ$$

結合を切るために「左辺」にエネルギーを加えるので，「右辺」に移項すれば－になる

Point 56 反応熱

反応熱は，どの物質 1 mol について表そうとしているのかに注目して覚えるとよい。

解 説

㋐ 反応物のもつエネルギーが生成物のもつエネルギーよりも大きいと発熱反応になり，その逆の場合には吸熱反応となります。誤り。

〈エネルギー図〉

㋑ 物質 1 mol が，完全に燃焼するときに発生する反応熱を燃焼熱といいます。燃焼熱はすべて発熱反応になります。誤り。

㋒ 化合物 1 mol が，その成分元素の単体からつくられるときに出入りする反応熱を生成熱といいます。出入りする反応熱なので，発熱反応になるときも吸熱反応になるときもあります。誤り。

㋓ 溶解熱の説明です。正しい。

㋔ 酸と塩基の水溶液が中和して，水 1 mol ができるときに発生する反応熱を中和熱といいます。薄い強酸と強塩基との中和熱は，それぞれが完全に電離しているので強酸や強塩基の種類に関係なく，ほぼ一定の値を示します。誤り。

$$H^+aq + OH^-aq = H_2O(液) + 57 \text{ kJ}$$

参考 弱酸や弱塩基が関わる中和反応では，弱酸や弱塩基は電離するのに熱を吸収するので，中和熱は 57 kJ/mol より小さくなります。

答 ㋓

次の熱化学方程式を利用して，下の記述(i)〜(iii)の ⬚ に適切な語句または数値を入れよ。なお，必要があれば原子量は次の値を用いよ。H＝1.0，O＝16

$$C（黒鉛）+ \frac{1}{2}O_2（気体） ＝ CO（気体）+ 111\,kJ$$

$$CO（気体）+ \frac{1}{2}O_2（気体） ＝ CO_2（気体）+ 283\,kJ$$

$$H_2O（液体） ＝ H_2O（気体）- 44\,kJ$$

(i)　CO（気体）の ⬚ ア ⬚ 熱は，111 kJ/mol である。

(ii)　C（黒鉛）が完全に燃焼したときの燃焼熱は， ⬚ イ ⬚ kJ/mol である。

(iii)　H₂O（液体）の蒸発は，熱を ⬚ ウ ⬚ する変化であり，36 g の H₂O（液体）の蒸発熱は， ⬚ エ ⬚ kJ である。

（熊本大）

精　講　　（ヘスの法則）

　　　　下図から，反応の【はじめの状態】と【終わりの状態】さえ決まっていれば， 経路1 を通っても 経路2 を通っても反応熱の大きさは変化していないことがわかります。このことは，

　物質が変化するときに出入りする熱量（反応熱）は，変化する前の状態と変化した後の状態だけで決まり，反応の経路や方法には無関係である

ということができます。この法則は，スイスの科学者ヘスが多くの反応について反応熱を調べ発見したもので，ヘスの法則あるいは総熱量保存の法則といいます。

反応の経路によらず一定

ヘスの法則を利用して，実験で直接測定することが難しい反応熱を，計算（数学の連立方程式の要領）で求めることができます。

(i) 化合物 1 mol がその成分元素の単体から生成するときの反応熱を生成熱といいます。
_ア

$$\underbrace{C（黒鉛）+ \frac{1}{2} O_2（気体）}_{成分元素の単体} = \underbrace{CO（気体）}_{化合物 1 mol} + 111 \, kJ$$

(ii) 黒鉛の燃焼熱を Q〔kJ/mol〕とすると，熱化学方程式は，次のように表すことができます。
C（黒鉛）1 mol あたりを表す

$$C（黒鉛）+ O_2（気体）= CO_2（気体）+ Q \, kJ \quad \cdots ①$$

　一方，問題中に与えられている熱化学方程式は，以下のようになります。

$$C（黒鉛）+ \frac{1}{2} O_2（気体）= CO（気体）+ 111 \, kJ \quad \cdots ②$$

$$CO（気体）+ \frac{1}{2} O_2（気体）= CO_2（気体）+ 283 \, kJ \quad \cdots ③$$

　したがって，②式＋③式を計算して，①式にはない CO を消去すると，

$$C（黒鉛）+ O_2（気体）= CO_2（気体）+ 394 \, kJ$$

となり，黒鉛の燃焼熱 Q は 394〔kJ/mol〕となります。
　　　　　　　　　　　　　　　イ

(iii) 同じ物質でも状態（固体・液体・気体など）が変化すると，熱の出入りが起こります。ここで，**液体分子 1 mol が蒸発するときに吸収する熱量**を蒸発熱といいます。
　　「吸収する熱量」になることは，与えられている熱化学方程式を変形することで
　　　ウ
確認できます。

$$H_2O（液体）= H_2O（気体）- 44 \, kJ \xrightarrow{変形} H_2O（液体）\underline{+ 44 \, kJ} = H_2O（気体）$$
H₂O（液体）は，熱を吸収している

　次に，H_2O（液体）1 mol を蒸発させるのに 44 kJ 必要で，H_2O 36 g の物質量〔mol〕は $H_2O = 18$ つまり 18〔g/mol〕より，

$$36〔g〕÷ 18〔g/mol〕= 36〔g〕× \frac{1〔mol〕}{18〔g〕} = 2〔mol〕 \quad ◀単位変換$$
g どうしを消去して，mol を残す

なので，36 g の H_2O（液体）の蒸発熱は，

$$\frac{44〔kJ〕}{H_2O（液体）1〔mol〕} × 2〔mol〕= 88〔kJ〕必要 \quad ◀単位に注目$$
　　　　　　　　　　　　　　　　　　エ
mol どうしを消去して，kJ を残す

となります。

　答　**ア**：生成　　**イ**：394　　**ウ**：吸収　　**エ**：88

28 生成熱とエネルギー図 化学

次の文章を読み，下の問いに答えよ。

化合物の熱化学を考えるうえで非常に重要な法則がある。それは，1840年にスイスの科学者により見出されたもので，「物質が変化する際の反応熱の総和は，変化する前と変化した後の物質の状態だけで決まり，変化の経路や方法には関係しない。」という法則である。この法則の有用性は，□□□□によって直接求めることが困難な反応熱を，他の反応熱から計算することができる点にある。

問1 下線部には発見者にちなんだ名称が与えられている。その名称を書け。

問2 □□□□に適切な語句を入れよ。

問3 水素ガスと酸素ガスの反応による水（液体）の生成熱は，286 kJ/mol である。これを熱化学方程式で表せ。

問4 メタンおよび黒鉛が燃焼するときの反応熱はそれぞれ 890 kJ/mol および 394 kJ/mol である。この過程で生じる水は，液体としてとり扱うものとする。問3の記述も参考にして，メタンの生成熱を有効数字3桁まで求めよ。

（千葉大）

精 講 〔反応熱の求め方〕

反応熱は，ヘスの法則を利用して「計算（数学の連立方程式の要領）」で求めることができます（➡p.117）。連立方程式の練習をして，熱化学方程式の問題を「計算」で解けるようになることも大切ですが，「エネルギー図」を使って反応熱を求めることができるようになると，答えが簡単に出せることがあります。もちろん，「計算」の方が簡単に答えが出ることもあるので，「エネルギー図」を使って解くかどうかは問題次第になります。慣れないうちは2つの解法をためしながら，慣れてきたらどちらの方法がよいか判断して解くようにしていくとよいでしょう。

Point 57 反応熱の求め方

「計算」と「エネルギー図」の2つの方法をためしながら，最後には問題によって解法を使い分けるようにしよう。

エネルギー図のかき方

エネルギー図をどのようにかけば，問題を解くことができるのでしょうか？
ここでは，2つのパターンについて紹介していくことにします。

パターン1　生成熱のデータを利用して問題を解く場合

$E_1 + Q = E_2$

パターン2　結合エネルギーのデータを利用して問題を解く場合

$E_1 + Q = E_2$

このようにエネルギー図をかき分けて問題を解くとよいでしょう。

Point 58　エネルギー図のかき方

エネルギー図は，
　　　利用するデータによって，かき分けよう！

問1，2　問題文の3～5行目にあるかぎ括弧内の法則を<u>ヘスの法則</u>といいます（➡
　_{問1}
p.116）。この法則を使うと，実験によって直接求めることができない反応熱を，他
　　　　　　　　　　　　　　_{問2}
の反応熱から計算で求めることができるようになります。

問3　反応熱は，注目する物質1molあたりの値で表されているので，注目する物質
の係数が1となるように熱化学方程式で表す必要があります。

　生成熱は，化合物1molがその成分元素の単体から生成するときの反応熱なので，
H_2Oの係数が1となるように熱化学方程式を表します。

$$H_2(気) + \frac{1}{2}O_2(気) = H_2O(液) + 286\,kJ \quad \cdots①$$

　　は単体

成分元素の単体　　　　化合物1mol

問4 **解法1** 連立方程式の要領で解く！ ■■■は単体

まず，メタン CH_4 の燃焼熱を表す熱化学方程式は，

$$1CH_4(気) + 2O_2(気) = CO_2(気) + 2H_2O(液) + 890\,kJ \quad \cdots ②$$

└─物質 $1\,mol$ が　　　　完全燃焼している

次に，黒鉛 C の燃焼熱を表す熱化学方程式は，

$$1C(黒鉛) + O_2(気) = CO_2(気) + 394\,kJ \quad \cdots ③$$

└─物質 $1\,mol$ が　　完全燃焼している

となります。最後に，求めるメタン CH_4 の生成熱を Q 〔kJ/mol〕とすると熱化学方程式は，④式のように表すことができます。

$$C(黒鉛) + 2H_2(気) = CH_4(気) + Q\,kJ \quad \cdots ④$$

成分元素の単体　　　化合物 $1\,mol$

①式～③式を使って，④式をつくるためにはどうすればよいでしょうか。④式の中にない $O_2(気)$，$CO_2(気)$，$H_2O(液)$ を消去すればよさそうですね。ここで，$O_2(気)$ は①式～③式のすべてにあるので，①式，②式にしか含まれていない $H_2O(液)$ か，②式，③式にしか含まれていない $CO_2(気)$ を消去した方が簡単そうです。そこで，今回は $H_2O(液)$ を消去してみます。

まず，①式×2−②式で $H_2O(液)$ を消去できます。

$$2H_2(気) + O_2(気) = 2H_2O(液) + 286×2\,kJ \quad ←①式×2$$
$$-)\,CH_4(気) + 2O_2(気) = CO_2(気) + 2H_2O(液) + 890\,kJ \quad ←②式$$
$$2H_2(気) - CH_4(気) - O_2(気) = -CO_2(気) + (286×2-890)\,kJ \quad \cdots ⑤$$

↑
$H_2O(液)$ を消去した

次に，⑤式+③式で $O_2(気)$ と $CO_2(気)$ をまとめて消去することができます。

$$2H_2(気) - CH_4(気) - O_2(気) = -CO_2(気) + (286×2-890)\,kJ \quad ←⑤式$$
$$+)\,C(黒鉛) + O_2(気) = CO_2(気) + 394\,kJ \quad ←③式$$
$$2H_2(気) - CH_4(気) + C(黒鉛) = (286×2-890+394)\,kJ \quad ←⑤式+③式$$

↑
$O_2(気)$ と $CO_2(気)$ を消去した

最後に，式を整理すると Q を求めることができます。

$$C(黒鉛) + 2H_2(気) = CH_4(気) + \boxed{(286×2-890+394)}\,kJ$$
$$C(黒鉛) + 2H_2(気) = CH_4(気) + \boxed{76.0}\,kJ$$

よって，メタン CH_4 の生成熱は $76.0\,kJ/mol$ となります。

今回は，$H_2O(液)$ の消去からはじめましたが，$CO_2(気)$ の消去からはじめても同じ解答になります。

解法2 エネルギー図を使って解く！

①式，④式は，それぞれ水 H_2O，メタン CH_4 の生成熱を表しています。また，③式は黒鉛 C の燃焼熱を表すと同時に二酸化炭素 CO_2 の生成熱も表していますね。

これらの生成熱のデータを利用して問題を解く場合には，まず「単体」ラインを1番上に引いて，エネルギー図をつくっていくと次のようになります。

経路1 と **経路2** のどちらを通っても反応熱の大きさは変わらない（ヘスの法則）から， **経路1** ＝ **経路2** となって，

$$Q+890=394+286\times2$$

よって，

$$Q=76.0 〔kJ/mol〕$$

参考 「生成熱のデータを使って反応熱を求める」場合は，次の公式

反応熱＝（右辺にある物質の生成熱の合計）－（左辺にある物質の生成熱の合計）

にあてはめて解くこともできます。

①式，③式，④式はすべて生成熱のデータなので，燃焼熱を表している②式に上の公式にあてはめると次のようになります。

$$\underset{CH_4（気）の燃焼熱}{\underline{890}} = \underset{\substack{右辺にある CO_2（気）と \\ H_2O（液）の生成熱の合計}}{\underline{(394+286\times2)}} - \underset{左辺にある CH_4（気）の生成熱}{\underline{Q}}$$

よって， $Q=76.0 〔kJ/mol〕$

問1 ヘスの法則

問2 実験

問3 $H_2（気）+\dfrac{1}{2}O_2（気）= H_2O（液）+286\,kJ$

問4 $76.0\,kJ/mol$

実戦基礎問 12 結合エネルギーとエネルギー図　　化学

右表は，共有結合の結合エネルギーを示したものである。この表の値を用いて，次の問いに答えよ。答えは，整数値で示せ。

結合の種類	結合エネルギー〔kJ/mol〕
H–H	436
Cl–Cl	243
O=O	490
H–Cl	432
C–H	415
O–H	465
C=O	804

問1 気体状態の水の生成熱は何 kJ/mol か。

問2 塩化水素の生成熱は何 kJ/mol か。

問3 メタンの燃焼熱は何 kJ/mol か。ただし，生成する H_2O は気体とする。

(工学院大)

精講　　結合エネルギー

例えば，水素分子 H_2 1 mol を分解して，水素原子 H 2 mol にするのに 436 kJ のエネルギーを加える必要があります。これを熱化学方程式で表すと，次のようになります。

H_2 (気) $= 2H$ (気) $- 436$ kJ　←結合を切るために「左辺」にエネルギーを加えるので，「右辺」に移項すれば－になる

このように，**気体分子内の共有結合 1 mol を切り離すのに必要なエネルギー**を結合エネルギーといいます（➡p.114）。

また，**多原子分子**（構成原子の数が 3 個以上の分子）をそれぞれの構成原子にするには，分子を構成する各原子間の結合エネルギーの合計に相当するエネルギーが必要になります。例えば，1 mol のメタン CH_4 を 1 mol の炭素原子と 4 mol の水素原子に分解するためには，1660 kJ のエネルギーが必要になります。これを熱化学方程式で表すと次のようになります。

CH_4 (気) $= C$ (気) $+ 4H$ (気) $- 1660$ kJ

ここで，メタン CH_4 1 分子中には C–H 結合が 4 個あるので，C–H 結合の結合エネルギーはふつうその平均を考えて，

$\dfrac{1660\,〔kJ〕}{4\,〔mol〕} = 415$ 〔kJ/mol〕　←H–C–H 1 個（1 mol）中に C–H 4 個（4 mol）なので

とします。

問1 　解法1　**連立方程式の要領で解く！**

　求める気体状態の水 H_2O の生成熱を Q_1〔kJ/mol〕とすると熱化学方程式は，①式のように表すことができます。

$$H_2\,(気) + \frac{1}{2}O_2\,(気) \;=\; \underline{H_2O\,(気)} + Q_1\,kJ \quad \cdots ①$$

　　　　　　成分元素の単体　　　　　　　化合物

　表の結合エネルギーの値を使って熱化学方程式で表すと，②式～④式が得られます。　　　　は気体状の原子

$$H_2\,(気) = 2H\,(気) - 436\,kJ \quad \cdots ② \quad \leftarrow 右辺側で常に-になる$$
$$O_2\,(気) = 2O\,(気) - 490\,kJ \quad \cdots ③$$

　ここで，O–H の結合エネルギーが 465 kJ/mol なので，$H_2O\,(気)$ 1 mol 中の O–H 結合をすべて切断するのに必要なエネルギーは，

$$465 \times 2 = 930\,〔kJ〕 \quad \leftarrow {}_H{\diagdown}^O{\diagup}_H \text{ の O–H 結合は，2 か所ある}$$

となります。

　よって，

$$H_2O\,(気) = 2H\,(気) + O\,(気) - 930\,kJ \quad \cdots ④$$

　②式～④式を使って，①式を表現するので，**②式＋③式×$\frac{1}{2}$－④式** より，

$$
\begin{aligned}
&H_2\,(気) &&= 2H\,(気) - 436\,kJ &&\leftarrow ②式\\
+&)\,\frac{1}{2}O_2\,(気) &&= O\,(気) - 490 \times \frac{1}{2}\,kJ &&\leftarrow ③式 \times \frac{1}{2}\\
\hline
-&)\,H_2O\,(気) &&= 2H\,(気) + O\,(気) - 930\,kJ &&\leftarrow ④式
\end{aligned}
$$

$$H_2\,(気) + \frac{1}{2}O_2\,(気) - H_2O\,(気) = \left(-436 - 490 \times \frac{1}{2} + 930\right)kJ \quad \begin{matrix}\leftarrow ②式 + ③式 \times \frac{1}{2}\\ -④式\end{matrix}$$

　　　　　　①式の中にない $H\,(気)$，$O\,(気)$ を消去した

$$H_2\,(気) + \frac{1}{2}O_2\,(気) = H_2O\,(気) + 249\,kJ$$

　よって，

$$Q_1 = 249\,〔kJ/mol〕$$

　解法2　**エネルギー図を使って解く！**

　結合エネルギーのデータを利用して問題を解く場合には，まず「**気体状の原子（バラバラ原子）」ラインを1番上に引いて，エネルギー図をつくっていく**（➡p.119）と次ページのようになります。

$$436 + 490 \times \frac{1}{2} + Q_1 = 930$$

よって， $Q_1 = 249 \, [\text{kJ/mol}]$

問2 【解法1】 連立方程式の要領で解く！

求める塩化水素 HCl の生成熱を $Q_2 \, [\text{kJ/mol}]$ とすると，熱化学方程式は⑤式のように表すことができます。

$$\underbrace{\frac{1}{2}\text{H}_2\,(気) + \frac{1}{2}\text{Cl}_2\,(気)}_{単体} = \underbrace{\text{HCl}\,(気)}_{化合物} + Q_2\,\text{kJ} \quad \cdots⑤$$

表の値から，⑥式，⑦式が得られます。 は気体状の原子

$$\text{Cl}_2\,(気) = 2\,\text{Cl}\,(気) - 243\,\text{kJ} \qquad \cdots⑥$$

$$\text{HCl}\,(気) = \text{H}\,(気) + \text{Cl}\,(気) - 432\,\text{kJ} \quad \cdots⑦$$

②式 $\times \frac{1}{2}$ ＋⑥式 $\times \frac{1}{2}$ －⑦式 より，

$$\frac{1}{2}\text{H}_2\,(気) + \frac{1}{2}\text{Cl}_2\,(気) - \text{HCl}\,(気) = \left(-436 \times \frac{1}{2} - 243 \times \frac{1}{2} + 432\right)\text{kJ}$$

⑤式の中にない H（気），Cl（気）を消去した

$$\frac{1}{2}\text{H}_2\,(気) + \frac{1}{2}\text{Cl}_2\,(気) = \text{HCl}\,(気) + 92.5\,\text{kJ}$$

よって， $Q_2 \fallingdotseq 93 \, [\text{kJ/mol}]$

【解法2】 エネルギー図を使って解く！

$$436 \times \frac{1}{2} + 243 \times \frac{1}{2} + Q_2 = 432$$

よって， $Q_2 \doteqdot 93$〔kJ/mol〕

問3 　解法1　**連立方程式の要領で解く！**　　　は気体状の原子

　求めるメタン CH_4 の燃焼熱を Q_3〔kJ/mol〕とすると，熱化学方程式は⑧式のように表すことができます。

問題文に，生成する H_2O は気体とある

$$CH_4(気) + 2O_2(気) = \underline{CO_2(気) + 2H_2O(気)} + Q_3\ kJ \quad \cdots⑧$$
1 mol が　　　　　　　　　完全燃焼している

　メタン CH_4（気）の結合エネルギーの合計を表す熱化学方程式は，

$$CH_4(気) = C(気) + 4H(気) - 1660\ kJ \quad \cdots⑨$$
CH_4 1分子中にC-H結合が4個あるので，$415 \times 4 = 1660$ となる

　二酸化炭素 CO_2（気）の結合エネルギーの合計を表す熱化学方程式は，

$$CO_2(気) = C(気) + 2O(気) - 1608\ kJ \quad \cdots⑩$$
CO_2 1分子中にC=O結合が2個あるので，$804 \times 2 = 1608$ となる

⑨式＋③式×2－⑩式－④式×2 より，

$$CH_4(気) + 2O_2(気) - CO_2(気) - 2H_2O(気)$$
$$= (-1660 - 490 \times 2 + 1608 + 930 \times 2)\ kJ$$
⑧式の中にないC（気），O（気），H（気）を消去

$$CH_4(気) + 2O_2(気) = CO_2(気) + 2H_2O(気) + 828\ kJ$$
よって， $Q_3 = 828$〔kJ/mol〕

　解法2　**エネルギー図を使って解く！**

$$1660 + 490 \times 2 + Q_3 = 1608 + 930 \times 2$$
よって， $Q_3 = 828$〔kJ/mol〕

参考 「結合エネルギーのデータを使って反応熱を求める」場合は，次の公式

> **反応熱＝（右辺にある物質の結合エネルギーの合計）**
>   **－（左辺にある物質の結合エネルギーの合計）**

にあてはめて解くこともできます。

（注）ただし，この公式は反応物と生成物がすべて気体のときに成立します。

問1 ②式，③式，④式はすべて結合エネルギーのデータなので，生成熱を表している①式を公式にあてはめると次のようになります。

$$\underset{\substack{H_2O\,(気)\,の生成熱}}{Q_1} = \underset{\substack{H_2O\,(気)\,の結合\\エネルギーの合計\\右辺}}{(930)} - \left(\underset{\substack{H_2\,(気)\,の\\結合エネルギー}}{436} + \underset{\substack{O_2\,(気)\,の結合\\エネルギーの合計}}{490 \times \frac{1}{2}} \right)$$

左辺

よって，　$Q_1 = 249 \,[\text{kJ/mol}]$

問2 ②式，⑥式，⑦式はすべて結合エネルギーのデータなので，生成熱を表している⑤式を公式にあてはめると次のようになります。

$$\underset{\substack{HCl\,(気)\,の生成熱}}{Q_2} = \underset{\substack{HCl\,(気)\,の\\結合エネルギー\\右辺}}{(432)} - \left(\underset{\substack{H_2\,(気)\,の\\結合エネルギー\\の合計}}{436 \times \frac{1}{2}} + \underset{\substack{Cl_2\,(気)\,の\\結合エネルギー\\の合計}}{243 \times \frac{1}{2}} \right)$$

左辺

よって，　$Q_2 \fallingdotseq 93 \,[\text{kJ/mol}]$

問3 ③式，④式，⑨式，⑩式はすべて結合エネルギーのデータなので，燃焼熱を表している⑧式を公式にあてはめると次のようになります。

$$\underset{\substack{CH_4\,(気)\,の燃焼熱}}{Q_3} = \left(\underset{\substack{CO_2\,(気)\,の\\結合エネルギー\\の合計}}{1608} + \underset{\substack{H_2O\,(気)\,の\\結合エネルギー\\の合計}}{930 \times 2} \right) - \left(\underset{\substack{CH_4\,(気)\,の\\結合エネルギー\\の合計}}{1660} + \underset{\substack{O_2\,(気)\,の\\結合エネルギー\\の合計}}{490 \times 2} \right)$$

右辺　　　　　　　　　　　左辺

よって，　$Q_3 = 828 \,[\text{kJ/mol}]$

 答 　**問1** 　249 kJ/mol 　　**問2** 　93 kJ/mol 　　**問3** 　828 kJ/mol

8. 酸と塩基

29 酸・塩基の定義

次の文章を読み，下の問いに答えよ。

アレニウスによれば，酸は水中で電離し H^+ を生じる物質であり，塩基は水中で電離し OH^- を生じる物質である。この定義によれば CO_2 や NH_3 は酸や塩基ではない。しかし，これらは水と反応することで，酸性や塩基性を示すので，それぞれを酸または酸性物質，塩基または塩基性物質と定義することができる。

一般に，金属元素，非金属元素の酸化物はこの定義で塩基性物質，酸性物質に分類される。ところが，気体の塩化水素と気体のアンモニアを混合すると，

$$HCl + NH_3 \longrightarrow NH_4Cl$$

で示される反応が進行し，NH_4Cl が生成する。つまり，気体の塩化水素とアンモニアも，水溶液中で塩化水素とアンモニアを混合したときと同じ塩を生成する。そこで，この反応も酸塩基反応とみなすことができるが，アレニウスの定義では説明できない。しかし，この反応は水溶液以外の状況でも有効なブレンステッドとローリーの定義で酸塩基反応として説明できる。

問1 ブレンステッドとローリーの酸・塩基の定義を 30 字程度で説明せよ。

問2 ブレンステッドとローリーの酸・塩基の定義にしたがうと，

$$CH_3COOH + HCl \rightleftharpoons CH_3COOH_2^+ + Cl^-$$

の正反応，逆反応では，それぞれどの物質が酸，塩基となるか，化学式で示せ。

(甲南大)

精講

酸・塩基の定義

アレニウスの定義では，

> 酸：水中で電離し H^+ を生じる物質で，HA のように表されるもの
> 塩基：水中で電離し OH^- を生じる物質で，BOH のように表されるもの

としています。例えば，硝酸 HNO_3 は酸，水酸化バリウム $Ba(OH)_2$ は塩基です。

$$HNO_3 \xrightarrow{\text{水}} H^+ + NO_3^- \quad \text{(電離)}$$
$$Ba(OH)_2 \xrightarrow{\text{水}} Ba^{2+} + 2OH^- \quad \text{(電離)}$$

ただし，酸から生じた H^+ はこのまま存在しているのでなく，水分子の非共有電子対と配位結合をしたオキソニウムイオン H_3O^+ として存在しています。

$$\left\{\begin{array}{l} HNO_3 \xrightarrow{\text{水中}} NO_3^- + H^+ \text{(電離)} \\ H^+ + \ddot{\text{O}}\!:\!H \xrightarrow{\text{配位結合}} \left[H\!:\!\ddot{\text{O}}\!:\!H\right]^+ \qquad \text{○は，非共有電子対を表す} \\ H H \\ \text{オキソニウムイオン} H_3O^+ \end{array}\right.$$

よって，硝酸 HNO_3 の電離をより正確に表すと次のようになります。

$$HNO_3 + H_2O \longrightarrow NO_3^- + H_3O^+$$

そこで酸と塩基の反応では H^+ のやりとりが起こっていると考え，ブレンステッドとローリーの定義では，

酸：H^+ を与える物質　　　塩基：H^+ を受けとる物質

とします。この定義により，水溶液中だけでなく，H^+ が移動する反応はすべて酸塩基反応ということができます。

Point 59

	酸	塩基
アレニウスの定義	水中で H^+ を生じる物質	水中で OH^- を生じる物質
ブレンステッドとローリーの定義	H^+ を与える物質	H^+ を受けとる物質

解 説

問1 ブレンステッドとローリーの定義では，水素イオン H^+ を与える物質が酸，受けとる物質が塩基です。

問2 まず，左から右への正反応では，HCl が CH_3COOH へ H^+ を与えていますね。

$$CH_3COOH + \underset{H^+}{HCl} \longrightarrow CH_3COOH_2^+ + Cl^-$$

よって，HCl が酸，CH_3COOH が塩基となります。

次に，右から左への逆反応では，$CH_3COOH_2^+$ が Cl^- へ H^+ を与えています。

$$\underset{H^+}{CH_3COOH_2^+} + Cl^- \longrightarrow CH_3COOH + HCl$$

よって，$CH_3COOH_2^+$ が酸，Cl^- が塩基となります。

問1 水素イオンを与える物質を酸，水素イオンを受けとる物質を塩基とする。(33字)

問2
$$\left\{\begin{array}{l} \text{正反応：酸…HCl，塩基…}CH_3COOH \\ \text{逆反応：酸…}CH_3COOH_2^+\text{，塩基…}Cl^- \end{array}\right.$$

30　酸・塩基の強弱と価数　　　　　　　　　　　　　化学基礎

　　次表は，水溶液中での酸や塩基の価数と強弱をまとめたものである。表中
の□□□に入る物質を【選択欄】より選べ。

強酸	弱酸	価数	弱塩基	強塩基
HCl ［ア］	HCN ［イ］	1価	［ウ］	NaOH KOH
H₂SO₄	(COOH)₂ CO₂(水中) ［エ］	2価	Cu(OH)₂ Mg(OH)₂	Ca(OH)₂ Ba(OH)₂
	［オ］	3価	Fe(OH)₃	

【選択欄】　① 硫化水素　　② リン酸　　③ 硝酸　　④ アンモニア
　　　　　　⑤ 酢酸

（大東文化大）

表にあるものを中心に，酸や塩基の価数と強弱は覚えてください。

1価の強酸　➡　塩酸 HCl，硝酸$_{ア}$ HNO₃

2価の強酸　➡　硫酸 H₂SO₄

1価の弱酸　➡　シアン化水素 HCN，酢酸$_{イ}$ CH₃COOH

2価の弱酸　➡　シュウ酸 (COOH)₂ または H₂C₂O₄，
　　　　　　　　炭酸 CO₂(水中) つまり CO₂ + H₂O または H₂CO₃，
　　　　　　　　硫化水素$_{エ}$ H₂S

3価の弱酸　➡　リン酸$_{オ}$ H₃PO₄

1価の強塩基　➡　水酸化ナトリウム NaOH，水酸化カリウム KOH
　　　　　　　　　└─アルカリ金属の水酸化物

2価の強塩基　➡　水酸化カルシウム Ca(OH)₂，水酸化バリウム Ba(OH)₂
　　　　　　　　　└─アルカリ土類金属の水酸化物

1価の弱塩基　➡　アンモニア$_{ウ}$ NH₃

2価の弱塩基　➡　水酸化銅(Ⅱ) Cu(OH)₂，水酸化マグネシウム Mg(OH)₂

3価の弱塩基　➡　水酸化鉄(Ⅲ) Fe(OH)₃

 答　　ア：③　　イ：⑤　　ウ：④　　エ：①　　オ：②

必修 基礎問 31 中和量計算

問1 正確に10倍に薄めた希塩酸10 mL を，0.10 mol/L の水酸化ナトリウム水溶液で滴定したところ，中和までに8.0 mL を要した。薄める前の希塩酸の濃度は何 mol/L か。最も適当な数値を，次の①〜⑤のうちから1つ選べ。

① 0.080　② 0.16　③ 0.40　④ 0.80　⑤ 1.2

問2 2価の酸0.300 g を含んだ水溶液を完全に中和するのに，0.100 mol/L の水酸化ナトリウム水溶液40.0 mL を要した。この酸の分子量として最も適当な数値を，次の①〜⑤のうちから1つ選べ。

① 75.0　② 133　③ 150　④ 266　⑤ 300

問3 0.0500 mol/L の硫酸1000 mL に，アンモニアを吸収させた。このとき，溶液の体積は変わらなかったものとする。この溶液を 10.0 mL はかり取り，0.100 mol/L の水酸化ナトリウム水溶液で滴定したところ，中和するのに 4.00 mL を要した。吸収されたアンモニアの体積は0℃，1.013×10^5 Pa で何 L か。最も適当な数値を，次の①〜⑥のうちから1つ選べ。

① 0.134　② 0.224　③ 0.448　④ 1.34　⑤ 2.24

⑥ 4.48

(センター試験)

精 講 ⌈中和反応⌋

　　　　酸と塩基（➡p.127）の水溶液を混ぜ合わせると，**酸のもつ H^+** と塩基のもつ OH^- が反応して H_2O が生じ，残されたイオンによって**塩**が生じます。つまり，

　　　酸 ＋ 塩基 ⟶ 塩 ＋ H_2O

という変化が起こり，これを**中和反応**とよびます。例えば，

①**水酸化ナトリウムと塩酸の場合**

　　　$NaOH + HCl \longrightarrow NaCl + H_2O$　➡NaOH 1 mol と HCl 1 mol が反応

②**水酸化ナトリウムと硫酸の場合**

　　　$2NaOH + H_2SO_4 \longrightarrow Na_2SO_4 + 2H_2O$　➡NaOH 2 mol と H_2SO_4 1 mol が反応

③**水酸化ナトリウムと酢酸の場合**

　　　$NaOH + CH_3COOH \longrightarrow CH_3COONa + H_2O$　➡NaOH 1 mol と CH_3COOH 1 mol が反応

④**アンモニアと塩酸の場合**

　　　$NH_3 + HCl \longrightarrow NH_4Cl$　➡NH_3 1 mol と HCl 1 mol が反応

のように中和反応が起こり，このとき酸と塩基の量的関係は，酸や塩基の強弱には影響されません。例えば，

$$CH_3COOH \rightleftharpoons CH_3COO^- + H^+ \quad \cdots(※) \quad \text{←酢酸は弱酸なので平衡となっている}$$

のように電離している酢酸 CH_3COOH は水酸化ナトリウム $NaOH$ を加えると，$H^+ + OH^- \longrightarrow H_2O$ の反応が起こることで，H^+ がなくなり（※）の平衡が右へ移動し，再び H^+ が生じます。この変化は，CH_3COOH がある限り続くので，CH_3COOH 1 mol に対し $NaOH$ を 1 mol 加えないと中和は完了しません。

つまり，**中和反応の終わる点（終点）**は，酸や塩基の強弱に関係なく酸が出すことのできる H^+ と塩基が出すことのできる OH^- の物質量〔mol〕が等しくなる
または塩基の受けとることのできる H^+
ように加えた点となります。

Point 60 　中和反応の終わる点（終点）

中和反応の終わる点（終点）は，
　　　酸の出すことのできる H^+ の物質量〔mol〕
　　　　　＝塩基の出すことのできる OH^- の物質量〔mol〕
となった点。

問1　薄める前の塩酸 HCl の濃度を x〔mol/L〕とします。この x〔mol/L〕の塩酸 HCl を 10 倍に薄めると，その濃度は $\frac{1}{10}$ 倍の $\frac{1}{10}x$〔mol/L〕となります。今回は，この $\frac{1}{10}x$〔mol/L〕の希塩酸 HCl 10 mL，つまり 10〔mL〕$\times \frac{1〔L〕}{10^3〔mL〕} = \frac{10}{1000}$〔L〕を 0.10 mol/L 水酸化ナトリウム NaOH 水溶液 8.0 mL で滴定しています。ここで，

$$1HCl + 1NaOH \longrightarrow NaCl + H_2O \quad \text{←} H^+ + OH^- \longrightarrow H_2O \text{ が起こり，} Na^+ \text{と} Cl^- \text{が残る}$$

のように HCl と NaOH は （1：1 のモル比で反応する）ので，成り立つ式は，

$$\underbrace{\frac{\frac{1}{10}x〔mol〕}{1〔L〕} \times \frac{10}{1000}〔L〕}_{HCl〔mol〕} = \underbrace{\frac{0.10〔mol〕}{1〔L〕} \times \frac{8.0}{1000}〔L〕}_{\text{加えた NaOH〔mol〕}}$$

となります。

よって，$x = 0.80$〔mol/L〕　となります。

問2　2価の酸の化学式を H_2X とすると，

$$1H_2X + 2NaOH \longrightarrow Na_2X + 2H_2O \quad \text{←} H_2X \text{ 1分子が} H^+ \text{を2個出すので，} OH^- \text{が2個，} \\ \text{つまり NaOH が2個中和に必要}$$

のように H_2X と NaOH は 1：2 のモル比で反応するので，H_2X の分子量を M つま

り M〔g/mol〕とすると，次の式が成り立ちます。

$$0.300 \text{〔g〕} \times \frac{1 \text{〔mol〕}}{M \text{〔g〕}} : 0.100 \text{〔mol〕} \times \frac{40.0}{1000} \text{〔L〕} = 1 : 2 \quad \leftarrow \text{H}_2\text{X〔mol〕} : \text{NaOH〔mol〕}$$
$$= 1 : 2 \text{ より}$$

g どうしを消去して，mol を残す　　　　　　　　　　L どうしを消去して，mol を残す

よって，$M = 150$　となります。

別解　価数に注目して解くこともできます。

$$\underbrace{\frac{0.300}{M} \times ②}_{\substack{\text{H}_2\text{X〔mol〕} \quad \text{H}^+\text{〔mol〕} \\ (②価)}} = \underbrace{0.100 \times \frac{40.0}{1000} \times ①}_{\substack{\text{NaOH〔mol〕} \quad \text{OH}^-\text{〔mol〕} \\ (①価)}} \quad \text{より，} M = 150$$

酸が放出した H^+〔mol〕　　　塩基が放出した OH^-〔mol〕

問3　吸収された NH_3 を x〔mol〕とし，問題文の操作を図に表してみます。

上の図のような滴定を<u>逆滴定</u>といいます。

Point 61　逆滴定

　NH_3 は気体なので，中和滴定で直接その量を決めることが難しく，過剰の酸に吸収させて余った酸を NaOH などの塩基で滴定することで，NH_3 の量を決定する。

　逆滴定は，操作が複雑なので，価数に注目して解きましょう。

　酸と塩基の量的関係は，酸や塩基の強弱には影響されませんでした。つまり，

$$1\text{NH}_3 + \text{H}_2\text{O} \rightleftharpoons \text{NH}_4^+ + 1\text{OH}^- \quad \cdots (※)$$

のように電離する NH_3 を $\text{H}_2\text{SO}_4\text{aq}$ に加えると，中和により OH^- がなくなり，(※)の平衡が右へ移動し，再び OH^- が生じます。その結果，NH_3 1 mol から OH^- 1 mol が生じることになります。

　はかり取った 10.0 mL の水溶液中には，H^+ が

1000 mL の水溶液から 10.0 mL だけはかり取るので，$\frac{10.0}{1000}$ だけ使用している

$$\left(\underbrace{0.0500}_{\substack{\text{H}_2\text{SO}_4\text{aq}\text{〔mol/L〕}}} \times \underbrace{1}_{\substack{\text{H}_2\text{SO}_4\text{〔mol〕}}} \times \underbrace{②}_{\substack{\text{H}^+\text{〔mol〕} \\ (②価)}} - \underbrace{x}_{\substack{\text{NH}_3\text{〔mol〕}}} \times \underbrace{①}_{\substack{\text{OH}^-\text{〔mol〕} \\ (①価)}} \right) \times \boxed{\frac{10.0}{1000}} \text{〔mol〕} \quad \cdots ①$$

1000 mL = 1 L なので

H_2SO_4 から生じる H^+〔mol〕　　NH_3 から生じる OH^-〔mol〕

NH_3 を吸収させた後の水溶液 1000 mL 中に余っている H^+〔mol〕

余っており、これを 0.100 mol/L NaOH 水溶液 4.00 mL で滴定しています。

NaOH から放出される OH^- の物質量〔mol〕は、

$$0.100 \times \frac{4.00}{1000} \times ① \quad \text{〔mol〕} \quad \cdots ②$$

NaOHaq〔mol/L〕 NaOH〔mol〕 OH^-〔mol〕
（①価）

であり、中和反応の終点では、①＝② が成り立ちます。

$$\underbrace{(0.0500 \times 1 \times 2 - x \times 1) \times \frac{10.0}{1000}}_{\substack{\text{①より、はかり取った 10.0 mL 中に} \\ \text{余っている } H^+ \text{〔mol〕}}} = \underbrace{0.100 \times \frac{4.00}{1000} \times 1}_{\substack{\text{②より、NaOH から} \\ \text{放出された } OH^- \text{〔mol〕}}}$$

となり、$x = 0.0600$〔mol〕 とわかります。

よって、0 °C、1.013×10^5 Pa（標準状態）でのモル体積は 22.4 L/mol より、吸収された NH_3 の体積は 0 °C、1.013×10^5 Pa で

$$0.0600 \text{〔mol〕} \times \frac{22.4 \text{〔L〕}}{1 \text{〔mol〕}} \fallingdotseq 1.34 \text{〔L〕}$$

とわかります。

答　問1　④　　問2　③　　問3　④

次の(1)～(4)の各塩の水溶液は，酸性，中性，塩基性のいずれの性質を示すか。
(1) NaCl　　(2) CH₃COONa　　(3) NH₄Cl　　(4) Na₂SO₄　　　　（工学院大）

精 講　**塩の加水分解反応**

　　酸には塩酸 HCl，硝酸 HNO₃，硫酸 H₂SO₄ のような強酸もあれ
ば，酢酸 CH₃COOH のような弱酸もあります。強酸は薄い水溶液ではほぼ完全
に電離していますが，弱酸は 0.10 mol/L くらいの濃度ではあまり電離してい
ません。

$$\text{HCl} \longrightarrow \text{H}^+ + \text{Cl}^- \qquad \text{←強酸は，完全に電離している}$$
　強酸
$$\text{CH}_3\text{COOH} \rightleftharpoons \text{CH}_3\text{COO}^- + \text{H}^+ \qquad \text{←弱酸は，一部が電離している}$$
　弱酸

　　また，塩基にも**水酸化ナトリウム NaOH** や**水酸化バリウム Ba(OH)₂** のような
強塩基もあれば，**アンモニア NH₃** のような**弱塩基**もあります。

$$\text{NaOH} \longrightarrow \text{Na}^+ + \text{OH}^- \qquad \text{←アルカリ金属（Na，K…）やアルカリ土類金属}$$
　強塩基　　　　　　　　　　　　　　　　（Ca，Sr…）の水酸化物は強塩基
$$\text{NH}_3 + \text{H}_2\text{O} \rightleftharpoons \text{NH}_4^+ + \text{OH}^- \qquad \text{←弱塩基は，一部が電離している}$$
　弱塩基

　　ここで，塩（➡p.130）は塩基の陽イオンと酸の陰イオンからなり，水溶液中
ではふつう次のようにほぼ完全に電離しています。

$$\text{NaCl} \xrightarrow{\text{水}} \text{Na}^+ + \text{Cl}^-$$
$$\text{CH}_3\text{COONa} \xrightarrow{\text{水}} \text{CH}_3\text{COO}^- + \text{Na}^+ \qquad \rightarrow \text{電離しない塩は，沈殿（➡p.204）と}$$
　　　　　　　　　　　　　　　　　　　　　　　　　　　　　　して暗記することになります
$$\text{NH}_4\text{Cl} \xrightarrow{\text{水}} \text{NH}_4^+ + \text{Cl}^-$$

　　次に，これらの塩の水溶液が，酸性，中性，塩基性のいずれの性質を示すかを
考えてみましょう。

　　例えば，強酸の陰イオンである Cl⁻ は H⁺ とくっつきにくいし，まして OH⁻
とはくっつきません。また，強塩基の陽イオンである Na⁺ は OH⁻ とくっつき
にくいし，まして H⁺ とはくっつきません。そこで，これらのイオンが水中に存
在しても，中性の純水と H⁺ や OH⁻ のバランスはほとんど変化していません。

　　ところが，弱酸の陰イオンである CH₃COO⁻ は H⁺ とくっつきやすく CH₃COO⁻

は水中で次のような変化を起こし，弱塩基性を示します。

$$CH_3COO^- + H_2O \rightleftarrows CH_3COOH + OH^-$$ ←弱塩基性を示す

また，弱塩基の陽イオンである NH_4^+ は OH^- に対し H^+ を与えることができ，NH_4^+ は水中で次のような変化を起こし，弱酸性を示します。

$$NH_4^+ + H_2O \rightleftarrows NH_3 + H_3O^+$$ ←弱酸性を示す

　このように，塩の中に含まれる**弱酸の陰イオンや弱塩基の陽イオンが水中で** H_2O **に対して塩基として働いたり，酸として働く反応を**塩の加水分解反応といいます。

 塩の加水分解反応

弱酸の陰イオンは塩基，弱塩基の陽イオンは酸として働く。

解 説

(1), (4)　$NaCl \xrightarrow{水} Na^+ + Cl^-$

　　　　　$Na_2SO_4 \xrightarrow{水} 2Na^+ + SO_4^{2-}$

　Na^+，Cl^-，SO_4^{2-} いずれも強酸，強塩基からのイオンなので加水分解はしません。よって，中性となります。

(2)　$CH_3COONa \xrightarrow{水} CH_3COO^- + Na^+$
　Na^+ は加水分解しませんが，CH_3COO^- が弱酸の陰イオンなので，次のように加水分解します。

　　　　$CH_3COO^- + H_2O \rightleftarrows CH_3COOH + OH^-$　←CH_3COO^- が H_2O から H^+ をもらう
　このため OH^- が生じ，塩基性を示します。

(3)　$NH_4Cl \xrightarrow{水} NH_4^+ + Cl^-$
　Cl^- は加水分解しませんが，NH_4^+ が弱塩基の陽イオンなので，次のように加水分解します。

　　　　$NH_4^+ + H_2O \rightleftarrows NH_3 + H_3O^+$　←NH_4^+ が H_2O に H^+ を与える
　このため H_3O^+ が生じ，酸性を示します。

 （1）　中性　　（2）　塩基性　　（3）　酸性　　（4）　中性

33 弱酸の pH

化学基礎　化学

次の文章を読み，下の問いに答えよ。ただし，数値はすべて有効数字 2 桁で答えよ。

塩酸のような強酸は水溶液中では完全に電離しているのに対し，酢酸のような弱酸は，水溶液中で一部の分子だけが電離し，大部分は分子のままで溶けている。電離していない分子と電離によって生じたイオンの間には，次の平衡が成立している。

$$CH_3COOH \rightleftarrows CH_3COO^- + H^+$$

このときそれぞれの物質のモル濃度を [CH_3COOH]，[CH_3COO^-]，[H^+] で表し，化学平衡の法則を適用すると，平衡定数 K_a は電離定数とよばれ，次式で定義される。

$$K_a = \boxed{\quad 1 \quad}$$

酢酸の全濃度を c 〔mol/L〕とし，電離度を α とすると K_a は次式で表される。

$$K_a = \boxed{\quad 2 \quad}$$

電離度が非常に小さい場合には，$1-\alpha \fallingdotseq 1$ とおけるので，次の近似式が得られる。

$$\alpha = \boxed{\quad 3 \quad}$$

純粋な水も水分子がわずかに電離して，イオンを生じている。H^+ と OH^- の濃度を [H^+] と [OH^-] で表すと，水のイオン積 K_w は次式で表される。

$$K_w = \boxed{\quad 4 \quad}$$

25℃ での K_w の値は，$\boxed{\quad 5 \quad}$ であるが，この値は温度が上昇するにつれて増加する。

問1 文中の $\boxed{}$ にあてはまる適当な式，または数値を記入せよ。

問2 25℃ での酢酸の K_a を 1.8×10^{-5} mol/L として，0.1 mol/L の酢酸水溶液の電離度を求めよ。ただし，$\sqrt{180} = 13$ とする。

問3 この酢酸水溶液の 25℃ での pH を求めよ。ただし，$\log_{10} 1.3 = 0.1$ とする。

問4 0.1 mol/L 塩酸の 25℃ での pH を求めよ。

問5 丈夫な容器内に純粋な水を半分まで入れて密閉し加熱したところ，約 120℃ で K_w の値が 25℃ の 100 倍になった。このときの水の pH を求めよ。

（高知大）

136

水のイオン積と pH

　　　酸性の強さや塩基性の強さは，[H⁺] や [OH⁻] によって表します。ただ，H⁺ や OH⁻ は少しでも余分にあれば H_2O となるため，

$$H_2O \rightleftharpoons H^+ + OH^-$$

で示される平衡状態でのみ互いに共存できます。このとき，

$$K = \frac{[H^+][OH^-]}{[H_2O]}$$

となります（➡p.191）が，酸や塩基が混ざっていても 0.1 mol/L 程度なら溶液中の大半が H_2O であり [H_2O] は事実上一定とみなせます。

　そこで，

$$[H^+][OH^-] = K[H_2O]$$

で右辺の $K[H_2O]$ を定数 K_w とし，これを水のイオン積といいます。また，K の値は温度によって変化するため，K_w の値も温度によって変化します。25°C では $K_w = 1.0 \times 10^{-14}$ 〔$(mol/L)^2$〕 となります。

　純水では [H⁺]＝[OH⁻] であるため，

$$[H^+][OH^-] = K_w$$

より，

$$[H^+] \times [H^+] = K_w \quad \Rightarrow \quad [H^+]^2 = K_w \quad \Rightarrow \quad [H^+] = [OH^-] = \sqrt{K_w}\,(>0)$$

となります。したがって，25°C では

$$[H^+] = \sqrt{K_w} = \sqrt{1.0 \times 10^{-14}} = 1.0 \times 10^{-7} \text{〔mol/L〕}$$

となります。また，

$$\boxed{[H^+][OH^-] = K_w}$$

の関係式は，薄い水溶液ならいつも成立します。

　次に，

$$\boxed{[H^+] = 10^{-x} \text{〔mol/L〕 のとき，pH} = x}$$

と定義します。すなわち $pH = -\log_{10}[H^+]$ となります。pH が大きくなると [H⁺] は小さくなる点に注意しましょう。

Point 63　水のイオン積と pH

❶ $[H^+][OH^-] = K_w$ （薄い水溶液や水なら成立）

❷ $pH = x$ なら $[H^+] = 10^{-x}$ 〔mol/L〕

問 1　酢酸の電離平衡に化学平衡の法則を適用します。このとき，**平衡定数 K_a は電離定数とよばれ**，次のように表すことができます（➡p.191）。

$$CH_3COOH \rightleftharpoons CH_3COO^- + H^+$$

$$K_a = \frac{[CH_3COO^-][H^+]}{[CH_3COOH]} \quad \longleftarrow \boxed{1}\text{ の答え}$$

次に電離する前の酢酸の全濃度を c〔mol/L〕，電離度を α とすると，電離した CH_3COOH は $c\alpha$〔mol/L〕となり，生じた CH_3COO^- や H^+ はいずれも $c\alpha$〔mol/L〕となります。

	CH_3COOH	$\rightleftharpoons$ CH_3COO^-	$+$ H^+	
電離前	c	0	0	〔mol/L〕
電離量	$-c\alpha$	$+c\alpha$	$+c\alpha$	〔mol/L〕
電離後	$c(1-\alpha)$	$c\alpha$	$c\alpha$	〔mol/L〕

←電離度 α
$= \dfrac{\text{電離した酢酸〔mol〕}}{\text{電離前の酢酸〔mol〕}}$

これを $\boxed{1}$ に代入しましょう。

$$K_a = \frac{[CH_3COO^-][H^+]}{[CH_3COOH]} = \frac{c\alpha \cdot c\alpha}{c(1-\alpha)} = \frac{c\alpha^2}{1-\alpha} \quad \longleftarrow \boxed{2}\text{ の答え}$$

電離度 α が非常に小さい場合には，$\boxed{1-\alpha \fallingdotseq 1}$ となり，$\boxed{2}$ の式にこの近似を適用すると，

$$K_a = \frac{c\alpha^2}{1-\alpha} \fallingdotseq \frac{c\alpha^2}{1} = c\alpha^2$$

となります。よって，$\alpha^2 = \dfrac{K_a}{c}$，$\alpha > 0$ なので，

$$\alpha = \sqrt{\frac{K_a}{c}} \quad \longleftarrow \boxed{3}\text{ の答え}$$

となり，$[H^+] = c\alpha$ なので，$[H^+] = c \cdot \sqrt{\dfrac{K_a}{c}} = \sqrt{c^2 \cdot \dfrac{K_a}{c}} = \sqrt{cK_a}$　となります。

> **注　近似のしかた**
> 足し算や引き算をするときに大に対して小を無視することができます。
> 　　大＋小 $\fallingdotseq$ 大　　　　大－小 $\fallingdotseq$ 大
> ここでは α が非常に小さいため，$1-\alpha \fallingdotseq 1$　とできます。

水のイオン積は，

$$K_w = [H^+][OH^-] \quad \longleftarrow \boxed{4}\text{ の答え}$$

と表すことができ，25℃ での K_w の値は

$$K_w = 1.0 \times 10^{-14}\text{〔(mol/L)}^2\text{〕} \quad \longleftarrow \boxed{5}\text{ の答え}$$

です。

問 2　$K_a = 1.8 \times 10^{-5}$ mol/L，$c = 0.1$ mol/L なので，$\boxed{3}$ の式に代入すると，

$$\alpha = \sqrt{\frac{K_a}{c}} = \sqrt{\frac{1.8 \times 10^{-5}}{0.1}} = \sqrt{180 \times 10^{-6}} = \sqrt{180} \times 10^{-3} \fallingdotseq 13 \times 10^{-3} = 1.3 \times 10^{-2}$$

$\sqrt{180} = 13$ とあるので

問3 $c = 0.1\,\mathrm{mol/L}$, $\alpha = 1.3 \times 10^{-2}$ (問2の答え) より,

$$[\mathrm{H^+}] = c\alpha = 0.1 \times 1.3 \times 10^{-2} = 1.3 \times 10^{-3}\,(\mathrm{mol/L})$$

よって,

$$\mathrm{pH} = -\log_{10}[\mathrm{H^+}] = -\log_{10}(1.3 \times 10^{-3}) = 3 - \log_{10}1.3 = 3 - 0.1 = 2.9$$

$\log_{10}1.3 = 0.1$ とあるので

問4　塩酸は強酸なので, $0.1\,\mathrm{mol/L}$ 程度ならば, HCl は水中ですべて電離していると
してよいでしょう.

$$\mathrm{HCl} \longrightarrow \mathrm{H^+} + \mathrm{Cl^-}$$

よって, $[\mathrm{H^+}] = 0.1 = 10^{-1}\,(\mathrm{mol/L})$ であり,

$$\mathrm{pH} = -\log_{10}[\mathrm{H^+}] = -\log_{10}10^{-1} = 1.0$$

となります.

問5　$120\,°\mathrm{C}$ での水のイオン積 K_w は, $25\,°\mathrm{C}$ での K_w の値 $1.0 \times 10^{-14}\,(\mathrm{mol/L})^2$ の
100倍になったとあるので,

$$K_w = 1.0 \times 10^{-14} \times 100 = 1.0 \times 10^{-12}\,((\mathrm{mol/L})^2)$$

よって, 水の $[\mathrm{H^+}] = \sqrt{K_w} = 1.0 \times 10^{-6}\,(\mathrm{mol/L})$ となり,

$$\mathrm{pH} = -\log_{10}[\mathrm{H^+}] = -\log_{10}10^{-6} = 6.0$$

となります.

答

問1　1：$\dfrac{[\mathrm{CH_3COO^-}][\mathrm{H^+}]}{[\mathrm{CH_3COOH}]}$　　2：$\dfrac{c\alpha^2}{1-\alpha}$　　3：$\sqrt{\dfrac{K_a}{c}}$

　　　4：$[\mathrm{H^+}][\mathrm{OH^-}]$　　5：1.0×10^{-14}

問2　1.3×10^{-2}　　問3　2.9　　問4　1.0　　問5　6.0

次の文章を読み，下の問いに答えよ。

図1〜3は，中和滴定の際の溶液のpH変化を示している。また，図中の帯は，指示薬Aおよび指示薬Bの変色域を表している。中和点はpHが急激に変化する領域の中点であり，酸や塩基の組み合わせにより中和点の位置や使用できる指示薬が異なる。

図1のような滴定曲線が得られるのは　ア　滴定した場合であり，指示薬Aおよび指示薬Bとも変色域がpH急変の領域内にあるので，どちらの指示薬を使っても中和点の滴定量を測定できる。一方，図2は　イ　滴定した場合に得られるが，変色域がpH 3.1〜4.4の指示薬Bでは中和点をみつけることはできない。逆に，図3の場合には指示薬Aは適さない。

図3は，具体的にはアンモニア水を塩酸で滴定したときに得られる。中和点の滴定量の半分を滴下した付近（X点）では，未反応の　ウ　と中和で生成した　エ　のモル濃度はほぼ等しい。

図1　　　　図2　　　　図3

問1　文中の　ア　，　イ　について，次の①〜⑧から最も適当な答えを選び，その番号を答えよ。

①　強塩基を強酸で　　②　強酸を強塩基で　　③　弱塩基を強酸で
④　強酸を弱塩基で　　⑤　強塩基を弱酸で　　⑥　弱酸を強塩基で
⑦　弱塩基を弱酸で　　⑧　弱酸を弱塩基で

問2　文中の　ウ　，　エ　について，次の①〜⑤から最も適当な答えを選び，その番号を答えよ。

①　塩酸　　　　　　　②　水酸化ナトリウム　　③　アンモニア
④　塩化ナトリウム　　⑤　塩化アンモニウム

（立命館大）

中和反応を利用して濃度の不明な酸または塩基の濃度を定める操作を**中和滴定**といいます。

(指示薬の選び方と滴定曲線)

　塩基や酸の滴下量に対し，溶液の pH の変化のようすを示したものを**滴定曲線**といいます。中和点付近では pH が大きく変化するので，この大きく変化している pH の範囲内で色が変化するような化合物を**指示薬**として入れておくと，中和点までに必要だった塩基や酸の滴下量を知ることができます。

中和点直前・直後のわずかな NaOH aq の体積変化(0.02 mL 程度の変化)で pH が大きく変化(約 3→10)しています

⬇

メチルオレンジが変色するときとフェノールフタレインが変色するときの NaOH aq の体積は，ともに中和点の 10 mL とほとんどズレていないことがわかります

〈0.1 mol/L の HCl aq 10 mL に 0.1 mol/L の NaOH aq を滴下したときの滴定曲線〉

図 A

滴定曲線は，次の 4 つの形を覚えておきましょう。

$$\begin{pmatrix} 0.1 \text{ mol/L の酸 10 mL に 0.1 mol/L} \\ \text{の NaOH aq を滴下したとき} \end{pmatrix}$$

$$\begin{pmatrix} 0.1 \text{ mol/L の塩基 10 mL に 0.1 mol/L} \\ \text{の HCl aq を滴下したとき} \end{pmatrix}$$

図 B

中和点を知るのに使う試薬を指示薬といい，指示薬は変色する pH の範囲（変

色域) をもっています。そのため，指示薬は滴定の種類によって使い分けることになります。

指　示　薬	pH
	0　1　2　3　4　5　6　7　8　9　10 11 12 13 14
メチルオレンジ	赤　　　　黄
フェノールフタレイン	無　　　赤

　　　　　　　　　　　　　　　　　　　　　　　　　　　　　は変色域

図 C

前ページの**図B**からわかるように，

① 　@の「**強酸＋強塩基**」や©の「**強塩基＋強酸**」の滴定は中和点付近の pH が大きく変化している範囲が極めて広い（pH 3～11）ので，指示薬としてはフェノールフタレインとメチルオレンジのどちらを使ってもかまいません。

② 　しかし，@の「**弱塩基＋強酸**」ではメチルオレンジを，©の「**弱酸＋強塩基**」ではフェノールフタレインを使わなければいけません。

　　それは，@の滴定では中和点で生じる塩化アンモニウム NH_4Cl は酸性を示し pH が大きく変化している範囲が酸性側（pH 3～8）となり，©の滴定では中和点で生じる酢酸ナトリウム CH_3COONa は塩基性を示し，pH が大きく変化している範囲が塩基性側（pH 6～11）となるからです。

Point 64　指示薬の選び方

酸	塩基	中和点の液性	指示薬
強	強	中性	フェノールフタレイン，メチルオレンジ
強	弱	酸性	メチルオレンジ
弱	強	塩基性	フェノールフタレイン

問1　ア：図1は，グラフの形が pH の極めて低い所からはじまり極めて高い所にぬけていることと，中和点が pH=7 の中性であることから，「HCl + NaOH」のような「強酸に強塩基」を加えていく滴定だとわかります。

　　例えば 0.1 mol/L の希塩酸 HCl 10 mL に，0.1 mol/L の水酸化ナトリウム NaOH 水溶液を 9.99 mL 加えたとすると，HCl + NaOH ⟶ NaCl + H₂O　が起こり，少し HCl が残ります。このため，まだ水溶液は酸性です。このときの水溶液の pH を計算してみましょう。

$$[H^+] = \frac{0.1 \times \frac{10}{1000} - 0.1 \times \frac{9.99}{1000} \text{(mol)}}{\frac{10+9.99}{1000} \text{(L)}} \fallingdotseq \frac{1}{2} \times 10^{-4} \text{(mol/L)}$$

（上部の青字注釈）はじめの HCl〔mol〕　NaOH〔mol〕

（下部の青字注釈）水溶液の全体積

となり，$\log_{10} 2 = 0.3$ を使うと

$$pH = -\log_{10}[H^+] = -\log_{10}\left(\frac{1}{2} \times 10^{-4}\right) = 4 + \log_{10} 2 = 4.3$$

となります。メチルオレンジの変色域は pH＝3.1〜4.4 なのでこのあたりになります。

　つまり 99.9％ の HCl は中和されてしまっても，pH はまだ 4 くらいなのです。メチルオレンジを指示薬として利用しても問題ないことがわかりますね。

　また，0.1 mol/L の希塩酸 HCl 10 mL に 0.1 mol/L の水酸化ナトリウム NaOH 水溶液を 10.01 mL 加えたとします。上と同じように pH を計算すると，

$$[OH^-] = \frac{0.1 \times \frac{10.01}{1000} - 0.1 \times \frac{10}{1000} \text{(mol)}}{\frac{10.01+10}{1000} \text{(L)}} \fallingdotseq 5 \times 10^{-5} \text{(mol/L)}$$

　つまり，$[H^+] = 2 \times 10^{-10}$〔mol/L〕となり

$$pH = -\log_{10}[H^+] = -\log_{10}(2 \times 10^{-10}) = 10 - \log_{10} 2 = 9.7$$

となります。フェノールフタレインの変色域はこのあたりの pH です。

イ：図2はアと比べるとグラフの形が比較的 pH の高い所からはじまり，図1と同じように極めて高い所にぬけていることと，中和点の pH が7より大きな塩基性であることから，「CH₃COOH + NaOH」のような「弱酸に強塩基」を加えていく滴定だとわかります。

問2　図3はグラフの形が比較的 pH の低い所からはじまり，pH の極めて低い所にぬけていることと，中和点の pH が7より小さな酸性であることから，「NH₃ + HCl」のような「弱塩基に強酸」を加えていく滴定だとわかります。

　なお X 点は，NH₃ を NH₃ の 50％ の HCl で中和した点で，NH₃（ウ）：NH₄Cl（エ）＝1：1 になったところです。

　例えば，NH₃ 2 mol を NH₃ の 50％ の HCl 1 mol で中和したとすると，その量的関係は次のようになりますね。

	NH₃	+	HCl	⟶	NH₄Cl
反応前	2 mol		1 mol		
反応後	1 mol		0 mol		1 mol

→ NH₃：NH₄Cl＝1：1

答 　**問1　ア：②　　イ：⑥　　問2　ウ：③　　エ：⑤**

次の文章を読み，下の問いに答えよ。ただし，原子量は H＝1.0，C＝12.0，O＝16.0，Na＝23.0 とせよ。

食酢中の酢酸の濃度を求めるために，操作1 ～ 4の実験を行った。

操作1：シュウ酸標準液（A液）の調製

　　　　器具Xにシュウ酸二水和物（$H_2C_2O_4・2H_2O$）2.52 g を入れ，純水を加えて溶かし，全量 100 mL のシュウ酸標準液（A液）をつくった。

操作2：水酸化ナトリウム水溶液（B液）の調製

　　　　別の器具Xに水酸化ナトリウム約 0.5 g を入れ，純水を加えて溶かし，全量 100 mL の水酸化ナトリウム水溶液（B液）をつくった。

操作3：水酸化ナトリウム水溶液（B液）の中和滴定

　　　　器具Yを用いて，A液 10.0 mL をコニカルビーカーにとり，指示薬を数滴加えた。次に器具Zに入れたB液を少しずつ滴下したところ，中和点までに 40.0 mL 必要であった。

操作4：食酢中の酢酸の中和滴定

　　　　器具Yを用いて，食酢 10.0 mL をコニカルビーカーにとり，指示薬を数滴加えた。次に器具Zに入れたB液を少しずつ滴下したところ，中和点までに 25.0 mL 必要であった。

問1　器具 X，Y，Z として，正しい組み合わせは次の㋐～㋓のどれか。

	X	Y	Z
㋐	メスフラスコ	ビュレット	ホールピペット
㋑	ビュレット	ホールピペット	メスフラスコ
㋒	ホールピペット	メスフラスコ	ビュレット
㋓	メスフラスコ	ホールピペット	ビュレット

問2　操作3を行う前の器具Zの扱い方の記述で，正しいものは次の㋐～㋖のどれか。ただし，器具Zの内側は純水で洗浄し，ぬれた状態にある。

㋐　ぬれた状態のままで使用する。

㋑　A液で内側を洗浄後，ぬれた状態のまま使用する。

㋒　エタノールで内側を洗浄後，ぬれた状態のまま使用する。

㋓　薄めたB液で内側を洗浄後，ぬれた状態のまま使用する。

㋔　薄めたB液で内側を洗浄後，加熱乾燥して使用する。

㋕　B液で内側を洗浄後，加熱乾燥して使用する。

㋖　B液で内側を洗浄後，ぬれた状態のまま使用する。

問3　食酢中の酢酸の質量パーセント濃度として，最も近いものは次の㋐〜㋘のどれか。ただし，使用した食酢は市販のものを純水で薄めて調製した。その食酢の密度は $1.0\ \mathrm{g/cm^3}$ とし，食酢中に存在する酸は酢酸のみとする。

㋐　0.10　　㋑　0.20　　㋒　0.60　　㋓　1.0　　㋔　1.5　　㋕　3.0
㋖　6.0　　㋗　10　　　　　　　　　　　　　　　　　　　（星薬科大）

 精講　(中和滴定実験（食酢の濃度決定）)

　Step 1　**標準液の調製**

　正確な濃度のシュウ酸 $H_2C_2O_4$ の水溶液をつくります。$H_2C_2O_4 \cdot 2H_2O$ の結晶は空気中で安定で純度が高いので，この結晶を用いて $H_2C_2O_4$ 標準液を調製します。このときメスフラスコを利用します。

少量の純水を加える

$H_2C_2O_4 \cdot 2H_2O$

よく混ぜて溶かす

メスフラスコに移す
ビーカーなどに付着している水溶液は少量の純水で洗って入れる

標線

100mL

純水

100mL
標線まで純水を加える

100mL
よく振って均一にする

100mL
$H_2C_2O_4$ 標準液のできあがり

　Step 2　**水酸化ナトリウム水溶液の調製**

　Step 1 と同様に NaOH の水溶液の濃度を調製します。NaOH は反応性が高く空気中の H_2O や CO_2 を吸収するため，純度が 100% という保障がありません。そこで濃度を調製しても正確な値はわからないので， Step 1 の標準液を用いて滴定で決めます。

　Step 3　**中和滴定**

　中和滴定は次ページの図のように行います。

$H_2C_2O_4 + 2NaOH \longrightarrow Na_2C_2O_4 + 2H_2O$
の終点を知るために指示薬としてフェノール
フタレインを加える。「弱酸 + 強塩基」の
組み合わせなのでメチルオレンジは使えない

水酸化ナトリ
ウム水溶液
ビュレット

ホールピペット

$H_2C_2O_4$ 標準液

シュウ酸標準液をホール
ピペットで一定体積とる

正確に溶液の体積を分取する
にはホールピペットを利用する

フェノールフタレイン溶液

指示薬を1～2滴
加える

ろ紙

濃度のわからない水酸化ナトリウム
水溶液をビュレットの先端まで
満たしたのち,滴下をはじめる

水酸化ナトリ
ウム水溶液

加えた水酸化ナトリウム
水溶液の体積

指示薬の色が変色するまで,
ビュレットの中に入れた
NaOH水溶液を加えていき,
加えた溶液の体積をはかる

無色　　淡赤色

　食酢の滴定

Step 3 の実験でNaOH水溶液の濃度は計算で求められます。同じNaOH水溶
液を用いて,今度は$H_2C_2O_4$ではなく食酢中のCH_3COOHの量を滴定で求めます。

Point 65　**食酢の濃度決定**

　　CH_3COOH(食酢)の濃度は,NaOHの濃度が不明なので次の手順
で中和滴定を行う。
　手順1　$H_2C_2O_4$とNaOHの中和滴定を行い,NaOHの濃度を求める
　手順2　NaOHとCH_3COOHの中和滴定を行い,CH_3COOHの濃度
　　を求める

問1　濃度調製用のXはメスフラスコ,体積分取用のYはホールピペット,滴下量測
　　定用のZはビュレットです。よって,㋓です。

問2　①濃度調製用のメスフラスコや反応容器であるコニカルビーカーや三角フラス
　　コは,洗剤で洗い水道水でよくすすぎ蒸留水で数回すすぎます。これらはこのま
　　ま使用してかまいません。中に入る溶質の物質量〔mol〕は水でぬれていても変化
　　しないからです。

② 中に入れる溶液の濃度が変わると困るホールピペットやビュレットは①と同じ操作を行った後，中に入れる溶液で数回，共洗いしてから使用します。

③ なお，メスフラスコ，ホールピペット，ビュレットのような体積測定用の精密ガラス器具はコニカルビーカーや三角フラスコと異なり，加熱乾燥してはいけません。ガラスが熱膨張し，目盛りが不正確になるからです。乾燥させたいときは自然乾燥させましょう。

　　Z はビュレットなので，中に入れる B 液で共洗いしましょう。よって，㋖です。

問3　まず A 液の $H_2C_2O_4$ の濃度を求めます（**操作1**）。$H_2C_2O_4 \cdot 2H_2O$ の式量は 126 となり，$H_2C_2O_4 \cdot 2H_2O$ 1 mol は 126 g となります。また $H_2C_2O_4 \cdot 2H_2O$ 1 mol には $H_2C_2O_4$ が 1 mol 含まれています。溶液全体の体積は 100 mL なので，

$$[H_2C_2O_4] = \underbrace{\frac{2.52\ [g]}{126\ [g/mol]}}_{H_2C_2O_4 \cdot 2H_2O\ [mol]\, \doteqdot\, H_2C_2O_4\ [mol]} \div \frac{100}{1000}\ [L] = 0.20\ [mol/L] \quad \leftarrow \text{溶質 [mol] ÷ 溶液 [L]} \atop \text{より}$$

次に B 液の NaOH の濃度を求めましょう（**操作3**）。

$$H_2C_2O_4 + 2NaOH \longrightarrow Na_2C_2O_4 + 2H_2O$$

より，$H_2C_2O_4$ 1 mol と NaOH 2 mol がちょうど反応します。NaOH の濃度を x [mol/L] とすると，

$$\underbrace{\frac{0.20\ [mol]}{1\ [L]} \times \frac{10.0}{1000}\ [L]}_{\text{使用した } H_2C_2O_4\ [mol]} \times 2 = \underbrace{\frac{x\ [mol]}{1\ [L]} \times \frac{40.0}{1000}\ [L]}_{\text{滴定に必要な NaOH [mol]}}$$

滴定に必要な NaOH [mol]

よって，$x = 0.10$ [mol/L]

最後に食酢の濃度を求めましょう（**操作4**）。まず食酢中の酢酸の濃度を c [mol/L] とすると，

$$CH_3COOH + NaOH \longrightarrow CH_3COONa + H_2O$$

のように CH_3COOH 1 mol を中和するには NaOH が 1 mol 必要なので，

$$\underbrace{\frac{c\ [mol]}{1\ [L]} \times \frac{10.0}{1000}\ [L]}_{\text{使用した } CH_3COOH\ [mol]} = \underbrace{\frac{0.10\ [mol]}{1\ [L]} \times \frac{25.0}{1000}\ [L]}_{\text{滴定に必要な NaOH [mol]}}$$

よって，$c = 0.25$ [mol/L]

次に，モル濃度を質量パーセント濃度に直します。溶液 1 L $= 10^3$ mL $= 10^3$ cm³ 中に 0.25 mol の CH_3COOH が含まれています。CH_3COOH の分子量は 60 なので，そのモル質量は 60 g/mol であり，食酢の密度が 1.0 g/cm³ より，

$$\frac{\overset{CH_3COOH}{\longrightarrow} 0.25\ [mol] \times 60\ [g/mol]}{\underset{全体}{\longrightarrow} 10^3\ [cm^3] \times 1.0\ [g/cm^3]} \times 100 = 1.5\ [\%]$$

よって，解答は㋔です。

答　**問1** ㋓　**問2** ㋖　**問3** ㋔

14　比熱・溶解熱・中和熱　　　　　　　　化学基礎　化学

次の**実験A，B**に関する下の問いに答えよ。ただし，原子量は，H＝1.0，O＝16，Na＝23 とする。

実験A　固体の水酸化ナトリウム 0.200 g を 0.1 mol/L の塩酸 100 mL に溶かしたところ，505 J の発熱があった。

実験B　固体の水酸化ナトリウム 0.200 g を水 100 mL に溶かしたところ，225 J の発熱があった。

問1　**実験A**で発生した熱が溶液の温度上昇のみに使われたとすると，溶液の温度は何 °C 上昇するか。最も適当な数値を，次の①〜⑤のうちから1つ選べ。ただし，実験の前後でこの溶液の体積は変化しないものとする。また，溶液 1 mL の温度を 1°C 上昇させるのに必要な熱量は 4.18 J とする。

①　0.1　　②　0.8　　③　1.2　　④　8.3　　⑤　12.1

問2　**実験A，B**の結果から求められる，次の熱化学方程式の Q の値として最も適当な数値を，下の①〜⑥のうちから1つ選べ。

HClaq ＋ NaOHaq＝NaClaq ＋ H$_2$O ＋ Q〔kJ〕

①　－146　　②　－56　　③　－28　　④　28　　⑤　56　　⑥　146

（センター試験）

精 講　（比熱）
　　　　　　比熱とは，**物質 1 g の温度を 1 °C 上げるのに必要な熱量**のことで，単位にはふつう J/(g·K) または J/(g·°C) を使います。比熱の計算問題を解くときには，次の2点に注意してください。

❶　**g はどの物質 1 g あたりなのかをチェックします。**

　（例）　比熱が C〔J/(g·K)〕と与えられた場合

　　　　　　→水の比熱と与えられれば，水 1 g あたりを表している
　　　　　　→水溶液の比熱と与えられれば，水溶液 1 g あたりを表している

❷　**数字や言葉を加えて書き直し，単位に注目しながら計算します。**

　（例）　水の比熱が 4.2〔J/(g·K)〕と与えられれば，

$$\frac{4.2\,J\,\text{が必要}}{1\,g\,\text{の水を}\cdot 1°C\,(K)\,\text{上げるのに}} \quad \text{または} \quad \frac{4.2\,J\,\text{が発生}}{1\,g\,\text{の水が}\cdot 1°C\,(K)\,\text{上がると}}$$

と書き直し，質量 m〔g〕の水を温度 Δt〔°C〕上昇させるために必要な熱量を Q〔J〕とすると，Q は，

$$Q \, [\text{J}] = \underbrace{\frac{4.2 \, \text{J が必要}}{1 \, \text{g の水を・} 1 \, ^\circ\text{C 上げるのに}}}_{} \times m \, \text{g の水を} \times \varDelta t \, ^\circ\text{C 上げる} = 4.2 \times m \times \varDelta t$$

（上部注釈）°C どうしを消去する
（下部注釈）水の g どうしを消去する

と求めることができます。

Point 66 比熱を利用した計算問題

単位に注目しながら計算する。

解 説

問1 **実験A**の操作は次のように表せます。

0.1 mol/L HCl aq ／ 100 mL ／ NaOH(固)0.200 g を溶かす ／ 505 J の発熱 ／ 100 mL のまま体積は変化しないとする ／ 溶解熱と中和熱の和に相当する熱量が発生する

本問では溶液 1 mL あたりの熱量が与えられている点に注意し，数字や言葉を加えて書き直すと次のようになります。

$$\frac{4.18 \, \text{J が発生}}{1 \, \text{mL の溶液が・} 1 \, ^\circ\text{C 上昇すると}}$$

固体の水酸化ナトリウム NaOH を溶かした後も溶液の体積は 100 mL のままで変化せず，溶液の温度が $\varDelta t \, [^\circ\text{C}]$ 上昇することで 505 J の発熱があったので次の式が成り立ちます。

$$\frac{4.18 \, \text{J が発生}}{1 \, \text{mL の溶液が・} 1 \, ^\circ\text{C 上昇すると}} \times 100 \, \text{mL の溶液が} \times \varDelta t \, ^\circ\text{C 上昇すると} = 505 \, \text{J が発生}$$

よって，$\varDelta t \fallingdotseq 1.2 \, [^\circ\text{C}]$

したがって，溶液の温度は 1.2℃ 上昇するとわかります。

問2 与えられている熱化学方程式をみると，中和熱（➡p.114）を求めればよいことに気づきます。求める中和熱 Q は，$Q \, [\text{kJ/mol}]$ と書くことができます。**実験A**では中和熱だけでなく溶解熱（➡p.114）も発生していて，**実験B**では溶解熱だけが発生しています。**実験B**から NaOH(固) の溶解熱（$x \, [\text{kJ/mol}]$ とおきます）を求めてみましょう。**実験B**の操作は次のように表せます。

水 ／ 100 mL ／ NaOH(固)0.200 g を溶かす ／ 225 J の発熱 ／ 溶解熱に相当する熱量が発生する

NaOH のモル質量 40 g/mol より，次の式が成り立ちます。

$$\underbrace{\frac{x \text{〔kJ〕}}{\text{NaOH〔1 mol あたり〕}} \times \frac{0.200}{40} \text{〔mol〕}}_{\text{NaOH 0.200 g を水に溶かして発生した熱量〔kJ〕}} = 225 \text{〔J〕} \times \underbrace{\frac{1 \text{〔kJ〕}}{10^3 \text{〔J〕}}}_{\text{発生〔kJ〕}}$$

よって，$x = 45$〔kJ/mol〕　←溶解熱が求められた

実験Aでは，NaOH $\dfrac{0.200}{40} = \boxed{0.005 \text{ mol}}$ と HCl $\dfrac{0.1 \text{ mol}}{1 \text{ L}} \times \dfrac{100}{1000}$ L $= 0.01 \text{ mol}$ が反応しています。反応前後の物質量 (mol) 関係は，

$$1\,\text{HCl} \quad + \quad 1\,\text{NaOH} \quad \longrightarrow \quad \text{NaCl} \quad + \quad H_2O$$

反応前	0.01 mol	0.005 mol		
反応後	0.005 mol	0	0.005 mol	$\boxed{0.005 \text{ mol}}$

となり，**実験A**では溶解熱と中和熱の和に相当する熱量が発生します。

実験Bから求めた!!

$$\underbrace{\frac{45 \text{〔kJ 発生〕}}{\text{NaOH〔1 mol あたり〕}} \times \boxed{0.005} \text{〔mol〕}}_{\text{NaOH 0.200 g を水に溶かして発生}} + \underbrace{\frac{Q \text{〔kJ〕}}{H_2O\text{〔1 mol あたり〕}} \times \boxed{0.005} \text{〔mol〕}}_{\text{中和により発生}}$$

$$\underbrace{= 505 \text{〔J〕} \times \frac{1 \text{〔kJ〕}}{10^3 \text{〔J〕}}}_{\text{実験Aで発生}}$$

よって，$Q = 56$〔kJ/mol〕　となります。←中和熱が求められる

〈**別解**〉　気づけば…ですが，**実験A**と**実験B**の差 $505 - 225 = 280$ J が中和により発生した熱量に相当します。よって，

$$\frac{Q \text{〔kJ〕}}{H_2O\text{〔1 mol あたり〕}} \times \boxed{0.005} \text{〔mol〕} = 280 \text{〔J〕} \times \frac{1 \text{〔kJ〕}}{10^3 \text{〔J〕}}$$

よって，$Q = 56$〔kJ/mol〕

 答　**問1**　③　**問2**　⑤

実戦
基礎問

15 炭酸ナトリウムの滴定

次の文章を読み，下の問いに答えよ。

炭酸ナトリウムと水酸化ナトリウムを含む 1 L の水溶液について，次の操作 1，2 を行った。

操作 1：この水溶液 v [mL] をビーカーにとり，指示薬としてフェノールフタレインを加えた。濃度 c [mol/L] の塩酸で滴定したところ $4v$ [mL] を滴下したところで変色した。

操作 2：さらに指示薬としてメチルオレンジを加え，濃度 c [mol/L] の塩酸で滴定を続けたところ v [mL] を加えたところで変色した。

問 1　操作 1 と操作 2 で起こる反応を化学反応式で書け。ただし，操作 1 については 2 つの化学反応式を書け。

問 2　1 L の水溶液中に含まれていた炭酸ナトリウムと水酸化ナトリウムの質量 [g] を表す式をそれぞれ書け。ただし，炭酸ナトリウムと水酸化ナトリウムの式量はそれぞれ M_1，M_2 とせよ。

(早稲田大)

精 講　　〔 Na_2CO_3 aq の二段滴定 〕

CO_3^{2-} は弱酸の陰イオンであり，H^+ を受けとる能力があります。塩酸 HCl のような強酸を加えていくと，

$$\begin{cases} CO_3^{2-} + H^+ \longrightarrow HCO_3^- & \cdots① \quad \text{←} CO_3^{2-} \text{が} H^+ \text{を受けとる} \\ HCO_3^- + H^+ \longrightarrow (H_2CO_3) \longrightarrow CO_2 + H_2O & \cdots② \quad \text{←①で生成した} HCO_3^- \text{がさらに} H^+ \text{を受けとる} \end{cases}$$

のように 2 段階で反応が進みます。

このとき①が事実上終了してから②がはじまり，①の終点はフェノールフタレインの変色域（pH 8.0〜9.8）に，②の終点はメチルオレンジの変色域（pH 3.1〜4.4）に入り，次ページの**図 1** のような滴定曲線となります。

〔 $NaOH$ aq ＋ Na_2CO_3 aq の滴定 〕

Na_2CO_3 に NaOH が混ざっている溶液に，塩酸 HCl を加えていく場合を考えます。

$$NaOH + HCl \longrightarrow NaCl + H_2O$$

の反応は，**必修基礎問 34** でやったようにフェノールフタレインの変色域では事実上終了していました。したがって，Na_2CO_3 に NaOH が混ざっていると，フェノールフタレインの変色までに，

$$\begin{cases} OH^- + H^+ \longrightarrow H_2O \qquad \cdots ③ \\ CO_3^{2-} + H^+ \longrightarrow HCO_3^- \quad \cdots ① \end{cases}$$

が終了し，フェノールフタレインの変色からメチルオレンジの変色までは，

$$HCO_3^- + H^+ \longrightarrow CO_2 + H_2O \quad \cdots ②$$

のみが起こっていると考えられます。この場合の滴定曲線は次の**図2**のように
なります。

図1 Na_2CO_3 aq の二段滴定   **図2** NaOH aq + Na_2CO_3 aq の滴定

Point 67 NaOH + Na_2CO_3 の滴定

問1 操作1のフェノールフタレインの変色までに起こるのは，

$$\begin{cases} OH^- + H^+ \longrightarrow H_2O \qquad \cdots (1) \\ CO_3^{2-} + H^+ \longrightarrow HCO_3^- \quad \cdots (2) \end{cases}$$

です（➡p.151）。

　化学反応式にするためには，両辺に反応と関係のないイオンのペアを加えて，電
離前の形にもどします。

(1) $\overset{Na^+}{OH^-} + \overset{Cl^-}{H^+} \longrightarrow \overset{Na^+\ Cl^-}{H_2O}$

↓電離前の形にもどす

$NaOH + HCl \longrightarrow H_2O + NaCl$

(2) $\overset{2Na^+}{CO_3{}^{2-}} + \overset{Cl^-}{H^+} \longrightarrow \overset{Na^+}{HCO_3{}^-}$ (with $\overset{Na^+\ Cl^-}{}$)

↓電離前の形にもどす

$Na_2CO_3 + HCl \longrightarrow NaHCO_3 + NaCl$

操作2のフェノールフタレインの変色からメチルオレンジの変色までに起こるのは，

$$HCO_3{}^- + H^+ \longrightarrow CO_2 + H_2O \quad \cdots(3)$$

です。**操作1**と同様に化学反応式にすると，

(3) $\overset{Na^+}{HCO_3{}^-} + \overset{Cl^-}{H^+} \longrightarrow \overset{Na^+\ Cl^-}{CO_2 + H_2O}$

↓電離前の形にもどす

$NaHCO_3 + HCl \longrightarrow CO_2 + H_2O + NaCl$

問2 v 〔mL〕中に Na_2CO_3 が a 〔mol〕，$NaOH$ が b 〔mol〕あるとします。フェノールフタレインの変色までには，

$$NaOH + HCl \longrightarrow NaCl + H_2O \quad \cdots(1)$$
変化量 $-b\,mol \quad -b\,mol \quad +b\,mol \quad +b\,mol$

$$Na_2CO_3 + HCl \longrightarrow NaHCO_3 + NaCl \quad \cdots(2)$$
変化量 $-a\,mol \quad -a\,mol \quad +a\,mol \quad +a\,mol$

と変化するため，HClは合計 $a+b$ 〔mol〕必要です。

よって，

$$a+b = \frac{c\,〔mol〕}{1\,〔L〕} \times \frac{4v}{1000}\,〔L〕 \quad \cdots①$$

また，フェノールフタレインの変色からメチルオレンジの変色までには，

$$NaHCO_3 + HCl \longrightarrow CO_2 + H_2O + NaCl \quad \cdots(3)$$
変化量 $-a\,mol \quad -a\,mol \quad +a\,mol \quad +a\,mol \quad +a\,mol$

(2)の反応で生成した a 〔mol〕の $NaHCO_3$ が(3)の反応で滴定される

と変化するので，HClはあと a 〔mol〕必要です。

よって，$a = \dfrac{c\,〔mol〕}{1\,〔L〕} \times \dfrac{v}{1000}\,〔L〕 \quad \cdots②$

①式，②式より，

$$a = \boxed{c \times \dfrac{v}{1000}} \ \text{〔mol〕}, \quad b = \boxed{c \times \dfrac{3v}{1000}} \ \text{〔mol〕}$$

と求められます。

次に，これを水溶液 1 L あたりに含まれていた質量〔g〕に直します。ここで，a と b は v〔mL〕に含まれる量なので，1 L＝1000 mL あたりに含まれていた量を求めるために $\dfrac{1000}{v}$ 倍することを忘れないようにしてください。

代入する

$$\begin{cases} \text{水溶液 1 L あたりの } Na_2CO_3 \text{ の質量〔g〕} = a \times M_1 \ \left| \times \dfrac{1000}{v} \right| = cM_1 \\[2mm] \text{水溶液 1 L あたりの } NaOH \text{ の質量〔g〕} = b \times M_2 \ \times \dfrac{1000}{v} = 3cM_2 \end{cases}$$

代入する

水溶液 v mL あたり
の質量〔g〕

水溶液 1 L あたり
の質量〔g〕

答

問 1　**操作 1**：$NaOH + HCl \longrightarrow NaCl + H_2O$

　　　　　　　　　$Na_2CO_3 + HCl \longrightarrow NaHCO_3 + NaCl$

　　　　操作 2：$NaHCO_3 + HCl \longrightarrow NaCl + CO_2 + H_2O$

問 2　炭酸ナトリウム：cM_1〔g〕　　水酸化ナトリウム：$3cM_2$〔g〕

実戦 基礎問

16 緩衝液 ◁化学

pH を一定に保つ緩衝液は，酢酸と酢酸ナトリウム水溶液からつくること
ができる。濃度 0.40 mol/L の酢酸水溶液 100 mL と 0.40 mol/L の酢酸ナ
トリウム水溶液 100 mL を混合して緩衝液 200 mL を調製した。以下，この
緩衝液を緩衝液Ａと記す。$\log_{10} 3 = 0.48$ とする。

問 1 緩衝液Ａ中では，①酢酸は一部が電離して平衡状態となり，②酢酸ナ
トリウムは完全に電離している。①，②を表す電離の式を書け。

問 2 緩衝液ＡのpHを有効数字 2 桁で求めよ。ただし，酢酸はわずかに電
離し，酢酸の電離定数 K_a は，2.7×10^{-5} mol/L である。

問 3 200 mL の緩衝液Ａに 0.10 mol/L の塩酸を 10 mL 加えたところ，pH
は変わらなかった。どのような反応でこの緩衝作用が得られるのか，イオ
ン反応式で書け。

問 4 200 mL の緩衝液Ａに水を 20 mL 加えたとき，pH の値はどうなるか。
⑦大きくなる，④小さくなる，⑦変わらない，の 3 つのうちから適当なも
のを選べ。また，その理由についても 40 字以内で答えよ。 （関西学院大）

精 講 （緩衝作用）

強酸 (H^+) や強塩基 (OH^-) が少量加えられても pH の値をほ
ぼ一定に保つはたらきを**緩衝作用**，緩衝作用のある水溶液を**緩衝液**といいます。
緩衝液の例としては，

①弱酸とその塩 ((**例**) CH_3COOH と CH_3COONa) の混合水溶液や

②弱塩基とその塩 ((**例**) NH_3 と NH_4Cl) の混合水溶液

があります。これらの緩衝液に少量の強酸 (H^+) や強塩基 (OH^-) を加えると，
次のように反応します。

①の緩衝液の場合

$CH_3COO^- + H^+ \longrightarrow CH_3COOH$ ←加えた H^+ がなくなる！

$CH_3COOH + OH^- \longrightarrow CH_3COO^- + H_2O$ ←加えた OH^- がなくなる！

②の緩衝液の場合

$NH_3 + H^+ \longrightarrow NH_4^+$ ←加えた H^+ がなくなる！

$NH_4^+ + OH^- \longrightarrow NH_3 + H_2O$ ←加えた OH^- がなくなる！

このように緩衝液に強酸や強塩基を少量加えても，$[H^+]$ や $[OH^-]$ はほとんど
変化しないので，pH もほとんど変化しません。

緩衝液の $[H^+]$

CH₃COOH が A 〔mol/L〕，CH₃COONa が B 〔mol/L〕の濃度で溶けている混合水溶液（緩衝液）の $[H^+]$ を求めてみます。

この混合水溶液では，CH₃COONa は完全に CH₃COO⁻ と Na⁺ に電離しています。また，CH₃COOH は弱酸ですからもともとの電離度が小さく，CH₃COONa から CH₃COO⁻ が多量に生じていることにより，さらに電離を抑制され，ほとんどが電離できず CH₃COOH として残っています。

$$CH_3COONa \longrightarrow CH_3COO^- + Na^+$$ ←完全に電離している

（電離前）　　　$B\,\mathrm{mol/L}$
（電離後）　　　0　　　　　　$B\,\mathrm{mol/L}$　　　$B\,\mathrm{mol/L}$

$$CH_3COOH \rightleftharpoons CH_3COO^- + H^+$$ ←電離が抑制されている
$\left(\begin{array}{l}\text{抑制された状態の}\\\text{電離度を}\alpha\text{とする}\end{array}\right)$

（電離前）　　　　　$A\,\mathrm{mol/L}$
（電離平衡時）　$A(1-\alpha)\,\mathrm{mol/L}$　　$A\alpha\,\mathrm{mol/L}$　$A\alpha\,\mathrm{mol/L}$

よって，この混合水溶液中の CH₃COOH と CH₃COO⁻ のモル濃度は，次のように近似できます。

$$[CH_3COOH] = A(1-\alpha) \fallingdotseq A \,\text{〔mol/L〕}$$
$$[CH_3COO^-] = B + A\alpha \fallingdotseq B \,\text{〔mol/L〕}$$
←酢酸の電離は抑制されているため，α は非常に小さな値になり，$1-\alpha \fallingdotseq 1$ や $B+A\alpha \fallingdotseq B$ と近似できる

また，**水溶液の中に CH₃COOH と CH₃COO⁻ が少しでも存在すれば酢酸の電離定数 K_a が成り立つ**ので，K_a は緩衝液中でも成り立ちます。

$$K_a = \frac{[CH_3COO^-][H^+]}{[CH_3COOH]} \xrightarrow{\text{式を変形します}} [H^+] = \frac{[CH_3COOH]}{[CH_3COO^-]} \times K_a$$

これに，$[CH_3COOH] \fallingdotseq A$ 〔mol/L〕，$[CH_3COO^-] \fallingdotseq B$ 〔mol/L〕 を代入します。

$$[H^+] = \boxed{\frac{A}{B}} \times K_a \quad \cdots ①$$
mol/L の比となる

また，混合水溶液の体積を V 〔L〕とすると，

$$[H^+] = \frac{A}{B} \times K_a = \boxed{\frac{A \times V}{B \times V}} \times K_a \quad \cdots ①'$$
←$\dfrac{A}{B} = \dfrac{A \times V}{B \times V}$ とできる
mol の比となる

と直すこともできますね。

つまり，緩衝液の $[H^+]$ は，CH₃COOH と CH₃COONa の mol/L 比や mol 比を K_a に代入するだけで求められます。

Point 68　緩衝液の $[H^+]$

緩衝液（CH_3COOH が A 〔mol/L〕，CH_3COONa が B 〔mol/L〕）の $[H^+]$ は，

$$K_a = \frac{[CH_3COO^-][H^+]}{[CH_3COOH]} = \frac{B[H^+]}{A} \quad より，\quad [H^+] = \frac{A}{B} \times K_a$$

同体積ずつ混合

2種類の水溶液（どちらも密度がほぼ $1.0\,g/cm^3$）を同体積ずつ混合します。このときの混合後の濃度を求めてみます。

例えば，x〔mol/L〕のグルコース水溶液 100 mL と y〔mol/L〕のスクロース水溶液 100 mL とを混合したとき，混合した後（うすまった後）のグルコース水溶液やスクロース水溶液はそれぞれ何 mol/L になるか考えてみましょう。

（例）

混合した後のグルコース水溶液のモル濃度は，水溶液中のグルコースの物質量 $x \times \frac{100}{1000}$〔mol〕を混合後の水溶液の体積 $\frac{200}{1000}$〔L〕で割ることで，

$$x \times \frac{100}{1000}\,〔mol〕 \div \frac{200}{1000}\,〔L〕 = x \times \frac{1}{2}\,〔mol/L〕$$

と求めることができますが，できれば次のように（直感的に）求められるようにしましょう。

「2種類の水溶液を同体積ずつ混合すると，体積が2倍になるから濃度は $\frac{1}{2}$ 倍になる」

ので，混合した後の

グルコース水溶液は $x \times \frac{1}{2}$〔mol/L〕，スクロース水溶液は $y \times \frac{1}{2}$〔mol/L〕となります。

問1　酢酸と酢酸ナトリウムの混合水溶液は緩衝液であり，緩衝液中では酢酸は一部（①），酢酸ナトリウムは完全に（②）電離していました。

① $CH_3COOH \rightleftharpoons CH_3COO^- + H^+$　←可逆（$\rightleftharpoons$）で書く

② $CH_3COONa \longrightarrow CH_3COO^- + Na^+$　←不可逆（$\longrightarrow$）で書く

問2　酢酸水溶液と酢酸ナトリウム水溶液を同体積（100 mL）ずつ混合しているので，混合後のそれぞれのモル濃度は $\dfrac{1}{2}$ 倍になります。

$$[CH_3COOH] \fallingdotseq 0.40 \times \frac{1}{2} = 0.20 \,[mol/L] \qquad [CH_3COO^-] \fallingdotseq 0.40 \times \frac{1}{2} = 0.20 \,[mol/L]$$

CH₃COONa は完全に電離しているので，
[CH₃COONa]＝[CH₃COO⁻] となる

これらの値を K_a に代入し，緩衝液の $[H^+]$ を求めることができます。

$$K_a = \frac{[CH_3COO^-][H^+]}{[CH_3COOH]} \quad より，\quad K_a = \frac{0.20\,[H^+]}{0.20} \quad となり，$$

$$[H^+] = K_a = 2.7 \times 10^{-5} \,[mol/L]$$

ここで，$2.7 \times 10^{-5} = 27 \times 10^{-6} = 3^3 \times 10^{-6}$ になることから，

$$pH = -\log_{10}[H^+] = -\log_{10}(3^3 \times 10^{-6}) = 6 - 3\log_{10}3 = 6 - 3 \times 0.48 \fallingdotseq 4.6$$

別解　CH_3COOH と CH_3COO^- のモル比を求めると，

$$CH_3COOH : CH_3COO^- = 0.40 \times \frac{100}{1000} : 0.40 \times \frac{100}{1000} = 1 : 1$$

なので，$[H^+]$ は $K_a = \dfrac{[CH_3COO^-][H^+]}{[CH_3COOH]}$ より，$[H^+] = K_a = 2.7 \times 10^{-5} \,[mol/L]$

mol 比が 1:1 なので，約分できます

と求めることもできます。

問3　HClを少量加えたので，

$$CH_3COO^- + H^+ \longrightarrow CH_3COOH$$

の反応が起こり，緩衝作用が得られます。

問4　水を加えても CH_3COOH と CH_3COONa は同じ割合でうすまるので，モル濃度の比は変化せず，$[H^+]$ や pH の値は変化しません。

別解　水を加えても CH_3COOH と CH_3COO^- のモル比は変わらないことから，$[H^+]$ や pH の値が変化しないと考えることもできます。

 問1　① $CH_3COOH \rightleftharpoons CH_3COO^- + H^+$

　　　② $CH_3COONa \longrightarrow CH_3COO^- + Na^+$

問2　4.6　　問3　$CH_3COO^- + H^+ \longrightarrow CH_3COOH$

問4　⑦　理由：（解答例1）　水を加えても，酢酸と酢酸ナトリウムは同じ割合でうすまるので pH の値は変わらない。（40字）

（解答例2）　水を加えても，酢酸と酢酸ナトリウムの物質量の比は変化せず pH の値は変わらない。（39字）

必修 基礎問

9. 酸化還元反応

35　イオン化傾向

金属のイオン化列を以下に示す。これを参考にして，下の問いに答えよ。

K＞Ca＞Na＞Mg＞Al＞Zn＞Fe＞Ni＞Sn＞Pb＞Cu＞Hg＞Ag＞Pt＞Au

問1　常温で水と激しく反応する金属の中から1つを選び，その反応を化学反応式で示せ。

問2　希塩酸には溶けるが濃硝酸には溶けない金属の中から1つを選び，その元素記号を記せ。また，その金属が濃硝酸に溶けない理由を30字以内で述べよ。

問3　銅線を0.1 mol/Lの硝酸銀水溶液に浸し，その外見上の変化を観察した。

（ⅰ）　①銅線表面の変化および②溶液の色の変化を，それぞれ10字以内で述べよ。

（ⅱ）　この反応をイオン反応式で示せ。

(群馬大)

精講　金属の単体のイオン化傾向とイオン化列

金属の単体（Mとする）が水中で陽イオンになろうとする尺度を金属の**イオン化傾向**といい，イオン化傾向の大きな順に並べたものを**イオン化列**といいます。

$$M \xrightarrow{\text{水中}} M^{n+}aq + ne^-$$　←右にいきやすいMはイオン化傾向が大きい

イオン化傾向の大きな金属Mは陽イオンになりやすい，いいかえると他に電子を与えやすい金属です。また**イオン化傾向の小さな金属M**は陽イオンになりにくく，いいかえると**単体にもどりやすい**金属といえます。

次に反応性をまとめておきます。

イオン化列	Li	K	Ba	Ca	Na	Mg	Al	Zn	Fe	Ni	Sn	Pb	(H₂)	Cu	Hg	Ag	Pt	Au
イオン化傾向	大 ←																	小
空気中の酸素との反応	常温ですみやかに				高温ですみやかに													
水との反応	常温で(H₂発生)				高温水蒸気で(注1)(H₂発生)													
酸との反応	薄い酸に溶解(注2)(H₂発生)												酸化力のあるHNO₃(濃, 希)や熱濃H₂SO₄に溶解(注3)				王水なら溶解	

（注1） Mg は熱水とも反応できます。

$$Mg + 2H_2O_{(熱水)} \longrightarrow Mg(OH)_2 + H_2$$

（注2） Pb は塩酸 HCl，希硫酸 H_2SO_4 にほとんど溶けません。

Pb が，水素 H_2 よりもイオン化傾向が大きいのに希塩酸 HCl や希硫酸 H_2SO_4 にほとんど溶けないのは，金属表面に生成する塩が水に難溶であり，これが Pb の表面を
<u>$PbCl_2$ や $PbSO_4$</u>
覆い反応が止まるからです。

（注3） Fe，Ni，Al などは，濃硝酸 HNO_3 にほとんど溶けません。

Fe，Ni，Al などが濃硝酸 HNO_3 に対してほとんど溶けないのは，表面にち密な酸化物による膜ができて，内部の金属を保護するからです。このような**酸化被膜が形成されると，反応しにくくなります。**この状態を<u>不動態</u>といいます。

（例）

① イオン化傾向が Cu から Ag までの金属は，イオン化傾向が水素 H_2 よりも小さいので薄い酸の H^+ とは反応しませんが，<u>電子を奪う力の強い酸である</u>
酸化力
濃硝酸 HNO_3，希硝酸 HNO_3，熱濃硫酸 H_2SO_4 に対しては反応します。
加熱した濃硫酸

（このとき，発生する気体は水素 H_2 ではなく，濃 HNO_3 なら NO_2，希 HNO_3 なら NO，熱濃 H_2SO_4 なら SO_2 になります。）←濃からは 2，希からは 1 と覚えよう

$$Cu + 2H_2SO_4 \text{（熱濃）} \longrightarrow CuSO_4 + SO_2 \uparrow + 2H_2O$$
$$Cu + 4HNO_3 \text{（濃）} \longrightarrow Cu(NO_3)_2 + 2NO_2 \uparrow + 2H_2O$$
$$3Cu + 8HNO_3 \text{（希）} \longrightarrow 3Cu(NO_3)_2 + 2NO \uparrow + 4H_2O$$

② さらにイオン化傾向の小さな Pt や Au は，H_2SO_4（熱濃）や HNO_3（濃，希）でも酸化されず，<u>王水</u>によって溶かされます。
王水は，濃塩酸と濃硝酸を 3：1 で混合した酸

問1 K，Ca，Na に代表されるアルカリ金属やアルカリ土類金属が常温の水と激しく反応します。例えば Na と水 H_2O の反応は次のように書きます。

$$\begin{cases} H_2O \rightleftharpoons H^+ + OH^- & \cdots ① \quad \leftarrow \text{水の電離} \\ 2Na + 2H^+ \longrightarrow 2Na^+ + H_2 & \cdots ② \quad \leftarrow \text{水の } H^+ \text{ に Na が電子 } e^- \text{ を与え，} Na^+ \text{ と } H_2 \text{ に} \\ \quad \longmapsto 2e^- \end{cases}$$

①式×2＋②式で $2H^+$ を消去すると，

$$2Na + 2H_2O \longrightarrow 2NaOH + H_2$$

問2 不動態を形成する金属 Fe，Ni，Al から選びましょう。

問3 イオン化傾向は Cu＞Ag なので，Cu が Ag より陽イオンになりやすいことがわかります。よって，Cu が Cu^{2+} となり Ag^+ に電子 e^- を与える変化が起こります。

$$Cu \longrightarrow Cu^{2+} + 2e^- \quad \cdots ①$$
$$Ag^+ + e^- \longrightarrow Ag \quad \cdots ②$$

①式＋②式×2 より，

$$Cu + 2Ag^+ \longrightarrow Cu^{2+} + 2Ag$$

すると，銅 Cu 線のまわりに銀 Ag が析出し，水溶液は Cu^{2+} のために青くなります。

放置すると　溶液は無色から青色になり，Ag が析出する
Ag（銀樹という）
Ag$^+$（無色）

水中の金属イオンの色に関して，次のものは覚えておきましょう！

無色：Na^+ や K^+，　Ca^{2+} や Mg^{2+}，　Ag^+，　Zn^{2+} や Hg^{2+}，　Al^{3+}，　Sn^{2+} や Pb^{2+}
　　　　(1族)$^+$　　　　(2族)$^{2+}$　　　　(11族)$^+$　　　(12族)$^{2+}$　　(13族)$^{3+}$　　(14族)$^{2+}$

有色：Cu^{2+} aq…青色，Fe^{2+} aq…淡緑色，Fe^{3+} aq…黄褐色，Ni^{2+} aq…緑色

答

問1 $$\begin{cases} 2Na + 2H_2O \longrightarrow 2NaOH + H_2 \\ 2K + 2H_2O \longrightarrow 2KOH + H_2 \\ Ca + 2H_2O \longrightarrow Ca(OH)_2 + H_2 \quad \text{のいずれか} \end{cases}$$

問2 金属：Fe，Ni，Al のいずれか
　　　理由：濃硝酸により表面に酸化被膜が生じ，不動態となるから。(26字)

問3 (i) ① 銀が析出する。(7字)　　②無色が青色になる。(9字)
　　　(ii) $Cu + 2Ag^+ \longrightarrow Cu^{2+} + 2Ag$

必修
基礎問

36　酸化数　　　　　　　　　　　　　　　　　　　　　　　　化学基礎

　次の①〜④から，$K_4[Fe(CN)_6]$ 中の Fe と同じ酸化数の金属原子をもつものを 1 つ選べ。

① CdS　　② Fe_2O_3　　③ Hg_2Cl_2　　④ $K_2Cr_2O_7$

（センター試験）

精　講　　**酸化還元反応**

> 酸化（される）：電子を奪われ失うこと
> 還元（される）：電子を与えられ受けとること

と現在では定義します。つまり，**酸化還元反応は電子の移動する反応であり**，

> 酸化剤：相手の電子を奪いとるもの
> 還元剤：相手に電子を与えるもの

となります。金属の単体は代表的な還元剤であ
_{Na, Cu, Al など}
り，酸素 O_2 やハロゲンの単体は代表的な酸化剤です。
_{F_2, Cl_2, Br_2, I_2 など}

還元剤 →（電子 e⁻）→ 酸化剤
相手を還元する　　相手を酸化する
自らは酸化される　自らは還元される

酸化数

酸化数（さんかすう）とは，イオン結合からなる物質だけでなく共有結合からなる物質であっても，**すべてイオン結合からできていると仮定したときに，物質を構成する原子の形式的な電荷**のことで，次のように求めます。

ⓐ　**単体を構成する原子の酸化数はゼロとする。**

ⓑ　**イオン結合からなる物質は，"イオン価数"＝"酸化数" とする。**

ⓒ　**共有結合からなる物質は，共有結合をつくっている電子対（共有電子対）が電気陰性度（➡p.33）の大きい方に所属すると仮定し，それによって生じる形式的な電荷を酸化数とする。**

（例）ⓐ　H_2：電子式は H:H となり，電気陰性度は同じ　➡　H:H
　　　　　　　　　　　　　　　　　　　　　　　　　　　　　(0)　(0) ←酸化数

　　　ⓑ　$NaCl$：NaCl は，Na^+ と Cl^- からなる　➡　Na^+ Cl^-
　　　　　　　　　　　　　　　　　　　　　　　　　　　　(+1)　(−1)

　　　ⓒ　H_2O

　　　　電子式は H:O:H で，　　　共有電子対が　　　　　　　　形式的な電荷
　　　　電気陰性度は O の方　　　すべて O 原子に　　　　　　　を考える
　　　　が H より大きい　　　　　所属すると考える
　　　　　　　　　　　　➡　H(:O:)H　➡　H^+ $[O^{2-}]$ H^+
　　　　　　　　　　　　　　　　　　　　　　　　(+1)　(−2)　(+1)

162

ただし，電気陰性度の大小関係を調べるのは大変なので，ふつうは次の **Point 70** に示すルールのように求めます。

Point 70 　酸化数のルール

❶ 単　体：構成する原子の酸化数は必ず 0

❷ 化合物：構成する原子の酸化数の総和は必ず 0

(i)イオン性物質：イオンを構成する原子の酸化数の総和はイオンの電荷になる

(ii)その他：$\begin{cases} \text{H：ふつうは} +1 \quad \text{（例外）} \underset{(-1)}{\text{NaH}} \text{ など} \\ \text{O：ふつうは} -2 \quad \text{（例外）} \underset{(-1)}{\text{H}_2\text{O}_2} \text{ など} \end{cases}$

（例）　$NO_3^{\ominus}$ の N の酸化数 (x) を求める。

$\begin{cases} \cdot \text{構成する原子の酸化数の総和はイオン電荷の} \enspace \boxed{-1} \\ \cdot \text{Oの酸化数はふつう} -2 \end{cases}$　➡　$\underset{\text{N}}{x} + \underset{\text{O}}{(-2)} \times 3 = -1$

よって，$x = +5$

解 説

$(CN)_6$ 部分の CN はシアン化物イオン CN^- とよばれ，1価の陰イオンです。これは知っておきましょう。K は K^+ であると考えられるので，

$K_4[Fe(CN)_6] \longrightarrow 4K^+ + [Fe(CN)_6]^{4-}$ のように構成イオンに分けることができます。Fe の酸化数を x とすると，CN^- は -1 なので，

$\underset{\text{Fe}}{x} + \underset{\text{CN}^-}{(-1)} \times 6 = \boxed{-4}$　　よって，$x = +2$

└ プラスのときは符号を忘れやすいので注意しよう

となります。①〜④を構成する金属原子の酸化数を求めていきましょう。

① CdS は，Cd^{2+} と S^{2-} からなる　➡　$\underset{(+2)}{Cd^{2+}}S^{2-}$

② $\underset{(+3)}{(Fe^{3+})_2}(O^{2-})_3$　　③ $\underset{(+1)}{(Hg^+)_2}(Cl^-)_2$

④ $K_2Cr_2O_7 \longrightarrow \underset{(+1)}{2K^+} + Cr_2O_7^{2-}$　と構成イオンに分けることができます。

➡　$Cr_2O_7^{2-}$ について考えると，Cr の酸化数 (x) は

$\underset{\text{Cr}}{2x} + \underset{\text{O}}{(-2)} \times 7 = \boxed{-2}$　より，　$x = +6$

よって，金属原子の酸化数が $+2$ となるのは①です。

 ①

　下の問いに答えよ。ただし，原子量は H＝1.0，C＝12.0，O＝16.0，Na＝23.0，K＝39.1，Mn＝54.9 とする。

　シュウ酸ナトリウムの結晶を天びんで正確にはかりとり，その結晶を水に溶かしてメスフラスコに入れて一定容積とし，シュウ酸ナトリウムの標準溶液（A溶液）を調製した。一定容量のA溶液をホールピペットを用いてコニカルビーカーに入れ，これに駒込ピペットで適当量の希硫酸を加えた。この酸性溶液に，濃度のわからない過マンガン酸カリウム水溶液を入れたビュレットから少量ずつ水溶液を滴下してよく振り混ぜた。コニカルビーカー内で，溶液の赤紫色が消えなくなったところを反応の終点とした。

問1　この酸化還元滴定で起こる化学反応は，次の2つのイオン反応式(a)と(b)で示すことができる。反応式中の _____ にあてはまる化学式を係数をつけて示し，イオン反応式を完成せよ。

　　　反応式(a)　$C_2O_4^{2-} \longrightarrow \boxed{ア} + 2e^-$

　　　反応式(b)　$MnO_4^- + \boxed{イ} + \boxed{ウ} \longrightarrow \boxed{エ} + 4H_2O$

問2　シュウ酸ナトリウムの結晶 13.40 g を溶かして 1000 mL のA溶液をつくり，その 50.00 mL を滴定するのに終点まで 20.00 mL の過マンガン酸カリウム水溶液を滴下した。この過マンガン酸カリウム水溶液の濃度〔mol/L〕を小数第2位まで求めよ。

（工学院大）

精　講　（酸化還元反応式の書き方）

　　　　　　　　還元剤（➡p.162）が電子を与える式，酸化剤が電子を奪う式を電子 e^- を含むイオン反応式（半反応式）といいます。これを書くにはいろいろな方法がありますが **手順1** のようにするとよいでしょう。

手順1　過マンガン酸イオン MnO_4^- の半反応式をつくる場合

Step 1	$MnO_4^- \longrightarrow Mn^{2+}$	◀変化先は覚えておく
Step 2	$MnO_4^- \longrightarrow Mn^{2+} + 4H_2O$	◀Oの数をH_2Oで合わす
Step 3	$MnO_4^- + 8H^+ \longrightarrow Mn^{2+} + 4H_2O$	◀Hの数をH^+で合わす
Step 4	$MnO_4^- + 8H^+ + 5e^- \longrightarrow Mn^{2+} + 4H_2O$	◀左辺，右辺の全電荷を電子で合わす

　　　　　　　全部で +7　　　　　　　　　　　全部で +2

次に半反応式をもとにイオン反応式をつくります（**手順2**）。

手順2　シュウ酸イオンを過マンガン酸イオンで酸性条件下酸化するとき

$$\begin{cases} 還元剤：C_2O_4{}^{2-} \longrightarrow 2CO_2 + 2e^- & \cdots① \\ 酸化剤：MnO_4{}^- + 8H^+ + 5e^- \longrightarrow Mn^{2+} + 4H_2O & \cdots② \end{cases}$$

①式×5＋②式×2 より，電子 e^- を消去すると，イオン反応式ができあがります。

$$5C_2O_4{}^{2-} + 2MnO_4{}^- + 16H^+ \longrightarrow 10CO_2 + 2Mn^{2+} + 8H_2O$$

Point 71 　酸化還元反応のイオン反応式の書き方

❶ 半反応式を書く。
Oの数を H_2O で合わす ➡ Hの数を H^+ で合わす ➡ 両辺の電荷を電子 e^- で合わす

❷ 酸化剤の半反応式と還元剤の半反応式の電子 e^- の係数が同じになるように，それぞれ何倍かずつして足し合わせて，電子 e^- を消すとイオン反応式のできあがり。

問1 $C_2O_4{}^{2-}$ が還元剤として働いた場合，変化先は $2CO_2$ となります。

$$C_2O_4{}^{2-} \longrightarrow 2CO_2 + 2e^- \quad \cdots①$$

次に過マンガン酸イオン $MnO_4{}^-$ が酸性水溶液中で酸化剤として働いた場合，変化先は Mn^{2+} となります。

$$\underset{(赤紫色)}{MnO_4{}^-} + 8H^+ + 5e^- \longrightarrow \underset{(ほぼ無色)}{Mn^{2+}} + 4H_2O \quad \cdots②$$

この場合のイオン反応式は，①式×5＋②式×2 より，

$$5C_2O_4{}^{2-} + 2MnO_4{}^- + 16H^+ \longrightarrow 10CO_2 + 2Mn^{2+} + 8H_2O \quad \cdots③$$

となります。$MnO_4{}^-$ は水中で赤紫色であり，反応中はほぼ無色の Mn^{2+} に変わります。$MnO_4{}^-$ の色が消えなくなれば反応は終点です。

問2 $Na_2C_2O_4$ の式量は134なので，A溶液の $Na_2C_2O_4$ のモル濃度〔mol/L〕は，

$$\underbrace{\frac{13.40〔g〕}{134〔g/mol〕}}_{Na_2C_2O_4〔mol〕} \underbrace{\div \frac{1000}{1000}}_{\substack{溶液〔L〕 \\ 〔mol/L〕}} = 0.100〔mol/L〕$$

これを 50.00 mL 分取し，$KMnO_4$ 水溶液で滴定すると 20.00 mL 要している。

③のイオン反応式より　$Na_2C_2O_4$：$KMnO_4$＝5：2　で反応するので，$KMnO_4$ の濃度を x〔mol/L〕とすると，

$$\frac{0.100〔mol〕}{1〔L〕} \times \frac{50.00}{1000}〔L〕 : \frac{x〔mol〕}{1〔L〕} \times \frac{20.00}{1000}〔L〕 = 5 : 2$$

よって，$x = 0.10$〔mol/L〕

別解 酸化還元滴定の終点では,

$$\begin{pmatrix} \text{還元剤が終点} \\ \text{までに放出した e}^- \text{〔mol〕} \end{pmatrix} = \begin{pmatrix} \text{酸化剤が終点} \\ \text{までに受けとった e}^- \text{〔mol〕} \end{pmatrix}$$

が成り立つので,次のように解くこともできます。

$KMnO_4$ の濃度を x〔mol/L〕とします。$Na_2C_2O_4$($C_2O_4^{2-}$)は滴定の終点までに,

$$1\,C_2O_4^{2-} \longrightarrow 2\,CO_2 + 2\,e^- \quad \text{より,}$$

$$\frac{0.100\,\text{〔mol〕}}{1\,\text{〔L〕}} \times \frac{50.00}{1000}\,\text{〔L〕} \quad \times 2$$

使用した $C_2O_4^{2-}$〔mol〕　　放出した e$^-$〔mol〕

の e$^-$ を放出します。また,$KMnO_4$(MnO_4^-)は滴定の終点までに,

$$1\,MnO_4^- + 8\,H^+ + 5\,e^- \longrightarrow Mn^{2+} + 4\,H_2O \quad \text{より,}$$

$$\frac{x\,\text{〔mol〕}}{1\,\text{〔L〕}} \times \frac{20.00}{1000}\,\text{〔L〕} \quad \times 5$$

使用した MnO_4^-〔mol〕　　受けとった e$^-$〔mol〕

の e$^-$ を受けとります。よって,滴定の終点では,

$$0.100 \times \frac{50.00}{1000} \times 2 = x \times \frac{20.00}{1000} \times 5$$

還元剤が放出した e$^-$〔mol〕　　酸化剤が受けとった e$^-$〔mol〕

が成り立ち,$x = 0.10$〔mol/L〕と求めることもできます。

答　問1　ア：$2CO_2$　　イ,ウ：$8H^+$, $5e^-$　　エ：Mn^{2+}

問2　$0.10\,\text{mol/L}$

必修 基礎問

38 ダニエル電池

ダニエル電池は次の構成で示される。下の問いに答えよ。ただし、原子量は Zn=65.4, Cu=63.5, ファラデー定数は $9.65×10^4$ C/mol とする。

ダニエル電池：$(-)$ Zn | ZnSO₄ aq | CuSO₄ aq | Cu $(+)$

問1 負極、正極の各極で起こる反応を e^- を用いたイオン反応式で表せ。

問2 両方の電極を導線でつなぎ、しばらくすると負極が 3.27 g 減少した。このとき放電した電気量は何 C か。整数で答えよ。

問3 問2において、正極で析出する物質の名称を記せ。また、その質量は何 g か。小数第 2 位まで求めよ。

(崇城大)

精 講 〔電池〕

　　酸化剤と還元剤（➡p.162）を空間的に分離し、両者の間を導線などで電気的に接続して、その反応によるエネルギーを電気エネルギーの形でとり出す装置を電池といいます。

　右図のように還元剤から酸化剤へ電子 e^- が導線を移動します。電子 e^- は負の電荷をもつため、電位の低い方（負極）から電位の高い方（正極）へ移動しています。また負極、正極ではそれぞれ次の反応が起こっています。

〈電池の原理〉

- 負極：還元剤が電子 e^- を出す反応（酸化）
- 正極：酸化剤が電子 e^- をもらう反応（還元）

〔ファラデー定数〕

　電子 1 mol 分の電気量（C）をファラデー定数（F）といいます。電子 1 個がもつ電気量の絶対値は $1.6×10^{-19}$〔C〕であり、アボガドロ定数が $6.0×10^{23}$〔/mol〕なので、ファラデー定数（F）は、

$$F=\frac{1.6×10^{-19}\,C}{1\,個\,(電子)}×\frac{6.0×10^{23}\,個\,(電子)}{1\,mol\,(電子)}=9.6×10^4\,C/mol$$

程度の値になります。

Point 72 　電池のしくみ

電池は負極で還元剤、正極で酸化剤　が作用する。

問1　ダニエルの電池の模式図をかいてみます。

　負極のところで作用する還元剤は何でしょう？　電子を出すものといえば金属の単体である Zn でしょう。

　次に正極のところで作用する酸化剤は何でしょうか？　SO_4^{2-} と思う人もいるかもしれませんが，熱濃硫酸 H_2SO_4 ではないので違います。やはり，イオン化傾向の小さな金属イオンである Cu^{2+} でしょう。よって，

$$\begin{cases} \textbf{負極：} Zn \longrightarrow Zn^{2+} + 2e^- \\ \textbf{正極：} Cu^{2+} + 2e^- \longrightarrow Cu \end{cases}$$

の変化が放電中に起こると考えられます。

問2　負極の反応式から，e^- 2 mol で Zn が 1 mol 消費されることがわかります。よって，3.27 g の Zn が消費されたときに放電した電気量は，Zn のモル質量 65.4 g/mol と ファラデー定数 9.65×10^4 C/mol より，

$$\underset{\text{消費された Zn〔mol〕}}{\dfrac{3.27 \text{〔g〕}}{65.4 \text{〔g/mol〕}}} \underset{\text{流れた e}^-\text{〔mol〕}}{\times 2} \underset{\text{流れた e}^-\text{〔C〕}}{\times 9.65 \times 10^4} = 9650 \text{〔C〕}$$

問3　正極の反応式から，e^- 2 mol で Cu が 1 mol 析出することがわかります。よって，**問2** において正極で析出する Cu の質量は，Cu のモル質量 63.5 g/mol より，

$$\underset{\substack{\text{問2で流れた}\\ \text{e}^-\text{〔mol〕}}}{\dfrac{3.27}{65.4} \times 2} \underset{\substack{\text{析出した}\\ \text{Cu〔mol〕}}}{\times \dfrac{1}{2}} \underset{\substack{\text{析出した}\\ \text{Cu〔g〕}}}{\times 63.5} \fallingdotseq 3.18 \text{〔g〕}$$

問1　$\begin{cases} \textbf{負極：} Zn \longrightarrow Zn^{2+} + 2e^- \\ \textbf{正極：} Cu^{2+} + 2e^- \longrightarrow Cu \end{cases}$

問2　9650 C

問3　物質の名称：銅　　質量：3.18 g

必修 基礎問

39　鉛蓄電池

鉛蓄電池は，鉛 Pb と酸化鉛 (IV) PbO₂ を希硫酸に浸した，右図のような構造の電池である。次の問いに答えよ。

問1　放電時には，X 極と Y 極のどちらが正極となるか答えよ。また，両極で起こる反応を，それぞれ e⁻を用いた反応式で示せ。

問2　放電によって，電解液である希硫酸の濃度はどのように変化するか。

問3　9.65×10^3 C の電気量が流れたとき，X 極，Y 極の質量は，それぞれ何 g 増加するか。有効数字3桁で答えよ。ただし，原子量を H=1.00，O=16.0，S=32.0，Pb=207 とし，ファラデー定数は $F = 9.65 \times 10^4$ C/mol として計算せよ。

(島根大)

精講

鉛蓄電池　$(-)$ Pb | H₂SO₄ aq | PbO₂ $(+)$

負極で作用する還元剤は酸化数 0 の鉛 Pb，正極で作用する酸化剤は酸化数 +4 の Pb を含む酸化鉛 (IV) PbO₂ です。それぞれ変化後，酸化数 +2 の Pb²⁺ となりますが，電解液の希硫酸 H₂SO₄ 中の SO₄²⁻ と結合し，水に難溶な PbSO₄ として極板に付着するように加工されています。

$$\begin{cases} \textbf{負極}：Pb + SO_4^{2-} \longrightarrow \underset{\text{極板に付着}}{PbSO_4} + 2e^- \quad \cdots① \\[2mm] \textbf{正極}：PbO_2 + 4H^+ + SO_4^{2-} + 2e^- \longrightarrow \underset{\text{極板に付着}}{PbSO_4} + 2H_2O \quad \cdots② \\[2mm] \textbf{全体}：Pb + PbO_2 + 2H_2SO_4 \longrightarrow 2PbSO_4 + 2H_2O \quad \leftarrow ①式+②式より \end{cases}$$

鉛蓄電池は**充電によりもとにもどすことができる二次電池 (蓄電池)** です。

Point73　鉛蓄電池のしくみ

鉛蓄電池の還元剤は Pb，酸化剤は PbO₂，変化後はともに PbSO₄ として極板に付着する。

解説

問1　鉛蓄電池の負極は Pb (X 極)，正極は PbO₂ (Y 極) になります。
　　負極 (X 極) の反応式は次のようにつくりましょう。

$$Pb \longrightarrow Pb^{2+} + 2e^- \qquad \leftarrow Pb \text{ は } Pb^{2+} \text{ となる}$$
$$+)\ Pb^{2+} + SO_4^{2-} \longrightarrow PbSO_4 \qquad \leftarrow Pb^{2+} \text{ は } SO_4^{2-} \text{ と結びつく}$$
$$\overline{Pb + SO_4^{2-} \longrightarrow PbSO_4 + 2e^-} \quad \cdots ①$$

正極（Y極）の反応式は次のようにつくりましょう（➡ p.164）。

Step 1　$PbO_2 \longrightarrow Pb^{2+}$　　　　$\leftarrow PbO_2 \text{ は } Pb^{2+} \text{ となる}$

Step 2　$PbO_2 \longrightarrow Pb^{2+} + 2H_2O$　　$\leftarrow O \text{ の数を } H_2O \text{ で合わす}$

Step 3　$PbO_2 + 4H^+ \longrightarrow Pb^{2+} + 2H_2O$　$\leftarrow H \text{ の数を } H^+ \text{ で合わす}$

Step 4　$PbO_2 + 4H^+ + 2e^- \longrightarrow Pb^{2+} + 2H_2O$　$\leftarrow$両辺の総電荷を電子 e^- で合わす

$$PbO_2 + 4H^+ + 2e^- \longrightarrow Pb^{2+} + 2H_2O$$
$$+)\ Pb^{2+} + SO_4^{2-} \longrightarrow PbSO_4 \qquad \leftarrow Pb^{2+} \text{ は } SO_4^{2-} \text{ と結びつく}$$
$$\overline{PbO_2 + 4H^+ + SO_4^{2-} + 2e^- \longrightarrow PbSO_4 + 2H_2O} \quad \cdots ②$$

問2　電池全体で起こっている酸化還元反応を求めるため，**問1**の両極の反応①式と②式を足し合わせて e^- を消します。①式＋②式より，

$$Pb + PbO_2 + \underset{2e^-}{\underline{4H^+ + 2SO_4^{2-}}} \longrightarrow 2PbSO_4 + 2H_2O$$

（まとめる）

$$Pb + PbO_2 + 2H_2SO_4 \xrightarrow{e^-\,2\,mol} 2PbSO_4 + 2H_2O$$

　この電池全体の反応式をみると，Pb から PbO_2 へ電子 e^- が 2 mol 流れると，溶液中の H_2SO_4 分子が 2 mol 消費され，代わりに H_2O 分子が 2 mol 増加しています。ということは，溶液中の希硫酸の濃度はどんどん低くなっていくことがわかります。

問3　**問2**でつくった電池全体の反応式から，電子 e^- が 2 mol 流れると，負極（X極）では Pb 1 mol が $PbSO_4$ になり SO_4 分の質量が増加し，正極（Y極）では PbO_2 1 mol が $PbSO_4$ になり，SO_2 分の質量が増加することになります。

　9.65×10^3 C の電子は $\dfrac{9.65 \times 10^3\,[C]}{9.65 \times 10^4\,[C/mol]} = 0.100\,[mol]$ に相当するので，負極（X極）では流れた e^- [mol] の $\dfrac{1}{2}$ である 0.0500 mol の Pb が 0.0500 mol の $PbSO_4$ となり，0.0500 mol 分の SO_4（式量 96.0）だけ質量 [g] が増えます。正極（Y極）でも流れた e^- [mol] の $\dfrac{1}{2}$ である 0.0500 mol の PbO_2 が 0.0500 mol の $PbSO_4$ となり，0.0500 mol 分の SO_2（式量 64.0）だけ質量 [g] が増えることになります。したがって，

$\begin{cases} \text{X極：}0.0500\,[mol] \times 96.0\,[g/mol] = 4.80\,[g] \text{ 増加する} \\ \text{Y極：}0.0500\,[mol] \times 64.0\,[g/mol] = 3.20\,[g] \text{ 増加する} \end{cases}$

　問1　正極：Y極

　　　　$\begin{cases} \text{X極：}Pb + SO_4^{2-} \longrightarrow PbSO_4 + 2e^- \\ \text{Y極：}PbO_2 + 4H^+ + SO_4^{2-} + 2e^- \longrightarrow PbSO_4 + 2H_2O \end{cases}$

　　問2　希硫酸の濃度は低下する。　　**問3**　X極：4.80 g　　Y極：3.20 g

17 燃料電池

化学基礎 化学

次の文中の[_____]に最も適するものを，下の⑥～⑯から選べ。

燃料電池の負極では $H_2 \longrightarrow 2H^+ + 2e^-$，

正極では $O_2 + 4H^+ + 4e^- \longrightarrow 2H_2O$

の反応が起こる。燃料電池を 6.00×10^3 秒稼動させたところ，電圧 1.00 V で 1 秒あたり 193 W（$W = V \times A$）の出力が得られた。反応した水素の物質量は[_____]mol である。ファラデー定数 $= 9.65 \times 10^4$ C/mol とする。

⑥ 1.0 ⑤ 2.0 ③ 6.0 ⑥ 12.0 ⑥ 193

(早稲田大)

精 講 〔燃料電池（リン酸形燃料電池）〕 $(-) H_2 | H_3PO_4\ aq | O_2 (+)$

負極では還元剤である H_2 が H^+ になるとともに，負極から正極に向かって電子 e^- が流れ，この電子 e^- を正極で酸化剤である O_2 が受けとって O^{2-} が生成する。ここで生成した O^{2-} は，すぐに電解質の H^+ と反応して H_2O に変化する。

燃料極が負極となる ← e⁻ → 空気極が正極となる

H_2 → H^+ → O_2

燃料極 | H_3PO_4 水溶液（電解質）| 空気極

余った H_2 ← 余った O_2、H_2O

負極：$H_2 \longrightarrow 2H^+ + 2e^-$ …①

正極：$O_2 + 4e^- \longrightarrow 2O^{2-}$

+) $(O^{2-} + 2H^+ \longrightarrow H_2O) \times 2$

$O_2 + 4H^+ + 4e^- \longrightarrow 2H_2O$ …②

←O^{2-} はすぐに H^+ と反応するので，O^{2-} を消去するために 2 倍して加える

電池全体の反応は，①式×2+②式 より，$2H_2 + O_2 \xrightarrow{e^- 4\ mol} 2H_2O$ となる。

解 説 電圧 1.00 V で 193 W の出力が得られたことから x〔A〕の電流が流れたとすると，

193〔W〕$= 1.00$〔V〕$\times x$〔A〕

となり，$x = 193$〔A〕 とわかる。よって，燃料電池の放電により，

$$\frac{193\ 〔C〕}{1\ 〔秒〕} \times 6.00 \times 10^3\ 〔秒〕 \times \frac{1\ 〔mol〕}{9.65 \times 10^4\ 〔C〕} = 12\ 〔mol〕$$

←A=C/秒（➡p.175）より

〔A=C/秒〕 流れた〔C〕 流れた電子 e^-〔mol〕

の e^- が流れたとわかる。反応した H_2 は，負極の反応式 $H_2 \longrightarrow 2H^+ + 2e^-$ から流れた e^- の物質量〔mol〕の $\dfrac{1}{2}$ とわかるので， $12 \times \dfrac{1}{2} = 6.0$〔mol〕

e^-〔mol〕 H_2〔mol〕

答

　次の表にある電解質水溶液と電極の組み合わせ㋐～㋔を用いて電極間に直流電流を流したとき，それぞれの電極における反応式を書け。

	電解質水溶液	電極			電解質水溶液	電極	
㋐	$CuCl_2$ 水溶液	陽極	炭素	㋓	$AgNO_3$ 水溶液	陽極	白金
		陰極	炭素			陰極	白金
㋑	$CuSO_4$ 水溶液	陽極	白金	㋔	NaOH 水溶液	陽極	白金
		陰極	白金			陰極	白金
㋒	$CuSO_4$ 水溶液	陽極	銅	㋕	H_2SO_4 水溶液	陽極	白金
		陰極	銅			陰極	白金

(中央大)

　精　講　　　電気分解

　　　　　電気エネルギーによって強制的に酸化還元反応を起こすことを**電気分解**といいます。

電極反応

　右図のように電気分解の電解槽を電池につないだとします。**正極に接続した極板を陽極，負極に接続した極板を陰極**といいます。

　陽極では極板そのものが酸化されたり，酸化されにくい極板のときは溶液中の陰イオンなどが酸化されます。

　陰極では溶液中の陽イオンなどが還元されます。

❶　陽極の反応

(ⅰ)　**極板が白金 Pt，金 Au，黒鉛 C ではないとき**
　極板自身が酸化されて溶解していきます。
　　　　$M(極板) \longrightarrow M^{n+} + ne^-$
　例えば，陽極に銅 Cu が使われていると，
　　　　$Cu \longrightarrow Cu^{2+} + 2e^-$
　となります。

(ⅱ)　**極板が白金 Pt，金 Au，黒鉛 C のとき**
　溶液中の陰イオンなどが酸化され気体が発生します。Cl^- は OH^- より酸化されやすく，NO_3^- や SO_4^{2-} は酸化されにくいので反応しません。

電池
正極 ⊕ ⊖ 負極
e　　　　　　　e
(+)陽極　　　(−)陰極
電解槽

❷　陰極の反応

　イオン化傾向（➡p.159）の小さな陽イオンほど還元されやすいので，ふつう溶液中のイオン化傾向の小さな陽イオンが単体となり析出します。

Point 74　電気分解での電極の反応

❶　陽極

$$\begin{cases} 極板 \neq Pt,\ Au,\ C \ \Rightarrow\ 極板が溶ける \\ 極板 = Pt,\ Au,\ C \ \Rightarrow\ Cl^- > OH^-\ の順で酸化される \end{cases}$$

❷　陰極

　$Ag^+ > Cu^{2+} > H^+ > \cdots\cdots$ のように，ふつうイオン化傾向の小さいほうから析出する。

解説

㋐　（陽極）　極板＝C なので極板は溶けません。
　　　　　　　酸化されやすさは，$Cl^- > OH^-$ の順なので，
　　　　　　　Cl^- が酸化され Cl_2 が発生します。

$$2\,Cl^- \longrightarrow Cl_2 + 2\,e^-$$

　　（陰極）　イオン化傾向は，$H_2 > Cu$ なので Cu^{2+} は H^+
　　　　　　　より還元されやすいです。

$$Cu^{2+} + 2\,e^- \longrightarrow Cu \quad \text{◀イオン化傾向の小さな陽イオンが反応する}$$

㋑　（陽極）　極板＝Pt なので極板は溶けません。
　　　　　　　Cl^- はみつからず，SO_4^{2-} は酸化されにくいので，水の電離による OH^- が酸化され O_2 が発生します。このとき，$2\,OH^-$ が O_2 へと変化します。

$$\begin{cases} H_2O \rightleftarrows OH^- + H^+ & \cdots① \\ 2\,\underset{(-2)}{OH^-} \longrightarrow \underset{(0)}{O_2} + 2\,H^+ + 4\,e^- & \cdots② \end{cases}$$

　　　　　　　①式×2＋②式で $2\,OH^-$ を消去すると，

$$2\,H_2O \longrightarrow O_2 + 4\,H^+ + 4\,e^-$$

　　（陰極）　㋐の（陰極）と同様。

$$Cu^{2+} + 2\,e^- \longrightarrow Cu \quad \text{◀イオン化傾向の小さな陽イオンが反応する}$$

㋒　（陽極）　極板＝Cu であり，Pt, Au, C 以外なので，極板が酸化されます。

$$Cu \longrightarrow Cu^{2+} + 2\,e^-$$

　　（陰極）　㋐の（陰極）と同様。

$$Cu^{2+} + 2\,e^- \longrightarrow Cu \quad \text{◀イオン化傾向の小さな陽イオンが反応する}$$

(エ) （陽極）　極板＝Pt なので極板は溶けません。

Cl⁻ はみつからず，NO₃⁻ が酸化されにくいため，水の電離による OH⁻ が酸化されるので，(イ)の（陽極）と同じです。

$$2H_2O \longrightarrow O_2 + 4H^+ + 4e^-$$

（陰極）　イオン化傾向は H₂＞Ag なので Ag⁺ は H⁺ より還元されやすいです。

$$Ag^+ + e^- \longrightarrow Ag$$ ←イオン化傾向の小さな陽イオンが反応する

(オ) （陽極）　極板の Pt は溶けません。NaOH の OH⁻ が酸化され，2OH⁻ が O₂ へと変化します。

$$2OH^- \longrightarrow O_2 + 2H^+ + 4e^- \quad \cdots ①$$

ただし，生じた H⁺ は電解液が塩基性なので中和されて H₂O になります。

$$H^+ + OH^- \longrightarrow H_2O \quad \cdots ②$$

①式＋②式×2 で 2H⁺ を消去すると，

$$4OH^- \longrightarrow O_2 + 2H_2O + 4e^-$$

（陰極）　イオン化傾向は Na＞H₂ なので，Na⁺ より水の電離による H⁺ が還元されます。

$$\begin{cases} H_2O \rightleftharpoons H^+ + OH^- \quad \cdots ① \\ 2H^+ + 2e^- \longrightarrow H_2 \quad \cdots ② \end{cases}$$ ←イオン化傾向の小さな陽イオンが反応する

①式×2＋②式で 2H⁺ を消去すると，

$$2H_2O + 2e^- \longrightarrow H_2 + 2OH^-$$

(カ) （陽極）　(イ)の（陽極）と同様。極板＝Pt なので極板は溶けません。Cl⁻ はみつからず，SO₄²⁻ は酸化されにくいので，水の電離による OH⁻ が酸化されて O₂ が発生します。

$$2H_2O \longrightarrow O_2 + 4H^+ + 4e^-$$

（陰極）　硫酸 H₂SO₄ の H⁺ が還元されます。

$$2H^+ + 2e^- \longrightarrow H_2$$

答

(ア)	陽極：$2Cl^- \longrightarrow Cl_2 + 2e^-$	陰極：$Cu^{2+} + 2e^- \longrightarrow Cu$	
(イ)	陽極：$2H_2O \longrightarrow O_2 + 4H^+ + 4e^-$	陰極：$Cu^{2+} + 2e^- \longrightarrow Cu$	
(ウ)	陽極：$Cu \longrightarrow Cu^{2+} + 2e^-$	陰極：$Cu^{2+} + 2e^- \longrightarrow Cu$	
(エ)	陽極：$2H_2O \longrightarrow O_2 + 4H^+ + 4e^-$	陰極：$Ag^+ + e^- \longrightarrow Ag$	

(オ)　陽極：$4OH^- \longrightarrow O_2 + 2H_2O + 4e^-$

陰極：$2H_2O + 2e^- \longrightarrow H_2 + 2OH^-$

(カ)　陽極：$2H_2O \longrightarrow O_2 + 4H^+ + 4e^-$　陰極：$2H^+ + 2e^- \longrightarrow H_2$

実戦 基礎問

18 電気分解(1)

　CuSO₄水溶液の電気分解を右図の装置を用いて行った。ここでA, Bの電極には白金板を用い, これらを導線で電池に接続して直流電流を流した。

　この装置に0.500 Aの電流を流したところ, 片方の電極に銅が0.254 g析出した。電流を流した時間を求めよ。また, もう一方の電極で発生した気体の体積は標準状態で何 mLか。ファラデー定数を $9.65×10^4$ C/mol, Cu=63.5として, 答えは有効数字3桁まで求めよ。

（岡山理科大）

精講 「ファラデーの法則」

　　　　　各電極で変化する物質の量は, 反応によって出入りした電子 e⁻ の量で決まります。よって, 電極反応式の係数からモル計算すればよいのです。

　また, 1つの電気分解槽では **陽極から出ていった電子 e⁻** と **陰極に入ってきた電子 e⁻** の物質量〔mol〕は等しいので, 気をつけましょう。

「電流」

　1アンペア〔A〕の電流では, 1秒間に1クーロン〔C〕の電気量が流れています。つまり, 単位では,

$$〔A〕=〔C/秒〕$$

となります。例えばI〔A〕でt〔分〕電気分解をしたときの電気量q〔C〕は次のようになります。

$$q〔C〕=I〔C/秒〕×60t〔秒〕=60It〔C〕$$

　また, 起電力の単位であるボルト〔V〕は〔J/C〕のことであり, 2.1 Vの起電力の電池は1Cあたり2.1 Jのエネルギーが理論上, とり出せるということになります。

Point 75　ファラデーの法則

　各電極で変化する物質の量は, 出入りした電子 e⁻ の量に比例する。

電極で起こる反応は 必修基礎問 40 の⑦と同じです。

$$\begin{cases} \text{A（陽極）} \quad 2H_2O \longrightarrow O_2 + 4H^+ + 4e^- \\ \text{B（陰極）} \quad Cu^{2+} + 2e^- \longrightarrow Cu \end{cases}$$

← 極板＝Pt なので極板は溶けずに，水の電離による OH^- が反応する

← イオン化傾向の小さな陽イオンが反応する

　まず，片方の電極つまり陰極に Cu が 0.254 g 析出したことから，電解槽に出入りした電子 e^- の物質量〔mol〕が求められます。陰極の反応式 $Cu^{2+} + 2e^- \longrightarrow Cu$ から Cu が 1 mol 析出するときは，e^- は 2 mol 陰極に入ったことがわかるので，今回流れた電子 e^- は，

$$n_{e^-} = \underbrace{\frac{0.254\,\text{〔g〕}}{63.5\,\text{〔g/mol〕}}}_{\text{析出した Cu〔mol〕}} \underbrace{\times\, 2}_{\text{流れた }e^-\text{〔mol〕}} = 0.00800\,\text{〔mol〕}$$

となります。これが電池が電気分解によって流した電子 e^- と同じ物質量〔mol〕になるので，電流を流した時間を t〔秒〕とすると，

A＝C/秒 なので

$$\frac{0.500\,\overbrace{\text{〔C/秒〕}}\times t\,\text{〔秒〕}}{9.65\times10^4\,\text{〔C/mol〕}} = 0.00800\,\text{〔mol〕}$$

という式が成立します。

　よって，$t = 1544$〔秒〕

　次に陽極から出ていった電子 e^- も 0.00800 mol であり，陽極の反応式
$2H_2O \longrightarrow O_2 + 4H^+ + 4e^-$ から e^- 4 mol に対し O_2 は 1 mol 発生することがわかります。ここで，標準状態で 1 mol の理想気体は 22.4 L の体積となるので，陽極では，

$$\underbrace{0.00800}_{\text{流れた }e^-\text{〔mol〕}} \underbrace{\times\frac{1}{4}}_{\substack{\text{発生した}\\O_2\text{〔mol〕}}} \underbrace{\times\, 22.4}_{O_2\text{〔L〕}} \underbrace{\times\, 10^3}_{O_2\text{〔mL〕}} = 44.8\,\text{〔mL〕}$$

の O_2 が発生したことになります。

時間：1.54×10^3 秒　　体積：44.8 mL

実戦 基礎問

19 電気分解(2)

右図のように３つの電解槽を直流電源につなぎ，電流を流したところ，電極(ウ)に 1.08 g の金属が析出した。次の問いに答えよ。ただし，原子量は Cu＝63.5，Ag＝108 とする。

問1 電極(ア)の質量変化について正しく記述したものはどれか。次のA～Eから１つ選べ。

A．何の変化も起こらない。
B．質量が 0.635 g 増加した。
C．質量が 0.635 g 減少した。
D．質量が 0.318 g 増加した。
E．質量が 0.318 g 減少した。

問2 電極(イ)で発生した気体は標準状態で何 L か。次のA～Eから１つ選べ。

A．0.056 L
B．0.112 L
C．0.168 L
D．0.224 L
E．0.280 L

問3 電流を流したとき，各電解槽（Ⅰ～Ⅲ）中の電解液についての記述の中で正しいのはどれか。次のA～Fから１つ選べ。

A．電解槽Ⅰの銅(Ⅱ)イオンの濃度は薄くなる。
B．電解槽Ⅰの銅(Ⅱ)イオンの濃度は濃くなる。
C．電解槽Ⅱの硫酸の濃度は濃くなる。
D．電解槽Ⅱの硫酸の濃度は薄くなる。
E．電解槽Ⅲの電解液の pH は高くなる。
F．電解槽Ⅲの硝酸イオンの量は減少する。

(東海大)

（直列回路）

２つ以上の電解槽を直列につないだ場合，**各電解槽を流れた電気量はすべて等しくなります。**

$$Q = Q_1 = Q_2 = Q_3 = Q_4$$

　右図のように並列に電解槽がつながっている場合は，電池が流した全電気量は，<u>電解槽 I を流れた電気量</u> と <u>電解槽 II を流れた電気量</u> の和 になります。

$$Q = Q_1 + Q_3$$
$$ = Q_2 + Q_4$$

また，$Q_1 = Q_2$，$Q_3 = Q_4$

Point 76 直列と並列

直列：各電解槽を流れた電気量は同じ
並列：電池が流した全電気量は，各電解
　　　槽を流れた電気量の和

解 説

各電解槽で起こる反応は，必修基礎問 40 の㋒，㋕，㋓と同じです。

電解槽 I
陽極㋐：$Cu \longrightarrow Cu^{2+} + 2e^-$ ←極板＝Cu なので極板が溶ける
陰極　：$Cu^{2+} + 2e^- \longrightarrow Cu$ ←イオン化傾向の小さな陽イオンが反応する

電解槽 II
陽極　：$2H_2O \longrightarrow O_2 + 4H^+ + 4e^-$ ←極板＝C なので極板は溶けずに，水の電離による OH^- が反応する
陰極㋑：$2H^+ + 2e^- \longrightarrow H_2$ ←H_2SO_4 の H^+ が反応する

電解槽 III
陽極　：$2H_2O \longrightarrow O_2 + 4H^+ + 4e^-$ ←極板＝Pt なので極板は溶けずに，水の電離による OH^- が反応する
陰極㋒：$Ag^+ + e^- \longrightarrow Ag$ ←イオン化傾向の小さな陽イオンが反応する

問 1　Ag＝108 より，電極㋒で析出した Ag は $\dfrac{1.08\,〔g〕}{108\,〔g/mol〕} = 0.0100\,〔mol〕$ です。

陰極の反応式 $Ag^+ + e^- \longrightarrow Ag$ より Ag が 1 mol 析出すると e^- が 1 mol 入ったことになるので，電子 e^- が 0.0100 mol 移動したことになります。

　今回は直列なので，すべての電解槽を 0.0100 mol の電子 e^- が移動したといえます。電極㋐では，

$$Cu \longrightarrow Cu^{2+} + 2e^-$$

が起こり，e^- 2 mol に対し Cu が 1 mol 溶け出すので，ここでは，$0.0100 \times \dfrac{1}{2}$ mol 溶け出します。よって，Cu＝63.5 より，

$$\underset{溶解した\ Cu\,〔mol〕}{0.0100 \times \dfrac{1}{2}} \times \underset{Cu\,〔g〕}{63.5} \fallingdotseq 0.318\,〔g〕$$

の Cu が溶け出し，極板の質量はこの分減少します。

　　よって，E が正しくなります。

問2　電極(イ)の反応式 $2H^+ + 2e^- \longrightarrow H_2$ より，発生した H_2 は e^- 2 mol に対し 1 mol であり，標準状態で 1 mol の理想気体の示す体積は 22.4 L なので，

$$0.0100 \underset{\substack{e^-\,(mol)}}{\underbrace{}} \times \underset{\substack{発生した\ H_2\,(mol)}}{\underbrace{\frac{1}{2}}} \times 22.4 = 0.112\ (L) \quad \underset{H_2\,(L)}{\underbrace{}}$$

となります。

　　よって，B です。

問3　電解槽 I では，電極(ア)で Cu が溶け出しますが，陰極で Cu^{2+} が Cu として析出するので，Cu^{2+} の物質量 (mol) は変化しません。また，H_2O は電気分解前後で量が変化しないため水溶液の体積も変化しないので，溶液中の Cu^{2+} の濃度は変化しません。（➡A，B は誤り）

　　電解槽 II では，電極(イ)の反応式を 2 倍して陽極の反応式と足し合わせて e^- を消去すると，

　　　　$2H_2O \longrightarrow O_2 + 2H_2$

となることからわかるように，水が少なくなるため厳密には硫酸 H_2SO_4 の濃度は濃くなります。ただし，多くの計算問題ではこのような H_2O の量の変化による体積変化は微量なので考えることはありません。しかし，本問では「濃くなる」か「薄くなる」の選択肢しかないので厳密に考えることにします。（➡C は正しく，D は誤り）

　　電解槽 III では，電極(ウ)で Ag が析出し，陽極で O_2 とともに電解液中に H^+ が生じます。つまり，$AgNO_3$ が HNO_3 になっていくのです。硝酸イオン NO_3^- の量は変化せず，溶液は電気分解とともに酸性となり pH は低くなっていきます。（➡E，F は誤り）

　　以上より，C のみが正しいということになります。

 　問1 E　　**問2** B　　**問3** C

41 反応速度を決める要素　　　　　　　　　　　　　　　　化学

〔Ⅰ〕　文中の□□□にあてはまる語句を下より選び記号で答えよ。

　化学反応には反応の途中で 1 とよばれるエネルギーの高い状態がある。反応物が 1 になるのに必要なエネルギーを 2 という。 2 は反応の種類によって異なり，大きいほど反応は 3 なる。反応物分子は加熱により 4 する。反応物分子どうしの 5 が 1 を通過できるエネルギーを与えると生成物が生じる。一般に反応速度は，温度が 10 K 高くなるごとに 6 倍になるといわれている。これは加熱することで反応の 2 より大きな 7 をもつ反応物分子の数が多くなるためである。

ⓐ　平衡状態　　　ⓑ　活性化状態　　　ⓒ　標準状態　　　ⓓ　励起状態
ⓔ　励起エネルギー　　　ⓕ　結合エネルギー　　　ⓖ　活性化エネルギー
ⓗ　運動エネルギー　　　ⓘ　イオン化エネルギー　　　ⓙ　反応熱　　　ⓚ　生成熱
ⓛ　衝突　　　ⓜ　収縮　　　ⓝ　膨張　　　ⓞ　静止　　　ⓟ　速く　　　ⓠ　遅く
ⓡ　一定値と　　　ⓢ　すべて　　　ⓣ　一部　　　ⓤ　激しく運動
ⓥ　広範囲に運動　　　ⓦ　約 0.3　　　ⓧ　約 3　　　ⓨ　約 10　　　ⓩ　約 30

（星薬科大）

〔Ⅱ〕　問1　下の図1の A，B はそれぞれ何を表しているか答えよ。

問2　低温での分子の運動エネルギー分布の一例が図2に示してある。高温での分子の運動エネルギー分布を，この図にかき加えよ。

問3　$N_2 + 3H_2 \longrightarrow 2NH_3$ の反応では高温ほど反応速度が大きい。その理由を，問2の運動エネルギー分布を参考に 40 字以内で答えよ。

図1

図2　　　（早稲田大）

精講　（反応条件と化学反応の速さ）

❶　濃度と反応速度

　空気中で鉄線を熱しても表面が酸化されるだけです。しかし，酸素中に熱した鉄線を入れると，激しく燃焼します。これは，酸素の濃度が，酸素中では

空気中の約 5 倍も大きくなっているためです。

　このように，「反応物の濃度が大きいほど反応速度は大きく」なります。これは，反応物の濃度が大きいほど反応することができる粒子どうしの衝突する回数が増えるためです。

低濃度　　　　　　　　　　高濃度

　ここで，反応物に固体を使うときは，**固体を粉末状にすると固体の表面積が大きくなるので，衝突する回数が増加して反応速度は大きく**なります。

細かくする
表面積(大)

　また，反応物が気体どうしのときに，気体の濃度と気体の分圧は比例するので，**反応する気体の分圧が大きいほど衝突する回数が増加して反応速度は大きく**なります。

❷　温度と反応速度

　一般に，「**温度が高くなるほど反応速度は大きく**」なります。これは，温度が高くなると反応物を構成する粒子の熱運動が激しくなるために，**反応が起こるために必要な最小のエネルギー**（活性化エネルギー E_a（➡p.183））以上の大きな運動エネルギーをもつ粒子の数の割合が増加するためです。

面積は分子の数に比例し，
E_a は活性化エネルギーを表している

❸　触媒と反応速度

　反応の前後でそれ自身は変化せず，反応速度を上げる物質を**触媒**といいます。**触媒を使うと，活性化エネルギーが小さな経路で反応が進み，反応速度が大きく**なります。

触媒を使った場合
触媒を使わなかった場合
■や▨は，反応することができる分子の数の割合

分子の運動エネルギー

Point 77　反応速度を変えるおもな条件
①濃度　　②温度　　③触媒

解　説

〔Ⅰ〕　化学反応には反応の途中で活性化状態とよばれるエネルギーの高い状態があって，反応物が活性化状態になるのに必要なエネルギーを活性化エネルギーといいます（➡p.183）。活性化エネルギーは反応の種類によって異なり，大きいほど反応は遅くなります。また，反応物分子は加熱することにより激しく運動します。

　反応物どうしの一部が活性化状態を通過できるエネルギーを受けとると，生成物が生じます。（一般の気体の反応では，）温度が 10 K 上昇するごとに，反応速度は 2 ～ 3 倍になるものが多いといわれています。これは，加熱することで反応の活性化エネルギーより大きな運動エネルギーをもつ反応物分子の数が多くなるためです。

〔Ⅱ〕　**問1**　B：化学反応で右向きに進む反応を正反応，左向きに進む反応を逆反応といいます。

問2　全体の面積を変えないように，曲線を右にずらしてかきます。

問3　高温ほどより大きな運動エネルギーをもつ分子の数の割合が増加しています。

〔Ⅰ〕　1：ⓑ　　2：ⓖ　　3：ⓠ　　4：ⓤ　　5：ⓣ　　6：ⓧ　　7：ⓗ
〔Ⅱ〕　**問1**　A：反応熱
　　　　　B：触媒ありの逆反応の活性化エネルギー
　　問3　高温ほど活性化エネルギー以上の運動エネルギーをもつ分子の数の割合が増加するため。(40字)

必修 基礎問

42　反応の速さと触媒　　　　　　　　　　　　　　　　　　　化学

〔Ｉ〕　化学反応は，①ほぼ瞬時に起こる反応，②数年もかかるような反応，あるいは③その中間で数時間かけて起こる反応などさまざまである。また，④同じ反応でも反応を行う条件によって反応の速度は大きく変化する。

問1　次の(ア)〜(ウ)の3つの反応は下線①〜③のどれに該当するか，答えよ。

(ア)　酢酸エチルを希塩酸と混合すると加水分解が起こる。

(イ)　希塩酸に水酸化ナトリウム水溶液を加えると中和反応が起こる。

(ウ)　空気中に銅板をおくと青緑色のさびが生じる。

問2　下線④に関連して，スチールウールは空気中で熱すると表面は酸化されるが内部は変化しないのに対し，酸素中では火花を発して激しく燃焼する。この理由を反応速度の観点から簡潔に説明せよ。

〔Ⅱ〕　化学反応を工業的に応用する際，⑤触媒が用いられることがある。触媒には，反応物と均一な状態で働く均一触媒と，反応物と不均一な状態で働く不均一触媒が存在する。

問3　下線⑤に関連して，化学反応において触媒の添加によって変化するものを次の(ア)〜(ウ)の中からすべて選べ。

(ア)　反応熱　　(イ)　活性化エネルギー　　(ウ)　反応速度　　　　（弘前大）

精　講

はやい反応と遅い反応

　　　水素 H_2 の爆発や塩酸 HCl と水酸化ナトリウム NaOH 水溶液の中和などは，反応させた瞬間に反応がほとんど終わってしまいます。

　また，鉄くぎを空気中に放置しておくと，鉄くぎが空気中の酸素や水と長い時間をかけて徐々に反応してさびていきます。

　このように，化学反応にはその種類によって，瞬間的に終わるはやい反応から長い時間をかけて進む遅い反応までいろいろあります。

活性化エネルギー

　化学反応が起こるためには，「一定以上のエネルギーをもつ粒子どうし」が「反応するのに都合のよい方向から衝突する」という2つの条件を満たさなくてはなりません。

　衝突した粒子が反応するためには，**エネルギーの高い途中状態**（**活性化状態**または**遷移状態**）を経由しなければならないのです。

反応物を活性化状態にするのに必要な最小のエネルギーを活性化エネルギーといい，衝突する粒子が活性化エネルギーをこえるだけのエネルギーをもっていないと反応は起こりません。

① 温度を高くすると，反応物を構成する粒子の熱運動が激しくなり，活性化エネルギー以上の運動エネルギーをもつ粒子の数の割合が増加する。その結果，反応速度が大きくなります。

② 触媒を使用すると，活性化エネルギーが小さくなるため，反応速度が大きくなります。ただし，触媒によって反応熱の値は変化せず，一定のままです。

問1　下線①のほぼ瞬時に起こる反応は，爆発（燃焼）や中和反応なので，(イ)の中和反応とわかります。

(イ)　HCl + NaOH ⟶ NaCl + H₂O　（中和反応）

　(ア)の加水分解反応は下線③の数時間かけて起こる反応で，(ウ)のさびが生じる反応は下線②の数年もかかるような反応となります。

(ア)　$CH_3COOC_2H_5$ + H_2O $\overset{H^+}{\rightleftharpoons}$ CH_3COOH + C_2H_5OH　（加水分解反応）
酢酸エチル　　　水　　　　　酢酸　　エタノール

問2　酸素濃度が大きくなることに注目しましょう。

問3　触媒の添加によって，活性化エネルギー(イ)が小さくなることで反応速度(ウ)は大きくなります。ただし，反応熱(ア)は一定のまま変化しません。よって，(イ)と(ウ)が変化します。

答
　　問1　(ア)　③　　(イ)　①　　(ウ)　②
　　問2　反応物の濃度が大きいほど反応速度は大きくなり，酸素中では空気中よりも酸素濃度が大きいから。
　　問3　(イ)，(ウ)

必修 基礎問

43 化学反応の速さ

次の文章を読み，下の問いに答えよ。

化学反応の速さは，単位時間内での反応物質の濃度の減少量，または生成物質の濃度の増加量で表される。一定温度で，反応物質Aが生成物質Bとなる反応（A⟶B）について，各反応時間におけるAの濃度は次のようになった。

反応時間〔min〕	0	2	4	6
Aの濃度〔mol/L〕	0.965	0.855	0.755	0.665

問1 0〜2 min，2〜4 min，4〜6 min の各区間における反応物質Aの平均の反応速度（$\bar{v}$）として最も近い値を選び，番号で答えよ。

① 0.030　② 0.035　③ 0.040
④ 0.045　⑤ 0.050　⑥ 0.055
⑦ 0.060　⑧ 0.065　⑨ 0.070
⓪ 0.075

区間〔min〕	平均の反応速度（$\bar{v}$）〔mol/(L·min)〕
0〜2	〈ア〉
2〜4	〈イ〉
4〜6	〈ウ〉

問2 各区間で反応物質Aの平均濃度（$\bar{C}$）として最も近い値を選び，番号で答えよ。

① 0.50　② 0.55　③ 0.60
④ 0.65　⑤ 0.70　⑥ 0.75
⑦ 0.80　⑧ 0.85　⑨ 0.90
⓪ 0.95

区間〔min〕	平均の濃度（$\bar{C}$）〔mol/L〕
0〜2	〈エ〉
2〜4	〈オ〉
4〜6	〈カ〉

問3 反応（A⟶B）の反応速度定数 k〔1/min〕〈キ〉として最も近い値を選び，番号で答えよ。

① 0.03　② 0.04　③ 0.05　④ 0.06　⑤ 0.07
⑥ 0.08　⑦ 0.09　⑧ 0.10　⑨ 0.11　⓪ 0.12

（東邦大）

精講 ❨反応速度の表し方❩

化学反応の速さは，ふつう**単位時間あたりの反応物または生成物の濃度の変化量**で表し，これを反応速度または反応速度といいます。平均の反応速度を $\bar{v}$ とすると，$\bar{v}$ は次のように表すことができます。

$$\bar{v} = \frac{\text{反応物の濃度の変化量}}{\text{反応時間}} \quad \text{または} \quad \bar{v} = \frac{\text{生成物の濃度の変化量}}{\text{反応時間}}$$

平均を表している

問題文で与えられている反応の，反応物質Aが生成物質Bとなる反応

$$A \longrightarrow B$$

について考えてみましょう。

反応物質Aの時刻 t_1 におけるモル濃度を $[A]_1$ として，時刻 t_2 ではモル濃度が $[A]_2$ まで減少したとすると，平均の反応速度 $\bar{v}$ は，次のように表します。

変化量を表す記号

$$\bar{v} = -\frac{[A]_2-[A]_1}{t_2-t_1} = -\frac{\Delta[A]}{\Delta t}$$

$\bar{v}$ の値を正とするために－（マイナス）の符号をつける

ここで Δ は変化量を表す記号なので，$\Delta[A]=[A]_2-[A]_1$，$\Delta t=t_2-t_1$ です。反応物は時間とともに減少して $\Delta[A]$ は負となるので，$\bar{v}$ の値を正とするために右辺に－（マイナス）の符号をつけます。平均の反応速度 $\bar{v}$ は，時間間隔 Δt のとり方によって変化します。また，Δt を十分に小さくとることで，瞬間の反応速度を求めることもできます。

問1 平均の反応速度は，次のように求めることができます。

時刻 t_2 の濃度　　　時刻 t_1 の濃度

$$\bar{v} = -\frac{[A]_2-[A]_1}{t_2-t_1} = -\frac{\Delta[A]}{\Delta t}$$

よって，各区間における反応物質Aの平均の反応速度 $\bar{v}$ は，

2 min の濃度　　　0 min の濃度

$$0 \sim 2\,\text{min}: \bar{v} = -\frac{0.855-0.965 \,[\text{mol/L}]}{2-0 \,[\text{min}]} = 0.0550 \,[\text{mol/(L·min)}] \quad \Leftarrow \langle \mathcal{P} \rangle$$

$$2 \sim 4\,\text{min}: \bar{v} = -\frac{0.755-0.855 \,[\text{mol/L}]}{4-2 \,[\text{min}]} = 0.0500 \,[\text{mol/(L·min)}] \quad \Leftarrow \langle \mathcal{I} \rangle$$

$$4 \sim 6\,\text{min}: \bar{v} = -\frac{0.665-0.755 \,[\text{mol/L}]}{6-4 \,[\text{min}]} = 0.0450 \,[\text{mol/(L·min)}] \quad \Leftarrow \langle \mathcal{P} \rangle$$

（注） ここでは，分が min（minute）と表されています。

問2 反応物質Aの時刻 t_1 における濃度を $[A]_1$ として，時刻 t_2 では濃度が $[A]_2$ まで減少したとすると，反応物質Aの平均の濃度 $\bar{C}$ は，次のように求められます。

時刻 t_1 の濃度　　　時刻 t_2 の濃度

$$\bar{C} = \frac{[A]_1+[A]_2}{2}$$

よって，各区間における反応物質Aの平均濃度 $\bar{C}$ は，

0 min の濃度　　　2 min の濃度

$$0 \sim 2\,\text{min}: \bar{C} = \frac{0.965+0.855}{2} = 0.910 \,[\text{mol/L}] \quad \Leftarrow \langle \mathcal{I} \rangle$$

$$2 \sim 4 \ \text{min} : \overline{C} = \frac{0.855 + 0.755}{2} = 0.805 \ \text{[mol/L]} \quad \leftarrow \langle \text{オ} \rangle$$

$$4 \sim 6 \ \text{min} : \overline{C} = \frac{0.755 + 0.665}{2} = 0.710 \ \text{[mol/L]} \quad \leftarrow \langle \text{カ} \rangle$$

問 3　ここで,「反応物質Aの平均の反応速度 $\overline{v}$ と反応物質Aの平均濃度 $\overline{C}$ との関係」を調べてみます。

$\overline{v} = k\overline{C}$ が成り立つと仮定し,それぞれの時間について $k = \dfrac{\overline{v}}{\overline{C}}$ を求めてみると,

反応速度定数

$$\frac{\overline{v}}{\overline{C}} = \frac{0.0550 \left[\dfrac{\text{mol}}{\text{L} \cdot \text{min}} \right] \leftarrow \langle \text{ア} \rangle}{0.910 \left[\dfrac{\text{mol}}{\text{L}} \right] \leftarrow \langle \text{エ} \rangle} \fallingdotseq 0.060 \ \text{[1/min]}$$

$$\frac{\overline{v}}{\overline{C}} = \frac{0.0500 \left[\dfrac{\text{mol}}{\text{L} \cdot \text{min}} \right] \leftarrow \langle \text{イ} \rangle}{0.805 \left[\dfrac{\text{mol}}{\text{L}} \right] \leftarrow \langle \text{オ} \rangle} \fallingdotseq 0.062 \ \text{[1/min]}$$

$$\frac{\overline{v}}{\overline{C}} = \frac{0.0450 \left[\dfrac{\text{mol}}{\text{L} \cdot \text{min}} \right] \leftarrow \langle \text{ウ} \rangle}{0.710 \left[\dfrac{\text{mol}}{\text{L}} \right] \leftarrow \langle \text{カ} \rangle} \fallingdotseq 0.063 \ \text{[1/min]}$$

となります。この結果から, k はほぼ 0.06 [1/min] の一定の値となるため, v と C がほぼ比例することがわかります。

「$\overline{v}$ と $\overline{C}$ との関係」はグラフにすることでも調べることができます。グラフをみると, v と C がほぼ比例することがわかります。

[×10⁻²mol/(L・min)] 反応物質 A の平均濃度 $\overline{C}$ [mol/L]

このグラフの傾きは,次のように求められます。

$$\frac{6 \times 10^{-2} \ \text{[mol/(L} \cdot \text{min)]}}{1.0 \ \text{[mol/L]}} = 0.06 \ \text{[1/min]}$$

グラフをみると $\overline{C} = 1.0$ [mol/L]
のとき $v = 6 \times 10^{-2}$ [mol/(L・min)]
を通っていることがわかる

つまり,反応物質Aが生成物質Bとなる反応速度 v は,

$$v = 0.06C = kC$$

と表すことができます。このような**反応物の濃度と反応速度の関係を表す式**を<u>反応速度式</u>または<u>速度式</u>といって,k は**比例定数**で<u>反応速度定数</u>または<u>速度定数</u>とよばれます。<u>速度定数 k は,温度などの条件が一定であれば一定の値になります。</u>

答　**問1** ア：⑥　　**イ**：⑤　　**ウ**：④　　**問2** エ：⑨　　**オ**：⑦　　**カ**：⑤
問3 キ：④

　化学反応には，瞬間的に起こるものや，長い年月をかけて変化が認められる遅いものがある。化学反応の速さは，反応物の濃度，温度，触媒の影響を受けて変化する。温度などの条件が一定であれば，反応速度は反応物の濃度のみに関係して変化する。反応物AとBから生成物Cができる反応の場合，

　　　$A + B \longrightarrow C$

生成物のできる反応速度と反応物の濃度の関係は，次の反応速度式で与えられる。

　　　$v = k[A]^x[B]^y$

　比例定数kは，速度定数といい，温度などの反応条件が一定であれば反応物の濃度に無関係で一定である。指数のxとyは，整数あるいは分数などの値をとり，$(x+y)$は反応の次数とよばれる。反応速度式は実験によって求めなければならないもので，反応式から直接導くことはできない。

　次式の反応の速度式を求めるために，ある温度で，反応物の濃度を変えて反応速度を調べたところ，下の表の結果が得られた。

　　　NO（気）$+ H_2$（気）$\longrightarrow$　生成物

問1　表のデータを用いて，この反応速度式のxとyを求めよ。計算の過程も記述すること。

実験番号	[NO]〔mol/L〕	[H₂]〔mol/L〕	v〔mol/(L·s)〕
1	0.020	0.050	0.0050
2	0.040	0.050	0.0200
3	0.060	0.030	0.0270

問2　この反応の反応速度定数を単位とともに求めよ。

（札幌医科大）

精　講　　（反応速度式）

　　　　　　反応物の濃度と反応速度の関係を表す式を反応速度式といいました（➡ **必修基礎問 43**）。反応物AとBから生成物Cができる反応

　　　$A + B \longrightarrow C$

の反応速度式は，

　　　$v = k[A]^x[B]^y$

となり，kは反応速度定数とよばれ温度などの条件が一定であれば一定の値になります。反応速度式は実験により求めるもので，化学反応式だけで単純に決められません。

問1　NO（気）＋ H₂（気）—→ 生成物

　　この反応速度式は，

$$v = k[\mathrm{NO}]^x[\mathrm{H_2}]^y$$

と書くことができます。ここで，$[\mathrm{H_2}]=0.050$〔mol/L〕で一定のもと，**実験番号 1 と 2 のデータ**より，

$$[\mathrm{NO}]\ が\ \frac{0.040}{0.020}=2\ 倍\ になると\ v\ は\ \frac{0.0200}{0.0050}=4\ 倍$$

となることから，v は $[\mathrm{NO}]^2$ に比例するので　$x=2$　とわかります。

　　よって，反応速度式は $v=k[\mathrm{NO}]^2[\mathrm{H_2}]^y$ となり，ここに**実験番号 1 と 3 のデータ**を代入します。

$$\underset{5\times10^{-3}}{0.0050} = k\underset{4\times10^{-4}}{(0.020)^2}(0.050)^y \quad ←実験番号 1 のデータを反応速度式に代入する$$

$$\underset{27\times10^{-3}}{0.0270} = k\underset{36\times10^{-4}}{(0.060)^2}(0.030)^y \quad ←実験番号 3 のデータを反応速度式に代入する$$

　　温度一定の条件のもとで実験しているので，k の値は一定となります。

$$k = \frac{5\times10^{-3}}{4\times10^{-4}\times(0.050)^y} = \frac{27\times10^{-3}}{36\times10^{-4}\times(0.030)^y}$$

$$\frac{(0.030)^y}{(0.050)^y} = \frac{27}{36}\times\frac{4}{5} = \frac{3}{5}$$

$$\left(\frac{3\times10^{-2}}{5\times10^{-2}}\right)^y = \left(\frac{3}{5}\right)^y = \frac{3}{5}$$

$$y = 1$$

　　よって，$x=2$，$y=1$，つまり反応速度式は　$v=k[\mathrm{NO}]^2[\mathrm{H_2}]$　となります。

問2　実験番号 1～3 のデータで好きなものを 1 つ代入して k を求めます。どのデータを代入しても，温度一定のもとで実験しているため k は同じ値になります。

　　実験番号 1 のデータを**問 1** で求めた反応速度式に代入します。数値だけを代入すると，

$$0.0050 = k\times(0.020)^2\times(0.050) \quad ← v=k[\mathrm{NO}]^2[\mathrm{H_2}] に数値を代入$$

$$k = 250$$

単位だけを代入すると，

$$\frac{\mathrm{mol}}{\mathrm{L\cdot s}} = k\times\left(\frac{\mathrm{mol}}{\mathrm{L}}\right)^2\times\left(\frac{\mathrm{mol}}{\mathrm{L}}\right) \quad ← v=k[\mathrm{NO}]^2[\mathrm{H_2}] に単位を代入$$

$$k = \frac{\mathrm{L^2}}{\mathrm{mol^2\cdot s}}$$

となるので，$k=250\ \mathrm{L^2/(mol^2\cdot s)}$　とわかります。

答　　**問 1**　$x=2$，$y=1$，計算の過程は 解説 参照。　　**問 2**　$250\ \mathrm{L^2/(mol^2\cdot s)}$

21 化学平衡の移動

$$C_2H_4(\text{気}) + H_2(\text{気}) = C_2H_6(\text{気}) + 137\,kJ$$

上の反応が平衡状態に達している。(1)～(5)のように条件を変えると，平衡はどのように変化するか。下の〔解答群〕から選び，記号で答えよ。

(1) 温度と圧力を一定に保ち，エタン C_2H_6 を加える。

(2) 温度と圧力を一定に保ち，窒素 N_2 を加える。

(3) 温度と容器の体積を一定に保ち，窒素 N_2 を加える。

(4) 圧力を一定に保ち，温度を上げる。

(5) 圧力を一定に保ち，水素 H_2 を加えながら温度を上げる。

〔解答群〕　㋐　右に移動する　　㋑　左に移動する　　㋒　はやくなる

㋓　遅くなる　　　　㋔　変わらない　　　㋕　予測できない

(三重大)

精 講　　〔化学平衡の法則〕

　　　　水素 H_2 とヨウ素 I_2 の混合気体を密閉容器に入れて加熱し，一定温度に保つと，ヨウ化水素 HI が生成します。ある程度の時間がたつと，生成したヨウ化水素 HI の一部が分解して，水素 H_2，ヨウ素 I_2 が生成する逆向きの反応も起こります。

$$H_2 + I_2 \rightleftharpoons 2HI \quad \left\{ \begin{array}{l} \longrightarrow \text{を正反応} \\ \longleftarrow \text{を逆反応} \end{array} \right\} \text{という}$$

　上の反応において，**左から右への反応を正反応**，**右から左への反応を逆反応**といい，**正反応と逆反応の両方が起こるとき，このような反応を可逆反応**といいます。

　可逆反応において，正反応の反応速度を v_1，逆反応の反応速度を v_2 とすると，ある程度の時間がたつと $v_1 = v_2$ になり，**みかけ上は反応が止まったような状態になります**。この状態を**化学平衡の状態**または単に**平衡状態**といいます。平衡状態は，正反応や逆反応が止まったのではなく，水素 H_2，ヨウ素 I_2，およびヨウ化水素 HI の各物質が一定の割合で混合した状態になっています。

〈平衡状態〉

平衡状態では，
$v_1 = v_2 \neq 0$　となる

　反応の初期の段階では，水素 H_2 とヨウ素 I_2 のモル濃度〔mol/L〕（$[H_2]$，$[I_2]$）が大きいために正反応の反応速度 v_1 が大きいのですが，反応が進行すると $[H_2]$，$[I_2]$ が小さくなり，ヨウ化水素 HI のモル濃度〔mol/L〕（$[HI]$）が大きくなるので逆反応の反応速度 v_2 が大きくなります。左から右への反応<u>のみかけの反応速度</u>は $v_1 - v_2$ で表され，ある時間が経過すると，v_1 と v_2 の関係は $v_1 = v_2$ つまり $v_1 - v_2 = 0$ となり，みかけ上反応は停止した状態になります。

右向きの反応

<u>平衡状態</u>

$[H_2]$，$[I_2]$，$[HI]$の濃度変化　　　正反応と逆反応の反応速度

　物質Aと物質Bが反応して，物質Cと物質Dが生成する可逆反応は，次のように表すことができます。a，b，c，d は係数になります。

$$aA + bB \rightleftarrows cC + dD$$

この可逆反応が，ある温度で平衡状態にあるとき，各物質 A，B，C，D のモル濃度をそれぞれ $[A]$，$[B]$，$[C]$，$[D]$ とすると，次の関係が成り立ちます。

$$K = \frac{[C]^c[D]^d}{[A]^a[B]^b}$$

　この K を（濃度）平衡定数といって，この式で表される関係を化学平衡の法則（質量作用の法則）といいます。（濃度）平衡定数は，<u>温度が一定であれば</u>，反応物や生成物のモル濃度がさまざまな値をとっても，それらの濃度の間には，一定の関係が成立して平衡定数 K の値は一定に保たれます。
　また，<u>溶媒として多量に存在する水や固体物質の濃度は事実上一定であるので，式には含めません。</u>

（例）　$N_2 + 3H_2 \rightleftarrows 2NH_3$　　$K = \dfrac{[NH_3]^2}{[N_2][H_2]^3}$

（例）　$C(固) + CO_2(気) \rightleftarrows 2CO(気)$　　$K = \dfrac{[CO]^2}{[CO_2]}$　←C（固）は含めない

　可逆反応が平衡状態にあるとき，温度・圧力・濃度などの条件に変化をあたえると，平衡状態が一時的にくずれますが，その**変化を緩和する方向へと正反応または逆反応が進んで**（平衡の移動），新しい平衡状態になります。

　1884年にルシャトリエは，条件変化と平衡移動の方向について，次のような原理を発表しました。

> 　**ある可逆反応が平衡状態にあるとき，外部条件（温度・圧力・濃度など）を変化させると，その影響を緩和する方向に平衡が移動し，新しい平衡状態になる**

　これをルシャトリエの原理　または　平衡移動の原理といいます。

Point 78　ルシャトリエの原理（平衡移動の原理）

❶　温度変化と平衡移動
- 温度を上げる ➡ 吸熱反応の方向へ平衡が移動する
- 温度を下げる ➡ 発熱反応の方向へ平衡が移動する

❷　圧力変化と平衡移動
- 圧力を上げる ➡ 気体粒子数が減少する方向へ平衡が移動する
- 圧力を下げる ➡ 気体粒子数が増加する方向へ平衡が移動する

❸　濃度変化と平衡移動
- ある物質Aの濃度を上げる
  - ➡ 物質Aの濃度が減少する方向へ平衡が移動する
- ある物質Aの濃度を下げる
  - ➡ 物質Aの濃度が増加する方向へ平衡が移動する

❹　触媒と平衡移動
- 触媒を加える ➡ 反応速度は大きくなるが，平衡は移動しない

　ルシャトリエの原理を使って考えてみましょう。

$$C_2H_4（気）+ H_2（気）= C_2H_6（気）+ 137\,kJ \quad \cdots(*)$$

⑴　「エタン C_2H_6 を加えて濃度を上げる」と「エタン C_2H_6 の濃度が減少する方向」つまり「（＊）の平衡は左に移動」します。

⑵　温度と全圧を一定にして（＊）の平衡に無関係な窒素 N_2 を加えると，「全圧が一定に保たれているので，エチレン C_2H_4，水素 H_2，エタン C_2H_6 の分圧の和（平衡混合気体の分圧の和）が減少」します。そのため，「気体分子数が増加する方向（（＊）の反

応式の係数を読みとって，$1+1 \leftarrow 1$）」，つまり「（＊）の平衡は**左に移動**」します。

$\underset{C_2H_4\ 1\ mol\quad H_2\ 1\ mol}{\underset{}{}}\ C_2H_6\ 1\ mol$

同じおもり

C_2H_4　H_2

C_2H_6

全圧一定で N_2 を加える

C_2H_4　H_2

C_2H_6 N_2

おもりは変わっていないため，窒素 N_2 が加わることで気体全体の体積は大きくなる

体積・温度はそのままで，平衡混合気体と N_2 に注目する

V, T：一定で分ける（→ p.71）

N_2 の分圧に相当する

平衡混合気体の分圧の和が減少する

C_2H_4　H_2

C_2H_6

＋

N_2

(3)　温度と体積一定で（＊）の平衡に無関係な窒素 N_2 を加えても，「エチレン C_2H_4，水素 H_2，エタン C_2H_6 の物質量〔mol〕や体積に変化がないので，それぞれの濃度に変化はありません。それぞれの濃度に変化がなければ，「（＊）の平衡も**移動しません**」。

C_2H_4　H_2

C_2H_6

V 一定で N_2 を加える

C_2H_4　H_2

C_2H_6 N_2

N_2 分

V を一定に保つため，N_2 分のおもりをのせる必要があります

C_2H_4，H_2，C_2H_6 の濃度は変化がない

(4)　「温度を上げる」と「吸熱方向」つまり「（＊）の平衡は**左に移動**」します。

(5)　「水素 H_2 を加えて濃度を上げる」と「水素 H_2 の濃度が減少する方向」つまり「（＊）の平衡は右に移動」します。しかし，同時に「温度も上げている」ので「吸熱方向」つまり「（＊）の平衡は左に移動」します。そのため，この問題で与えられている条件では移動方向は**予測できません**。

答 (1) ㋑　(2) ㋑　(3) ㋛　(4) ㋑　(5) ㋕

四酸化二窒素 N_2O_4（無色の気体）が分解して二酸化窒素 NO_2（赤褐色の気体）を生じる反応は，次のような可逆反応である。

$$N_2O_4 \rightleftharpoons 2NO_2 \quad \cdots ①$$

純粋な N_2O_4 を n_0〔mol〕とり，一定容器 V〔L〕のガラス容器に密封し，温度 T〔K〕に保ったところ，平衡に達し，そのときの圧力は P_0〔Pa〕であった。また，このときの N_2O_4，NO_2 の物質量はそれぞれ n_A〔mol〕，n_B〔mol〕であった。気体定数を R〔Pa·L/(mol·K)〕として，次の問いに答えよ。

問1 可逆反応①の平衡定数 K を n_A，n_B および V で表せ。また K の単位も書け。

問2 この平衡状態での N_2O_4，NO_2 の分圧をそれぞれ p_A〔Pa〕，p_B〔Pa〕として，問1における平衡定数 K を p_A，p_B を含む式で表せ。

問3 NO_2 の物質量 n_B を n_0 および n_A で表せ。

問4 $\alpha = \dfrac{n_0 - n_A}{n_0}$ とおくと，α は①の反応において何を表しているか。その内容を簡潔に書け。

問5 $\dfrac{n_A}{n_0}$ を α で表せ。また，N_2O_4，NO_2 の分圧 p_A と p_B を P_0 と α で表せ。

問6 上記の状態（平衡定数 K）から温度をさらに上げると，ガラス容器中の気体の色が次第に濃くなり，新しい平衡に達した。次の(ア)，(イ)に答えよ。

(ア) このときの平衡定数を K' とすると，K' は下記のどれか。(a)～(c)から1つ選び，記号で示せ。

　(a) $K' > K$ 　　(b) $K' = K$ 　　(c) $K' < K$

(イ) N_2O_4 から NO_2 が生成するときの反応熱を Q とすると，Q は下記のどれか。(a)～(c)から1つ選び，記号で示せ。

　(a) $Q > 0$ 　　(b) $Q = 0$ 　　(c) $Q < 0$

　　　　　　　　　　　　　　　　　　　　　　　　　　　　　　（岩手大）

精　講　　**圧平衡定数**

　　気体の反応が平衡状態の場合には，それぞれの気体のモル濃度を用いて，その反応の（濃度）平衡定数を表すことができます（➡p.191）。

　例えば，窒素 N_2 と水素 H_2 からアンモニア NH_3 が生成する可逆反応

$$N_2 + 3H_2 \rightleftharpoons 2NH_3$$

が平衡状態のとき，この反応の（濃度）平衡定数は，それぞれの気体のモル濃度

を $[N_2]$, $[H_2]$, $[NH_3]$ とすると,

$$K = \frac{[NH_3]^2}{[N_2][H_2]^3}$$

となります。

　また, 混合気体のモル濃度の代わりに, 濃度に比例する**分圧で表した平衡定数である圧平衡定数 K_P** を用いることもあります。気体の反応が平衡状態の場合, 濃度よりも圧力の方が調べやすいので, 圧平衡定数 K_P を使うことが多くなります。

$$N_2 + 3H_2 \rightleftharpoons 2NH_3$$

の可逆反応では, それぞれの気体の分圧を P_{N_2}, P_{H_2}, P_{NH_3} とすると,

$$K_P = \frac{P_{NH_3}{}^2}{P_{N_2} \cdot P_{H_2}{}^3}$$

となります。この圧平衡定数も温度が一定であれば, 一定の値をとります。

　N_2O_4 を n_0〔mol〕とり, T〔K〕のもと, 平衡に達したので次のような量的関係になります。

$$N_2O_4 \rightleftharpoons 2NO_2 \quad \cdots ①$$

反応前	n_0	0	(単位:mol)
平衡時	n_A	n_B	

問1　容器の容積が V〔L〕なので, それぞれの気体のモル濃度〔mol/L〕は,

$$[N_2O_4] = \frac{n_A}{V} \text{〔mol/L〕} \qquad [NO_2] = \frac{n_B}{V} \text{〔mol/L〕} \quad \leftarrow \text{mol÷L を求める}$$

となり, 平衡定数 K は,

$$K = \frac{[NO_2]^2}{[N_2O_4]} = \frac{\left(\dfrac{n_B}{V}\right)^2}{\left(\dfrac{n_A}{V}\right)} = \frac{n_B{}^2}{n_A V} \qquad \text{単位は,} \quad \frac{\left(\dfrac{\text{mol}}{\text{L}}\right)^2}{\left(\dfrac{\text{mol}}{\text{L}}\right)} = \frac{\text{mol}}{\text{L}} \quad \text{となります。}$$

問2　それぞれの分圧について, 理想気体の状態方程式が成り立つので,

$$\underbrace{p_A V = n_A R T}_{N_2O_4 \text{について成立}} \qquad \underbrace{p_B V = n_B R T}_{NO_2 \text{について成立}}$$

のような関係になります。それぞれの気体のモル濃度〔mol/L〕は,

$$[N_2O_4] = \frac{n_A}{V} = \frac{p_A}{RT} \qquad [NO_2] = \frac{n_B}{V} = \frac{p_B}{RT} \quad \leftarrow \frac{n}{V} = \frac{p}{RT} \text{ を利用している}$$

となり, 平衡定数 K は次のようになります。

$$K = \frac{[\mathrm{NO_2}]^2}{[\mathrm{N_2O_4}]} = \frac{\left(\dfrac{p_B}{RT}\right)^2}{\left(\dfrac{p_A}{RT}\right)} = \frac{p_B{}^2}{p_A RT}$$

問3 ①の反応式から，$\mathrm{N_2O_4}$ の物質量〔mol〕の 2 倍の物質量〔mol〕の $\mathrm{NO_2}$ が生成することがわかります。

$\mathrm{N_2O_4}$ の変化した量は $(n_0 - n_A)$〔mol〕，生成している $\mathrm{NO_2}$ は n_B〔mol〕なので，

$$\underbrace{(n_0 - n_A)}_{\text{反応した } \mathrm{N_2O_4} \text{ の mol}} \times \underbrace{2}_{\substack{\uparrow \\ 2\text{倍生成}}} = \underbrace{n_B}_{\text{生成した } \mathrm{NO_2} \text{ の mol}}$$

はじめ　平衡時

の関係式が成り立ちます。

問4 $\alpha = \dfrac{n_0 - n_A}{n_0}$ ← 反応した（分解した）$\mathrm{N_2O_4}$ の物質量 ← 反応に使用した $\mathrm{N_2O_4}$ の物質量

問5 問4より，$\alpha = \dfrac{n_0 - n_A}{n_0}$ なので，$\dfrac{n_A}{n_0} = 1 - \alpha$ …②

ここで，問3と②式より，

$$n_A + n_B = n_A + \underbrace{2(n_0 - n_A)}_{\text{問3より}} = 2n_0 - n_A = n_0\left(2 - \frac{n_A}{n_0}\right) = n_0(2 - \underbrace{(1 - \alpha)}_{\text{②式より}}) = n_0(1 + \alpha)$$

②式より，　$n_A = n_0(1 - \alpha)$

問3より，　$n_B = 2(n_0 - n_A) = 2(n_0 - n_0(1 - \alpha)) = 2n_0\alpha$

$\mathrm{N_2O_4}$ の分圧　$p_A = P_0 \times \underbrace{\dfrac{n_A}{n_A + n_B}}_{\substack{\uparrow \\ \text{モル分率}}} = P_0 \times \dfrac{n_0(1 - \alpha)}{n_0(1 + \alpha)}$　よって，$p_A = \dfrac{1 - \alpha}{1 + \alpha}P_0$

全圧

$\mathrm{NO_2}$ の分圧　$p_B = P_0 \times \underbrace{\dfrac{n_B}{n_A + n_B}}_{\substack{\uparrow \\ \text{モル分率}}} = P_0 \times \dfrac{2n_0\alpha}{n_0(1 + \alpha)}$　よって，$p_B = \dfrac{2\alpha}{1 + \alpha}P_0$

全圧

問6 ルシャトリエの原理から，温度を上げると吸熱反応の方向に平衡が移動します。容器内の色が次第に濃くなることから，この反応は吸熱反応とわかります。

$$\mathrm{N_2O_4}(\text{無色}) = 2\mathrm{NO_2}(\text{赤褐色}) - Q\,\mathrm{kJ}$$

一般に，温度が高いほど，吸熱反応の平衡定数は大きくなります。

 答

問1　$K = \dfrac{n_B{}^2}{n_A V}$〔mol/L〕　**問2**　$K = \dfrac{p_B{}^2}{p_A RT}$　**問3**　$n_B = 2(n_0 - n_A)$

問4　反応に使用した $\mathrm{N_2O_4}$ の物質量に対する分解した $\mathrm{N_2O_4}$ の物質量の割合を表している。

問5　$\dfrac{n_A}{n_0} = 1 - \alpha$，$p_A = \dfrac{1 - \alpha}{1 + \alpha}P_0$，$p_B = \dfrac{2\alpha}{1 + \alpha}P_0$

問6　(ア)　(a)　(イ)　(c)

　水溶液中での塩化銀の溶解度積（25℃）を K_{sp} とするとき，$[Ag^+]$ と $\dfrac{K_{sp}}{[Ag^+]}$ との関係は図1の曲線で表される。硝酸銀水溶液と塩化ナトリウム水溶液を，表1に示すア～オのモル濃度の組み合わせで同体積ずつ混合した。25℃で十分な時間をおいたとき，塩化銀の沈殿が生成するのはどれか。すべてを正しく選択しているものを，下の①～⑤のうちから1つ選べ。

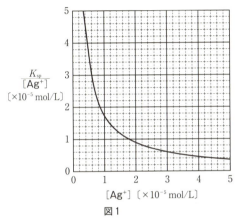

$\dfrac{K_{sp}}{[Ag^+]}$ 〔×10⁻⁵ mol/L〕

$[Ag^+]$ 〔×10⁻⁵ mol/L〕

図1

	硝酸銀水溶液のモル濃度〔×10⁻⁵ mol/L〕	塩化ナトリウム水溶液のモル濃度〔×10⁻⁵ mol/L〕
ア	1.0	1.0
イ	2.0	2.0
ウ	3.0	3.0
エ	4.0	2.0
オ	5.0	1.0

表1

① ア　　② ウ，エ　　③ ア，イ，オ

④ イ，ウ，エ，オ　　⑤ ア，イ，ウ，エ，オ

（センター試験）

精　講 溶解度積

　塩化銀 AgCl は水に溶けにくい塩（沈殿（➡p.204）といいます）ですが，水にごくわずかに溶けて次のような溶解平衡が成立します。

$$AgCl(固) \rightleftharpoons Ag^+ + Cl^-$$

Cl⁻

AgCl（固）

Ag⁺

Ag⁺やCl⁻は水に限界まで溶けている。
← つまり，上ずみ液は AgCl の飽和水溶液になっている。

　この溶解平衡に化学平衡の法則（質量作用の法則）を適用すると，平衡定数 K は次のように表せます。

$$K = \frac{[Ag^+][Cl^-]}{[AgCl(固)]} \quad （温度一定でKの値は一定となる）$$

ここで，［AgCl（固）］は固体（AgCl（固））の濃度を表していて，この固体の濃度（単位体積あたりの物質量〔mol〕のこと）は一定とみなすことができます。

┗→決まった体積

つまり，

$$K = \frac{[Ag^+][Cl^-]}{[AgCl(固)]} \quad は \quad K[AgCl(固)] = [Ag^+][Cl^-] = K_{sp}$$

温度一定で　　　　　　一定とみなせる　　　一定　　一定　　　　　　新たな定数 K_{sp} とおく
K は一定　　　　　　　　　　　　　　　　　　　　　　　　　　ことができる

と変形でき，K_{sp} を**溶解度積**（solubility product）といいます。

$$K_{sp} = [Ag^+][Cl^-]$$

K_{sp} は温度が一定のときは一定値となります。

Point 79　溶解度積 K_{sp} について

AgCl や Ag_2CrO_4 のような沈殿がそれぞれ次のような溶解平衡

$$AgCl \rightleftarrows Ag^+ + Cl^-$$
$$Ag_2CrO_4 \rightleftarrows 2Ag^+ + CrO_4{}^{2-}$$

にあるとき，溶解度積 K_{sp} はそれぞれ，

$$K_{sp} = [Ag^+][Cl^-]$$ 「反応式の係数乗」となるので注意！
$$K_{sp} = [Ag^+]^2[CrO_4{}^{2-}]$$

と表すことができる。温度が一定で K_{sp} の値は一定となる。

溶解度積の利用

溶解度積 K_{sp} を利用すると，**沈殿が生じるか・生じないかを判定**することができます。具体的には，

すべてイオンとして存在している（沈殿を生じていない）と仮定したときのモル濃度の積を計算して溶解度積と比べる

ことで，沈殿が生じる・生じないを判定します。

沈殿が生じる・生じないの条件は，次のようになります。

Point 80　沈殿が生じる・生じないの条件

❶ （計算値）＞K_{sp} のとき
沈殿が生じており，水溶液中では K_{sp} が成立している。

❷ （計算値）≦K_{sp} のとき
沈殿が生じていない。

解　説

与えられた図1は，色部分 ⬜ の領域の条件で AgCl が沈殿します。

$[Cl^-] = \dfrac{K_{sp}}{[Ag^+]}$
〔$\times 10^{-5}$ mol/L〕

沈殿する
条件

0

$[Ag^+]$
〔$\times 10^{-5}$ mol/L〕

この曲線は
$[Ag^+][Cl^-] = K_{sp}$ をみたします

AgCl は，

$[Ag^+][Cl^-] > K_{sp}$ つまり $[Cl^-] > \dfrac{K_{sp}}{[Ag^+]}$

の条件で沈殿するので，色部分 ⬜ の条件で沈殿します。
または，$[Ag^+]$ と $[Cl^-]$ がともに大きければ
AgCl が沈殿することから，色部分 ⬜ の条件が沈殿する条件と直感的に判定することもできます。

硝酸銀 $AgNO_3$ 水溶液（Ag^+ の水溶液）と塩化ナトリウム NaCl 水溶液（Cl^- の水溶液）を同体積ずつ混合しているので，混合直後のそれぞれのモル濃度は $\dfrac{1}{2}$ 倍になります（➡p.157）。

混合直後のモル濃度を表にして，図1にア〜オを書き込むと下のようになります。

	混合直後の Ag^+ のモル濃度〔$\times 10^{-5}$ mol/L〕	混合直後の Cl^- のモル濃度〔$\times 10^{-5}$ mol/L〕
ア	$1.0 \times \dfrac{1}{2} = 0.50$	$1.0 \times \dfrac{1}{2} = 0.50$
イ	$2.0 \times \dfrac{1}{2} = 1.0$	$2.0 \times \dfrac{1}{2} = 1.0$
ウ	$3.0 \times \dfrac{1}{2} = 1.5$	$3.0 \times \dfrac{1}{2} = 1.5$
エ	$4.0 \times \dfrac{1}{2} = 2.0$	$2.0 \times \dfrac{1}{2} = 1.0$
オ	$5.0 \times \dfrac{1}{2} = 2.5$	$1.0 \times \dfrac{1}{2} = 0.5$

ア〜オのモル濃度の組み合わせを図1に書き込みます

$[Cl^-] = \dfrac{K_{sp}}{[Ag^+]}$
〔$\times 10^{-5}$ mol/L〕

沈殿する領域

$[Ag^+]$〔$\times 10^{-5}$ mol/L〕

色部分 ⬜ の領域で AgCl の沈殿が生成するので，ウ，エで AgCl の沈殿が生成することがわかります。

答 ②

1 次の文章を読み，問い（**問 1 ～ 4**）に答えよ。

私たちが暮らす地球の大気には二酸化炭素 CO_2 が含まれている。(a)CO_2 が水に溶けると，その一部が炭酸 H_2CO_3 になる。

$$CO_2 + H_2O \rightleftharpoons H_2CO_3$$

このとき，H_2CO_3，炭酸水素イオン HCO_3^-，炭酸イオン CO_3^{2-} の間に式(1)，(2)のような電離平衡が成り立っている。ここで，式(1)，(2)における電離定数をそれぞれ K_1，K_2 とする。

$$H_2CO_3 \rightleftharpoons H^+ + HCO_3^- \quad \cdots(1)$$
$$HCO_3^- \rightleftharpoons H^+ + CO_3^{2-} \quad \cdots(2)$$

式(1)，(2)が H^+ を含むことから，水中の H_2CO_3，HCO_3^-，CO_3^{2-} の割合は pH に依存し，pH を変化させると**図 1**のようになる。

図1

一方，海水は地殻由来の無機塩が溶けているため，弱塩基性を保っている。しかし，産業革命後は，人口の急増や化石燃料の多用で増加した CO_2 の一部が海水に溶けることによって，(b)海水の pH は徐々に低下しつつある。

宇宙に目を向ければ，(c)ある惑星では大気のほとんどが CO_2 で，大気圧はほぼ 600 Pa，表面温度は最高で 20 ℃，最低で -140 ℃ に達する。

問 1 下線部(a)に関連して，25 ℃，1.0×10^5 Pa の地球の大気と接している水 1.0 L に溶ける CO_2 の物質量は何 mol か。最も適当な数値を，次の①～⑤のうちから 1 つ選べ。ただし，CO_2 の水への溶解はヘンリーの法則のみに従い，25 ℃，1.0×10^5 Pa の CO_2 は水 1.0 L に 0.033 mol 溶けるものとする。また，地球の大気は CO_2 を体積で 0.040 ％ 含むものとする。

① 3.3×10^{-2} mol 　② 1.3×10^{-3} mol 　③ 6.5×10^{-4} mol

④ 1.3×10^{-5} mol 　⑤ 6.5×10^{-6} mol

問 2 式(2)における電離定数 K_2 に関する次の問い（**a・b**）に答えよ。

a 電離定数 K_2 を次の式(3)で表すとき，　1　と　2　に当てはまる最も適当なものを，あとの①～⑤のうちからそれぞれ 1 つずつ選べ。

$$K_2 = [\text{H}^+] \times \dfrac{\boxed{1}}{\boxed{2}} \quad \cdots (3)$$

① $[\text{H}^+]$　　② $[\text{HCO}_3^-]$　　③ $[\text{CO}_3^{2-}]$

④ $[\text{HCO}_3^-]^2$　　⑤ $[\text{CO}_3^{2-}]^2$

b 電離定数の値は数桁にわたるので，K_2 の対数をとって $\text{p}K_2 (= -\log_{10} K_2)$ として表すことがある。式(3)を変形した次の式(4)と**図1**を参考に，$\text{p}K_2$ の値を求めると，およそいくらになるか。最も適当な数値を，下の①〜⑤のうちから1つ選べ。

$$-\log_{10} K_2 = -\log_{10}[\text{H}^+] - \log_{10} \dfrac{\boxed{1}}{\boxed{2}} \quad \cdots (4)$$

① 6.3　　② 7.3　　③ 8.3　　④ 9.3　　⑤ 10.3

問3 下線部(b)に関連して，pH が 8.17 から 8.07 に低下したとき，水素イオン濃度はおよそ何倍になるか。最も適当な数値を，次の①〜⑥のうちから1つ選べ。必要があれば常用対数表の一部を抜き出した**表1**を参考にせよ。例えば，$\log_{10} 2.03$ の値は，**表1** の 2.0 の行と 3 の列が交わる太枠内の数値 0.307 となる。

① 0.10　　② 0.75　　③ 1.0　　④ 1.3　　⑤ 7.5　　⑥ 10

数	0	1	2	3	4	5	6	7	8	9
1.0	0.000	0.004	0.009	0.013	0.017	0.021	0.025	0.029	0.033	0.037
1.1	0.041	0.045	0.049	0.053	0.057	0.061	0.064	0.068	0.072	0.076
1.2	0.079	0.083	0.086	0.090	0.093	0.097	0.100	0.104	0.107	0.111
1.3	0.114	0.117	0.121	0.124	0.127	0.130	0.134	0.137	0.140	0.143
1.4	0.146	0.149	0.152	0.155	0.158	0.161	0.164	0.167	0.170	0.173
1.5	0.176	0.179	0.182	0.185	0.188	0.190	0.193	0.196	0.199	0.201
1.6	0.204	0.207	0.210	0.212	0.215	0.217	0.220	0.223	0.225	0.228
1.7	0.230	0.233	0.236	0.238	0.241	0.243	0.246	0.248	0.250	0.253
1.8	0.255	0.258	0.260	0.262	0.265	0.267	0.270	0.272	0.274	0.276
1.9	0.279	0.281	0.283	0.286	0.288	0.290	0.292	0.294	0.297	0.299
2.0	0.301	0.303	0.305	0.307	0.310	0.312	0.314	0.316	0.318	0.320
2.1	0.322	0.324	0.326	0.328	0.330	0.332	0.334	0.336	0.338	0.340
9.6	0.982	0.983	0.983	0.984	0.984	0.985	0.985	0.985	0.986	0.986
9.7	0.987	0.987	0.988	0.988	0.989	0.989	0.989	0.990	0.990	0.991
9.8	0.991	0.992	0.992	0.993	0.993	0.993	0.994	0.994	0.995	0.995
9.9	0.996	0.996	0.997	0.997	0.997	0.998	0.998	0.999	0.999	1.000

表1 常用対数表（抜粋，小数第4位を四捨五入して小数第3位までを記載）

問4 下線部(c)に関連して，なめらかに動くピストン付きの密閉容器に 20℃ で CO_2 を入れ，圧力 600 Pa に保ち，温度を 20℃ から −140℃ まで変化させた。このとき，容器内の CO_2 の温度 t と体積 V の関係を模式的に表した図として最も適当なもの

を，下の①〜④のうちから1つ選べ。ただし，温度 t と圧力 p において CO_2 がとりうる状態は図2のようになる。なお，図2は縦軸が対数で表されている。

図2

（共通テスト試行調査）

第 2 章

無機化学

11. 金属イオンの検出と分離

44 金属イオンの反応(1)　　　　　　　　　　　　　　　　　　化学

次の問いに該当する金属イオンをすべて選べ。該当するものがない場合にはfと記せ。

問1 SO_4^{2-} を加えると沈殿を生じる金属イオンはどれか。
　a. Ba^{2+}　　b. Ca^{2+}　　c. Mg^{2+}　　d. Pb^{2+}　　e. Zn^{2+}

問2 CO_3^{2-} を加えると沈殿を生じる金属イオンはどれか。
　a. Na^+　　b. Ba^{2+}　　c. Ca^{2+}　　d. Mg^{2+}　　e. Sr^{2+}

問3 Cl^- を加えると沈殿を生じる金属イオンはどれか。
　a. Cu^{2+}　　b. Fe^{2+}　　c. Hg^{2+}　　d. Pb^{2+}　　e. Al^{3+}

問4 H_2S を通じると，酸性，塩基性のいずれでも沈殿を生じる金属イオンはどれか。
　a. Ca^{2+}　　b. Cd^{2+}　　c. Cu^{2+}　　d. Hg^{2+}　　e. Zn^{2+}

問5 H_2S を通じると，塩基性で沈殿を生じる金属イオンはどれか。
　a. Ba^{2+}　　b. Fe^{2+}　　c. Ni^{2+}　　d. Mg^{2+}　　e. Mn^{2+}　　（上智大）

精　講　　（金属イオンの沈殿）

　　　　　　陽イオンと陰イオンのペアが水に溶けにくい化合物をつくるときに，沈殿が生じます。どのペアが沈殿しやすいかは，覚えなければいけません。

NO_3^-	金属イオンとは沈殿しにくい
Cl^-	Ag^+，Pb^{2+} が沈殿する
SO_4^{2-}	アルカリ土類金属イオン（Ca^{2+}，Sr^{2+}，Ba^{2+}）と Pb^{2+} が沈殿する
CO_3^{2-}	アルカリ金属イオン（Na^+，K^+）以外の金属イオンが沈殿する
OH^-	アルカリ金属イオンとアルカリ土類金属イオン以外の金属イオンが沈殿する
S^{2-}	水溶液の液性（酸性・中性・塩基性）による。 中～塩基性で H_2S を加えたとき 　➡（1族）$^+$，（2族）$^{2+}$，Al^{3+} 以外の金属イオンは，S^{2-} と沈殿する 酸性で H_2S を加えたとき 　➡イオン化列で Sn^{2+} 以下の金属イオンと Cd^{2+} が S^{2-} と沈殿する
CrO_4^{2-}	Ag^+，Ba^{2+}，Pb^{2+} が沈殿する

　また，次の表のイオンや化合物の色は覚えておいてください。

水溶液中のイオン	Fe^{2+}：淡緑　　Fe^{3+}：黄褐　　Cu^{2+}：青　　　　Cr^{3+}：緑 Ni^{2+}：緑　　CrO_4^{2-}：黄　　$Cr_2O_7^{2-}$：橙赤　　MnO_4^-：赤紫 これら以外の金属イオンは，ほとんど無色
塩化物	$AgCl$：白　　$PbCl_2$：白　←すべて白
硫酸塩	$CaSO_4$：白　　$SrSO_4$：白　　$BaSO_4$：白　　$PbSO_4$：白　←すべて白
炭酸塩	$CaCO_3$：白　　　$BaCO_3$：白　←すべて白
酸化物	CuO：黒　　Cu_2O：赤褐　　Ag_2O：褐　　MnO_2：黒 FeO：黒　　Fe_3O_4：黒　　Fe_2O_3：赤褐　　ZnO：白
水酸化物	$Fe(OH)_2$：緑白　$Fe(OH)_3$：赤褐　$Cu(OH)_2$：青白　$Cr(OH)_3$：灰緑 これら以外の水酸化物は，ほとんど白
クロム酸塩	$BaCrO_4$：黄　　$PbCrO_4$：黄　　Ag_2CrO_4：暗赤
硫化物	ZnS：白　　CdS：黄　　MnS：淡赤　残りの硫化物は，ほとんど黒

問 1　SO_4^{2-} で沈殿するのは，Ca^{2+}，Sr^{2+}，Ba^{2+} と Pb^{2+} です。よって，a，b，d です。
　　　　　　　　　　アルカリ土類金属イオン

問 2　CO_3^{2-} は，アルカリ金属イオンである a の Na^+ 以外の金属イオンと沈殿します。よって，b，c，d，e が CO_3^{2-} と沈殿を生じます。

問 3　Cl^- で沈殿するのは Ag^+，Pb^{2+} です。よって，d の Pb^{2+} が沈殿を生じます。

問 4　H_2S は水に通じると，　　$H_2S \rightleftarrows 2H^+ + S^{2-}$　のように電離します。

　　　ここで，ルシャトリエの原理を利用して考えてみます。水溶液が中〜塩基性なら，$[H^+]$ が比較的小さいので平衡が $[H^+]$ を増加する方向である右方向へ移動し $[S^{2-}]$ が大きくなります。このとき，（1族）$^+$，（2族）$^{2+}$，Al^{3+} 以外の金属イオンは硫化物として沈殿します。

　　　次に，水溶液を酸性にしてあるところに H_2S を吹きこむと，$[H^+]$ が大きいため平衡が $[H^+]$ を減少する方向である左方向へ移動し $[S^{2-}]$ が極めて小さくなります。このような条件では硫化物の沈殿は生じにくくなり，イオン化列で Sn^{2+} 以下の金属イオン（Sn^{2+}，Pb^{2+}，Cu^{2+}，Hg^{2+}，Ag^+ など）と Cd^{2+} の硫化物が沈殿します。

　　　よって，酸性，塩基性のいずれでも沈殿を生じるものは，イオン化列で Sn^{2+} 以下の金属イオンと Cd^{2+} となり，イオン化列で Sn^{2+} より大きな a の Ca^{2+} や e の Zn^{2+} 以外の b，c，d が液性に関係なく S^{2-} と沈殿します。

問 5　H_2S を通じて，塩基性で沈殿を生じるものは，（2族）$^{2+}$ である a の Ba^{2+} と d の Mg^{2+} 以外の b，c，e となります。

問 1　a，b，d　　**問 2**　b，c，d，e　　**問 3**　d　　**問 4**　b，c，d
問 5　b，c，e

　錯イオンは，　ア　電子対をもつイオンあるいは分子と，金属イオンの　イ　結合によってつくられ，金属イオンと結合したイオンあるいは分子は　ウ　とよばれる。この場合，金属イオンとの　イ　結合の数は決まっていることが多く，特別な立体構造をとる。これが6個の場合には　エ　形の構造となることが多い。

　また，特有な色を示すことが多いのも錯イオンの特徴で，このような性質は金属イオンの鋭敏な検出反応に用いられることがある。すなわち，ある金属イオンを含む水溶液に適当な化合物を加え，そのとき生成する錯イオンの色でこの金属イオンの存在が確認できる。錯イオンの塩は水に溶けるものが多い。これを利用して水に難溶な金属化合物から，この金属を錯イオンとして水溶液中に溶かし出すことが可能となる。

問1　文中の□□□に適当な語句を入れよ。

問2　下線部の過程を，銀の化合物について反応式で示せ。　　　（名古屋市立大）

精　講　　　（錯イオン）

　　　　　非共有電子対をもつ分子である水 $H-\ddot{O}-H$，アンモニア $H-\overset{\cdot\cdot}{\underset{H}{N}}-H$ や，非共有電子対をもつイオンである水酸化物イオン $^{-}:\ddot{O}-H$，シアン化物イオン $^{-}:C\equiv N$ などは，**金属イオンと非共有電子対を利用して配位結合し**，錯イオンをつくります。

　例えば，水中の Cu^{2+} は，正確には $[Cu(H_2O)_4]^{2+}$ と書くべき Cu^{2+} と H_2O 分子の錯イオンで，Cu^{2+} が水中で青色なのは $[Cu(H_2O)_4]^{2+}$ の色なのです。

　代表的な錯イオンと色を次にまとめておきます。

配位子	重要な錯イオン		
NH₃ （濃アンモニア水中で）	$[Ag(NH_3)_2]^+$	（無色）	ジアンミン銀（Ⅰ）イオン
	$[Zn(NH_3)_4]^{2+}$	（無色）	テトラアンミン亜鉛（Ⅱ）イオン
	$[Cu(NH_3)_4]^{2+}$	（深青色）	テトラアンミン銅（Ⅱ）イオン
OH⁻ （強塩基性水溶液中で）	$[Zn(OH)_4]^{2-}$	（無色）	テトラヒドロキシド亜鉛（Ⅱ）酸イオン
	$[Al(OH)_4]^-$	（無色）	テトラヒドロキシドアルミン酸イオン
	$[Sn(OH)_4]^{2-}$	（無色）	テトラヒドロキシドスズ（Ⅱ）酸イオン
	$[Pb(OH)_4]^{2-}$	（無色）	テトラヒドロキシド鉛（Ⅱ）酸イオン

← 銀のド
Ag^+, Cu^{2+},
Zn^{2+}

←両性金属
Al^{3+}, Zn^{2+},
Sn^{2+}, Pb^{2+}

配位数と形

錯イオンをつくるときに，**配位結合する分子やイオン**を配位子，その数を配位数といいます。Ag^+ の錯イオンは配位数 2，Cu^{2+} と Zn^{2+} の錯イオンや OH^- が配位子の錯イオンは配位数 4，Fe^{2+} や Fe^{3+} の錯イオンは配位数 6 となっていますね。配位数によって錯イオンの立体構造が決まります。

配位数	形	例	
2	直線形（図 a ）	$[Ag(NH_3)_2]^+$	$[Ag(CN)_2]^-$
4	正四面体形（図 b ）	$[Zn(NH_3)_4]^{2+}$	$[Zn(OH)_4]^{2-}$
	正方形（図 c ）	$[Cu(NH_3)_4]^{2+}$	$[Cu(H_2O)_4]^{2+}$
6	正八面体形（図 d ）	$[Fe(CN)_6]^{3-}$	$[Fe(CN)_6]^{4-}$

（←─ は配位結合）

直線形（図 a ）　正四面体形（図 b ）　正方形（図 c ）　正八面体形（図 d ）

問 1 錯イオンは，非共有電子対をもつイオンや分子（配位子）と金属イオンの配位結合によってつくられます。配位結合の数が 6 個のときの立体構造は，正八面体形になります。

問 2 塩化銀 $AgCl$ は水にごくわずかに溶け，①式のような電離平衡が成り立っています。ただし，$AgCl$ は水に溶けにくいため，①式の電離平衡はあまり右へは傾いていません。

　　　$AgCl（固体） \rightleftharpoons Ag^+ + Cl^-$　　…①

ここに，NH_3 水を加えていくと，

　　　$Ag^+ + 2NH_3 \rightleftharpoons [Ag(NH_3)_2]^+$　…②

の平衡が形成されはじめ，NH_3 の濃度を上げていくと，どんどんと右へ平衡を移動させることができます。すると Ag^+ の濃度が小さくなり，①式の平衡が右へ進み，$AgCl$ がどんどんと溶解していくのです。このときのイオン反応式は，①式＋②式より，

　　　$AgCl + 2NH_3 \longrightarrow [Ag(NH_3)_2]^+ + Cl^-$

と書くことができます。

答
問 1 ア：非共有　イ：配位　ウ：配位子　エ：正八面体
問 2 $AgCl + 2NH_3 \longrightarrow [Ag(NH_3)_2]^+ + Cl^-$

24 金属イオンの反応(2) 化学

金属イオンを含む水溶液と酸・塩基との反応を次の表にまとめた。下の問いに答えよ。

金属イオン \ 酸・塩基	Cu^{2+}	(ア)	(イ)	(ウ)	Al^{3+}
HCl	変化なし	変化なし	変化なし	白色沈殿	変化なし
H_2SO_4	変化なし	変化なし	変化なし	白色沈殿	変化なし
NH_3 水少量	青白色沈殿	赤褐色沈殿	白色沈殿	白色沈殿	白色沈殿
NH_3 水過剰	沈殿が溶けて深青色(反応①)	生じた沈殿は変化しない	沈殿が溶けて無色	生じた沈殿は変化しない	生じた沈殿は変化しない
NaOH 少量	青白色沈殿	赤褐色沈殿	白色沈殿	白色沈殿	白色沈殿
NaOH 過剰	生じた沈殿は変化しない	生じた沈殿は変化しない	生じた沈殿が溶ける	生じた沈殿が溶ける	生じた沈殿が溶ける(反応②)

問1 表中の(ア)〜(ウ)の金属イオンは何か。化学式で答えよ。

問2 表中の反応①，②をイオン反応式で書け。 (慶應義塾大)

❶ 金属イオンに NaOH 水溶液を少しずつ加える

(アルカリ金属)$^+$，(アルカリ土類金属)$^{2+}$ 以外の金属イオンは OH$^-$ と沈殿します（➡p.204）。ただし，Ag$^+$ は AgOH が常温でも分解しやすいので Ag$_2$O として沈殿します。

$$2\,Ag^+ + 2\,OH^- \longrightarrow (2\,AgOH) \xrightarrow{\text{分解}} Ag_2O\downarrow(\text{褐色}) + H_2O$$

さらに NaOH を十分に加え，[OH$^-$] がかなり大きくなると，OH$^-$ と錯イオンをつくる Al^{3+}，Zn^{2+}，Sn^{2+}，Pb^{2+} など（➡p.206）は溶けていきます。

❷ 金属イオンに NH$_3$ 水を少しずつ加える

$$NH_3 + H_2O \rightleftharpoons NH_4^+ + OH^-$$

の平衡式からわかるように NH$_3$ 水も塩基性であり OH$^-$ を含むため，❶と同様，(アルカリ金属)$^+$，(アルカリ土類金属)$^{2+}$ 以外の金属イオンは沈殿します。

さらに NH$_3$ 水を加えアンモニア分子の濃度 [NH$_3$] がかなり大きくなると，Cu^{2+}，Zn^{2+}，Ag$^+$ などは NH$_3$ 分子と錯イオンをつくり溶けていきます。

	アンモニア水		NaOHaq	
	少量加える	過剰に加える	少量加える	過剰に加える
Ag^+	Ag_2O↓褐	$[Ag(NH_3)_2]^+$ 溶	Ag_2O↓	Ag_2O↓のまま
Zn^{2+}	$Zn(OH)_2$↓白	$[Zn(NH_3)_4]^{2+}$ 溶	$Zn(OH)_2$↓	$[Zn(OH)_4]^{2-}$ 溶
Al^{3+}	$Al(OH)_3$↓白	$Al(OH)_3$↓のまま	$Al(OH)_3$↓	$[Al(OH)_4]^-$ 溶
Fe^{3+} 黄褐	$Fe(OH)_3$↓赤褐	$Fe(OH)_3$↓のまま	$Fe(OH)_3$↓	$Fe(OH)_3$↓のまま
Cu^{2+} 青	$Cu(OH)_2$↓青白	$[Cu(NH_3)_4]^{2+}$深青 溶	$Cu(OH)_2$↓	$Cu(OH)_2$↓のまま

解 説

問1 (ア) 赤褐色沈殿が $Fe(OH)_3$ だと考えられるので Fe^{3+} です。(Ag_2O は褐色沈殿ですが，NH_3 水過剰で沈殿が溶けることや Ag^+ が HCl と白色沈殿を生じることから，(ア)は Ag^+ にはなりません。)

(イ) NH_3 とも NaOH とも錯イオンをつくって沈殿が溶けているので Zn^{2+} です。

(ウ) Cl^- や SO_4^{2-} で沈殿し，NaOH と錯イオンをつくって沈殿が溶けているので Pb^{2+} です。

問2 反応①
$$\begin{cases} Cu(OH)_2 \rightleftharpoons Cu^{2+} + 2OH^- & \cdots(i) \\ Cu^{2+} + 4NH_3 \longrightarrow [Cu(NH_3)_4]^{2+} & \cdots(ii) \end{cases}$$

(i)式＋(ii)式より，$Cu(OH)_2 + 4NH_3 \longrightarrow \underset{深青色}{[Cu(NH_3)_4]^{2+}} + 2OH^-$

反応②
$$\begin{cases} Al(OH)_3 \rightleftharpoons Al^{3+} + 3OH^- & \cdots(iii) \\ Al^{3+} + 4OH^- \longrightarrow [Al(OH)_4]^- & \cdots(iv) \end{cases}$$

(iii)式＋(iv)式より，$Al(OH)_3 + OH^- \longrightarrow \underset{無色}{[Al(OH)_4]^-}$

答

問1 (ア) Fe^{3+}　(イ) Zn^{2+}　(ウ) Pb^{2+}

問2 反応① $Cu(OH)_2 + 4NH_3 \longrightarrow [Cu(NH_3)_4]^{2+} + 2OH^-$

反応② $Al(OH)_3 + OH^- \longrightarrow [Al(OH)_4]^-$

Ag^+, Cu^{2+}, Zn^{2+}, Al^{3+}, Fe^{3+}, Ca^{2+} の6種の金属陽イオンの混合水溶液からそれぞれのイオンを分離する操作を右図に示してある。次の問いに答えよ。

問1　沈殿A〜Eに入る化学式を書け。

問2　ろ液Fに存在する金属イオンはどのような錯イオンを形成しているか。

（東邦大）

〈金属陽イオンの分離〉

精　講　　陽イオンの系統分析

　　　　金属イオンを分離する場合，陽イオンの数が多いときは沈殿反応を利用し，次のような手順によりおもに6つのグループに分けます。

Point 81　陽イオンの系統分析

❶ Cl^- で沈殿するグループ　➡　Ag^+ や Pb^{2+}

❷ 酸性溶液で S^{2-} と沈殿するグループ
　　　➡　イオン化列で Sn^{2+} 以下の金属イオンや Cd^{2+}

❸ 比較的低い pH で OH^- と沈殿するグループ
　　　➡　3価の陽イオンである Fe^{3+} や Al^{3+} など

❹ 中〜塩基性溶液で S^{2-} と沈殿するグループ
　　　➡　イオン化列で Zn^{2+} 以下の金属イオン

❺ CO_3^{2-} で沈殿するグループ　➡　Ca^{2+} や Ba^{2+} など

❻ 最後まで残るグループ　➡　Na^+ などのアルカリ金属イオン

問1，2　（Ⅰ）の操作によって希塩酸 HCl の Cl^- と Ag^+ がまず沈殿します。沈殿Aは白色の AgCl です。

　次に，（Ⅰ）の操作によって希塩酸 HCl により酸性になったろ液に，H_2S を吹きこみます（（Ⅱ）の操作）。酸性溶液中では $[H^+]$ が大きいため

$$H_2S \rightleftharpoons 2H^+ + S^{2-}$$

の平衡が左へ移動するので，S^{2-} の濃度は小さくなります。それでも S^{2-} と沈殿するのが，イオン化列で Sn^{2+} 以下の金属イオンなので，ここでは Cu^{2+} です。沈殿Bは黒色の CuS です。

　（Ⅲ）の操作では，まず，加熱することで，ろ液中に溶解している H_2S をろ液から追い出しています。次に，還元性をもつ H_2S によって，Fe^{3+} が一部または全部 Fe^{2+} に還元されているので，希硝酸 HNO_3 によって酸化してすべて Fe^{3+} にもどします。それから，$NH_3 + NH_4Cl$ の混合溶液を加えています。NH_3 の電離平衡

$$NH_3 + H_2O \rightleftharpoons NH_4^+ + OH^-$$

は，NH_4Cl が共存すると，NH_4^+ の濃度が高くなるため左へ移動し，比較的 OH^- の濃度が小さく，３価の陽イオンである Fe^{3+} と Al^{3+} が $Fe(OH)_3$ や $Al(OH)_3$ として沈殿します。なお，Zn^{2+} は NH_3 の濃度が高いために $[Zn(NH_3)_4]^{2+}$ としてろ液中に存在します。

　その後，（Ⅳ）の操作により再び H_2S を加えると，

$$2NH_3 + H_2S \longrightarrow 2NH_4^+ + S^{2-}$$

の反応によって NH_3 が中和され，Zn^{2+} は NH_3 と錯イオンをつくれなくなり，S^{2-} が多くなるため ZnS として沈殿します。したがって，沈殿Dは白色の ZnS です。

　（Ⅴ）の操作では，$Fe(OH)_3$ と $Al(OH)_3$ のうち両性水酸化物である $Al(OH)_3$ が，NaOH を十分加えると錯イオンをつくって溶けていきます。

$$Al(OH)_3 + OH^- \longrightarrow [Al(OH)_4]^-$$

　よって，沈殿Cは赤褐色の $Fe(OH)_3$ で，ろ液Fは無色の $[Al(OH)_4]^-$ を含みます。

　最後に（Ⅵ）の操作によって，CO_3^{2-} を加えると Ca^{2+} が $CaCO_3$ として沈殿します。よって，沈殿Eは白色の $CaCO_3$ です。

答
　問1　沈殿A：AgCl　　沈殿B：CuS　　沈殿C：$Fe(OH)_3$
　　　　沈殿D：ZnS　　　沈殿E：$CaCO_3$
　問2　$[Al(OH)_4]^-$

12. 気体の発生

次表は，5種類の気体とそれらを発生させるために用いる試薬を示している。下の問いに答えよ。

気体	気体を発生させるために用いる試薬		
水素	亜鉛	と	希硫酸
硫化水素	(1)	と	希硫酸
塩化水素	(2)	と	濃硫酸
二酸化硫黄	(3)	と	希硫酸
塩素	(4)	と	濃塩酸

問1　表中の(1)～(4)にあてはまる試薬として最も適したものを，次の中からそれぞれ1つ選び，組成式で答えよ。

　　塩化ナトリウム　　硫化鉄(II)　　酸化マンガン(IV)　　亜硫酸ナトリウム

問2　表中に示した(1)と希硫酸から硫化水素を発生させる反応，および，(4)と濃塩酸から塩素を発生させる反応の化学反応式を書け。　　　　　　(信州大)

精　講　　〔実験室での気体の発生方法〕

　　　気体を実験室で発生させるには，手に入りやすい試薬を利用し，せいぜい加熱する程度の簡単な方法で行います。試薬の組み合わせをみて，反応式を書けるようにしましょう。❶～❹に分類し次に紹介していきます。また，**加熱が必要な反応**としては，次のものがあります。覚えておきましょう。

> ⓐ　アンモニア NH_3 を発生させる反応
> ⓑ　濃塩酸 HCl と酸化マンガン(IV) MnO_2 の反応
> ⓒ　$KClO_3$，NH_4NO_2 の熱分解反応
> ⓓ　濃硫酸を使う反応

　$2NH_4Cl + Ca(OH)_2 \longrightarrow 2NH_3 + 2H_2O + CaCl_2$ は，通常，固体どうしを反応させます。もちろん水溶液を加熱してもよいのですが，発生した NH_3 が水蒸気を多く含むと，後で乾燥するのが大変なので，実験室で NH_3 を発生させるときは，$Ca(OH)_2$ と NH_4Cl の固体どうしを加熱します。

❶ **酸・塩基反応を利用する方法**

　「弱酸の陰イオン（弱塩基の陽イオン）」に「強酸（強塩基）」を加えると，「弱酸の陰イオン（弱塩基の陽イオン）」は $H^+(OH^-)$ と結びつきやすいので，「強酸（強塩基）」の $H^+(OH^-)$ と結びついて弱酸（弱塩基）になります。

気　体	製　法	反　応
硫化水素 H_2S	硫化鉄（Ⅱ）に希塩酸または希硫酸を注ぐ	$FeS（固）+ 2HCl \longrightarrow H_2S + FeCl_2$ $FeS（固）+ H_2SO_4（希）\longrightarrow H_2S + FeSO_4$
二酸化炭素[注1] CO_2	炭酸カルシウムに希塩酸を注ぐ	$CaCO_3（固）+ 2HCl$ $\longrightarrow H_2O + CO_2 + CaCl_2$
二酸化硫黄 SO_2	亜硫酸ナトリウムに希硫酸を注ぐ	$Na_2SO_3（固）+ H_2SO_4（希）$ $\longrightarrow Na_2SO_4 + H_2O + SO_2$
アンモニア[注2] NH_3	塩化アンモニウムに水酸化ナトリウムを加えて熱する	$NH_4Cl（固）+ NaOH（固）$ $\longrightarrow NaCl + NH_3 + H_2O$

（注1）　二酸化炭素 CO_2 の発生方法

　　　弱酸である炭酸 H_2CO_3（$H_2O + CO_2$）の陰イオン $CO_3{}^{2-}$ に強酸の HCl を注ぐと，

$$CO_3{}^{2-} + 2HCl \longrightarrow H_2O + CO_2 + 2Cl^-$$

　　の反応が起こります。この反応式の両辺に Ca^{2+} を加えると，表の反応式になります。

$\left(\begin{array}{l}\text{希硫酸 } H_2SO_4 \text{ を注いだときには，} CaCO_3 \text{ の表面を難溶性の } CaSO_4 \text{ が覆ってしま}\\ \text{うので，反応が進みにくくなります。}\end{array}\right)$

（注2）　アンモニア NH_3 の発生方法

　　　$NH_4{}^+$ に強塩基の $NaOH$ を混ぜて加熱すると，$NH_4{}^+$ と $NaOH$ の OH^- が結びついて NH_3 になるので，

$$NH_4{}^+ + NaOH \longrightarrow NH_3 + H_2O + Na^+$$

　　の反応が起こります。この反応式の両辺に Cl^- を加えると，表の反応式になります。

❷　酸化・還元反応を利用する方法

気　体	製　法	反　応
水素[注1] H_2	水素よりもイオン化傾向の大きな金属と塩酸や希硫酸を反応させる	（例）　$Zn（固）+ H_2SO_4（希）$ $\longrightarrow ZnSO_4 + H_2$
二酸化窒素[注2] NO_2	銅に濃硝酸を注ぐ	$Cu（固）+ 4HNO_3（濃）$ $\longrightarrow Cu(NO_3)_2 + 2H_2O + 2NO_2$
一酸化窒素[注2] NO	銅に希硝酸を注ぐ	$3Cu（固）+ 8HNO_3（希）$ $\longrightarrow 3Cu(NO_3)_2 + 4H_2O + 2NO$
二酸化硫黄[注2] SO_2	銅に熱濃硫酸を反応させる	$Cu（固）+ 2H_2SO_4（濃）$ $\longrightarrow CuSO_4 + 2H_2O + SO_2$
酸素 O_2	過酸化水素水に酸化マンガン（Ⅳ）を触媒として加える	$2H_2O_2 \longrightarrow 2H_2O + O_2$
塩素 Cl_2	酸化マンガン（Ⅳ）に濃塩酸を加えて熱する	$MnO_2（固）+ 4HCl（濃）$ $\longrightarrow MnCl_2 + 2H_2O + Cl_2$

（注1）　(i)　Fe を塩酸 HCl や希硫酸 H_2SO_4 と反応させるときには，Fe は Fe^{2+} に変化します。Fe^{3+} には変化しないので注意しましょう。

$$Fe + 2HCl \longrightarrow FeCl_2 + H_2$$

(ⅱ) Pb を塩酸 HCl や希硫酸 H_2SO_4 と反応させても，難溶性の $PbCl_2$ や $PbSO_4$ が Pb の表面を覆ってしまうために反応がほとんど進みません。（➡p.160）

（注2） Cu や Ag に，濃硝酸を注ぐと NO_2，希硝酸を注ぐと NO，熱濃硫酸を反応させると SO_2 が発生します。（➡p.160）

（例） Cu に希硝酸 HNO_3 を注ぐ

$$Cu \longrightarrow Cu^{2+} + 2e^- \quad \cdots ① \quad \text{←Cu は } Cu^{2+} \text{ へと変化する}$$
$$HNO_3 + 3H^+ + 3e^- \longrightarrow NO + 2H_2O \quad \cdots ② \quad \text{←希硝酸は NO へと変化する}$$

となり，①式×3＋②式×2，両辺に $6NO_3^-$ を加えることで表の反応式になります。

❸ 熱分解反応を利用する方法

加熱したらバラバラに変化する反応を**熱分解反応**といいます。熱分解反応は暗記しましょう。

気 体	製 法	反 応
酸素 O_2	塩素酸カリウムに酸化マンガン(Ⅳ)を触媒として加えて熱する	$2KClO_3$ (固) $\longrightarrow 2KCl + 3O_2$ ←KCl と O_2 に分解する
窒素 N_2	亜硝酸アンモニウム水溶液を熱する	$NH_4NO_2 \longrightarrow N_2 + 2H_2O$ ←N_2 と H_2O に分解する

❹ 濃硫酸を利用する方法

（a） **濃硫酸が沸点の高い不揮発性の酸**であることを利用します。 ┌硫酸は分子間の水素結合の形成により，気体になりにくい

気 体	製 法	反 応
塩化水素 HCl	塩化ナトリウムに濃硫酸を加えて熱する	$NaCl$ (固) $+ H_2SO_4$ $\longrightarrow NaHSO_4 + HCl$
フッ化水素(注) HF	ホタル石 (CaF_2) に濃硫酸を加えて熱する	CaF_2 (固) $+ H_2SO_4$ $\longrightarrow 2HF + CaSO_4$

（注） **フッ化水素 HF の発生方法**

濃硫酸 H_2SO_4 が F^- に H^+ を与え，加熱することで HF が気体として発生します。このとき，2 mol の HF が発生する点に注意しましょう。

$$2F^- + H_2SO_4 \longrightarrow 2HF + SO_4^{2-} \quad \text{←HF は } HSO_4^- \text{ より弱酸だから}$$

この反応式の両辺に Ca^{2+} を加えると，表の反応式になります。

（b） **濃硫酸の水 H_2O を奪う働き**（**脱水作用**）を利用します。

気 体	製 法	反 応
一酸化炭素 CO	ギ酸に濃硫酸を加えて熱する	$HCOOH \longrightarrow CO + H_2O$ H_2O が奪われる

Point 82 表の中の化学反応式がすぐ書けるようにしよう！

問1，2 (1) 硫化水素 H_2S を発生させるためには，S^{2-} を含む試薬である硫化鉄 (II) FeS を選べばよいでしょう。強酸である希硫酸 H_2SO_4 を加えると S^{2-} が $2H^+$ を受けとり H_2S が発生します（➡❶酸・塩基反応を利用する方法）。

$$FeS + H_2SO_4 \longrightarrow H_2S\uparrow + FeSO_4 \quad \Leftarrow S^{2-} + H_2SO_4 \longrightarrow H_2S + SO_4^{2-} \text{ からつくる}$$

(2) 塩化水素 HCl を発生させるためには，Cl^- を含む試薬である塩化ナトリウム $NaCl$ を選べばよいでしょう。濃硫酸 H_2SO_4 がこの Cl^- に H^+ を与え，あとは加熱すると，HCl が気体として発生します（➡❹濃硫酸を利用する方法(a)）。

$$NaCl + H_2SO_4 \longrightarrow HCl\uparrow + NaHSO_4 \quad \Leftarrow Cl^- + H_2SO_4 \longrightarrow HCl + HSO_4^-$$
HClは揮発性で加熱すると逃げていく

(3) 二酸化硫黄 SO_2 を発生させるには，酸化剤として熱濃硫酸 H_2SO_4 を利用する（➡❷酸化・還元反応を利用する方法）か，亜硫酸イオン SO_3^{2-} に $2H^+$ を与え亜硫酸 H_2SO_3 とし，これが分解することで $SO_2 + H_2O$ とさせるかの方法（➡❶酸・塩基反応を利用する方法）があります。ここでは後者を選び，亜硫酸ナトリウム Na_2SO_3 を選べばよいでしょう。

$$Na_2SO_3 + H_2SO_4 \longrightarrow SO_2\uparrow + H_2O + Na_2SO_4 \quad \Leftarrow SO_3^{2-} + 2H^+ \longrightarrow (H_2SO_3)$$
$$\longrightarrow SO_2 + H_2O$$
からつくる

(4) Cl^- を塩素 Cl_2 にするには酸化剤が必要となります。酸性条件で酸化マンガン (IV) MnO_2 は酸化剤として働くので，これを選べばよいでしょう（➡❷酸化・還元反応を利用する方法）。

還元剤：$2Cl^- \longrightarrow Cl_2 + 2e^-$ ・・・①$\Leftarrow 2Cl^-$ は Cl_2 へと変化する
酸化剤：$MnO_2 + 4H^+ + 2e^- \longrightarrow Mn^{2+} + 2H_2O$ ・・・②$\Leftarrow MnO_2$ は Mn^{2+} へと変化する

①式＋②式で e^- を消去し，両辺に $2Cl^-$ を加えてつくります。

$$MnO_2 + 4HCl \longrightarrow Cl_2 + MnCl_2 + 2H_2O$$

問1 (1) FeS　　(2) $NaCl$　　(3) Na_2SO_3　　(4) MnO_2

問2 $FeS + H_2SO_4 \longrightarrow H_2S + FeSO_4$

$MnO_2 + 4HCl \longrightarrow Cl_2 + MnCl_2 + 2H_2O$

下図の装置Ⅰ，Ⅱ，Ⅲを使い，〔語群欄〕の試薬を用いて，アンモニア，塩素，塩化水素を生成したい。下の問いに答えよ。

〔語群欄〕

　　　ア．塩化ナトリウム　　　イ．水酸化カルシウム
　　　ウ．酸化マンガン(Ⅳ)　　エ．ソーダ石灰
　　　オ．塩化アンモニウム　　カ．濃塩酸　　キ．濃硫酸

問1　アンモニア，塩素，塩化水素を発生させるときの化学反応式を書け。ただし，用いる試薬は〔語群欄〕の中から選ぶこと。

問2　アンモニア，塩素，塩化水素を生成するには，それぞれ装置Ⅰ，Ⅱ，Ⅲのどれを使ったらよいか答えよ。

問3　図中の(a)～(h)に入る適切な試薬を，〔語群欄〕から選び記号で答えよ。ただし，同じものを何度使ってもよい。また(d)と(e)，(g)と(h)に入る試薬の順番は問わないものとする。

（日本歯科大）

気体の捕集法

【水に溶けにくい気体】

　水に溶けにくい気体，例えば NO，CO，H₂，O₂，N₂ などは**水の上で集めます**。これを**水上置換**といいます。

水上置換 ➡ NO, CO, H₂, O₂, N₂

第2章 無機化学

【水に溶けやすい気体】

　酸性，塩基性を示す気体，例えば CO_2 や NH_3 などは，水に溶けるために水上置換では集めず，**上方置換**もしくは**下方置換**によって集めます。

　ここで，気体の密度 d〔g/L〕は，理想気体の状態方程式により次のように表せます。

$$d = \frac{W\,\text{〔g〕}}{V\,\text{〔L〕}} = \frac{PM}{RT} = \frac{P}{RT} \times M \quad \Longleftarrow PV = \frac{W}{M}RT \ (\Rightarrow \text{p.72}) \text{を変形している}$$

　よって，同温，同圧のもとでは，密度 d は $d = \dfrac{P}{RT} \times M$ より，分子量 M に比例します。

T：一定　P：一定

　したがって，分子量 M の大きな気体ほど密度 d は大きいので下の方にたまることがわかります。空気の平均分子量 $\overline{M}$ は，

$$\overline{M} = 28 \times \frac{4}{5} + 32 \times \frac{1}{5}$$

N₂の分子量　O₂の分子量

　　　◀ N₂ と O₂ は空気中では 4：1 のモル比なので，
　　　　N₂ のモル分率は $\dfrac{4}{5}$，O₂ のモル分率は $\dfrac{1}{5}$

$$= 28.8$$

なので，アンモニア NH_3（分子量 17）は空気より軽く，二酸化炭素 CO_2（分子量 44）は空気より重くなります。また，酸性を示す気体はたいてい分子量が空気より大きくなります。

　そこで，**空気より軽い** NH_3 は**上方置換**，それ以外の**空気より重い酸性を示す気体はすべて下方置換**で集めます。

上方置換 ➡ NH₃　　下方置換 ➡ 空気より重い酸性気体

12. 気体の発生　**217**

　気体が水蒸気を含んでいる場合，それをとり除くために乾燥剤を利用します。一般に，次の乾燥剤がよく利用されます。ただし，乾燥剤 と 乾燥させたい気体 が反応する組み合わせは不適当です。

	乾燥剤		乾燥に適さない気体
酸　性	濃硫酸	H_2SO_4	NH_3，H_2S[注1]
	十酸化四リン	P_4O_{10}	NH_3[注1]
塩基性	ソーダ石灰	$CaO + NaOH$	酸性を示す気体[注2]
中　性	塩化カルシウム	$CaCl_2$	NH_3[注3]

（注1）　酸性の乾燥剤は，塩基性の NH_3 と中和反応が起こり，NH_3 がアンモニウム塩
　　　　となり，吸収されるため，NH_3 の乾燥には不適当です。
　　　　また，H_2S は還元力が強く，濃硫酸と反応するために適しません。
（注2）　中和反応が起こり吸収されるので不適当です。
（注3）　$CaCl_2 \cdot nNH_3$ の形で吸収されるので不適当です。

Point 83　気体の捕集法

　水上置換：水に溶けにくい気体（NO，CO，H_2，O_2，N_2 など）
　上方置換：NH_3
　下方置換：酸性を示す気体（H_2S，CO_2，SO_2，NO_2，Cl_2，HCl，HF など）

問1　NH_3 は，NH_4^+ を含む塩 と 強塩基の OH^- から弱塩基生成反応により発生させ
　　ます（➡p.213）。

$$2NH_4Cl_{(d)} + Ca(OH)_{2(c)} \longrightarrow 2NH_3 + 2H_2O + CaCl_2 \quad \leftarrow 2NH_4^+ + 2OH^- \longrightarrow 2NH_3 + 2H_2O$$
　　　　　　　　　　　　　　　　　　　　　　　　　　　　　　　　が起こっている

　　Cl_2 と HCl は 必修基礎問 46 で利用した反応と同じ反応で発生させます。

$$MnO_{2(b)} + 4HCl_{(a)} \longrightarrow Cl_2 + MnCl_2 + 2H_2O$$
$$NaCl_{(g)} + H_2SO_{4(h)} \longrightarrow HCl + NaHSO_4$$

問2　NH_3 は，上方置換で捕集するので装置Ⅱとなります。

　　$MnO_2 + HCl$ では，加熱によって Cl_2 と同時に未反応の HCl が揮発します。この未
　　反応の HCl をとり除く必要があるので，まず，発生した気体を水にくぐらせます。
　　よって，装置Ⅰとなります。

　　そこで残された $NaCl + H_2SO_4$ が装置Ⅲとなります。

問3　(c)は Cl_2 に混ざった水蒸気をとり除くための乾燥剤です。液体なので濃硫酸だ

と考えられます。

（f）は NH_3 に混ざった水蒸気をとり除くための乾燥剤です。固体なので塩化カルシウムやソーダ石灰ですが，塩化カルシウムは NH_3 の乾燥には不適当ですし，解答群にもありません。

純粋な塩素 Cl_2 の製法（装置Ⅰ）は，入試で頻出です。不純物を除去する順序に注意して，下の図をよくチェックしておいてください。

答

問1　アンモニア：$2NH_4Cl + Ca(OH)_2 \longrightarrow 2NH_3 + 2H_2O + CaCl_2$
　　　　塩素：$MnO_2 + 4HCl \longrightarrow Cl_2 + MnCl_2 + 2H_2O$
　　　　塩化水素：$NaCl + H_2SO_4 \longrightarrow HCl + NaHSO_4$

問2　アンモニア：装置Ⅱ　　塩素：装置Ⅰ　　塩化水素：装置Ⅲ

問3　(a) カ　　(b) ウ　　(c) キ　　(d), (e) イ, オ　　(f) エ
　　　　(g), (h) ア, キ　　((d)と(e)，(g)と(h)は順不同)

47 アンモニアソーダ法 (ソルベー法)　　　　　　　化学

右図は，$CaCO_3$ と $NaCl$ から Na_2CO_3 を合成するための反応工程を示したものである。

図中の　A　～　D　に該当する物質の化学式を書け。

(中央大)

　　アンモニアソーダ法

　　　炭酸ナトリウム Na_2CO_3 の工業的製法として有名なアンモニアソーダ法では，$NaCl$ と $CaCO_3$ を原料とし，Na_2CO_3 以外の生成物として $\underset{D}{\underline{CaCl_2}}$ が得られます。

工程1　炭酸カルシウム $CaCO_3$ を加熱によって分解します。

　　一般に炭酸塩は，加熱すると二酸化炭素と金属酸化物になります。(ただし Na_2CO_3 のようなアルカリ金属の炭酸塩では，このように分解する前に融解します。)

$$CaCO_3 \longrightarrow \underset{A}{\underline{CaO}} + CO_2 \quad \Leftarrow CO_3{}^{2-} \longrightarrow O^{2-} + CO_2 \quad \text{という変化}$$

工程2　飽和食塩水にアンモニア NH_3 と二酸化炭素 CO_2 を吹きこみます。すると，

$$\begin{cases} CO_2 + H_2O \longrightarrow H_2CO_3 \,(\text{炭酸}) & \cdots\text{①} \\ \boxed{H_2CO_3} \overset{H^+}{+} NH_3 \longrightarrow HCO_3{}^- + NH_4{}^+ & \cdots\text{②} \end{cases}$$

が起こり，溶液中に $NH_4{}^+$ や $HCO_3{}^-$ が増加します。

$\boxed{Na^+}$，Cl^-，$NH_4{}^+$，$\boxed{HCO_3{}^-}$ からできる塩の中では $NaHCO_3$ の溶解度が最も小さいため，やがて $NaHCO_3$ が析出します。

$$Na^+ + HCO_3{}^- \longrightarrow NaHCO_3\downarrow \quad \cdots\text{③}$$

これを1つにまとめる (①式＋②式＋③式，両辺に Cl^- を加える) と，

$$NaCl + H_2O + CO_2 + NH_3 \longrightarrow \underset{C}{\underline{NaHCO_3}}\downarrow + NH_4Cl$$

となります。

工程3　析出した炭酸水素ナトリウム $NaHCO_3$ を加熱することによって炭酸ナトリウム Na_2CO_3 を得ます。

　　一般に炭酸水素塩は，加熱すると炭酸塩と二酸化炭素 CO_2 と水 H_2O になります。

$$2\,NaHCO_3 \longrightarrow Na_2CO_3 + CO_2 + H_2O$$

$2HCO_3^- \longrightarrow CO_3^{2-} + CO_2 + H_2O$　という変化

工程4　**工程1**で得た酸化カルシウム CaO を水に溶かします。

$$CaO + H_2O \longrightarrow \underline{Ca(OH)_2}_{B} \quad \leftarrow O^{2-} + \boxed{H_2O} \longrightarrow 2\,OH^-　という変化$$

H^+

工程5　**工程2**で得た塩化アンモニウム NH_4Cl と**工程4**の水酸化カルシウム $Ca(OH)_2$ から NH_3 を回収します。

$$2\,NH_4Cl + Ca(OH)_2 \longrightarrow 2\,NH_3 + 2\,H_2O + \underline{CaCl_2}_{D}$$

$2NH_4^+ + 2\,OH^- \longrightarrow 2NH_3 + 2\,H_2O$　という変化

　このとき，CO_2 や NH_3 は循環するだけです。全体としては

$$2\,NaCl + CaCO_3 \longrightarrow Na_2CO_3 + CaCl_2$$

（この反応式は，
工程2の反応式を 2 倍し，**工程1**，**工程3**，**工程4**，**工程5**の反応式を加える
ことでつくることができます。）

という反応になります。

　全体としては，$NaCl\,2\,mol$ がすべて反応すると，Na_2CO_3 が $1\,mol$ 生成する点に注意してください。

　このように $NaCl$ と $CaCO_3$ という安価な原料から Na_2CO_3 が得られます。

　〝安価に効率よく大量につくる〟というのが，実験室での製法と工業的な製法の大きく異なる点です。Na_2CO_3 はガラス工業などに利用され，ケイ砂 SiO_2 や石灰石 $CaCO_3$ とともに加熱しソーダガラスを合成します。

窓ガラスに使われるふつうのガラス

　また，**アンモニアソーダ法**は，ベルギーのソルベーが工業化したので，**ソルベー法**ともいわれています。

Point 84　アンモニアソーダ法

アンモニアソーダ法は，
$$2\,NaCl + CaCO_3 \longrightarrow Na_2CO_3 + CaCl_2$$
の反応を，NH_3 を利用して 5 つの工程で起こしている。

答　A：CaO　　B：$Ca(OH)_2$　　C：$NaHCO_3$　　D：$CaCl_2$

次の問いの記述で，正しいものには○，誤っているものには×をつけよ。

問1　工業的には，Fe は酸化物をコークスとともに加熱し，還元してつくられる。濃硝酸には，不動態になって溶けない。

問2　工業的には，Cu は粗銅を陽極にして，硫酸銅（Ⅱ）水溶液を電気分解することにより，陰極に析出する。銅を湿った空気中に放置すると，酸化されて緑青（ろくしょう）が生じる。

問3　陽極に炭素を用いて，酸化アルミニウム（アルミナ）を氷晶石とともに溶融塩電解（融解塩電解）をすると，陽極の炭素は消費される。

精　講

（鉄 Fe の工業的製法）

　　　　鉄鉱石中の Fe_2O_3 などをコークス C によって還元し，単体の
Fe を得ます。　　　　石炭から得られる多孔質の炭素

　まず，溶鉱炉内でコークス C を燃焼し，一酸化炭素 CO を発生させます。次に，CO の還元作用で Fe_2O_3 は還元され Fe となります。

$$\begin{cases} 2C + O_2 \longrightarrow 2CO \\ Fe_2O_3 + 3CO \longrightarrow 2Fe + 3CO_2 \quad \text{←CO が O を奪っている} \end{cases}$$

　この結果，得られる Fe は約 4 ％の C を含み，硬くてもろく銑鉄（せんてつ）とよばれます。この銑鉄から含まれている C の含有量を減少させたものを鋼（こう）といって，建築材料などに使います。

（銅 Cu の工業的製法）　　　銅 Cu にいくつかの別の金属（Zn, Fe, Ag, Au など）が混ざっている

　黄銅鉱 $CuFeS_2$ からまず粗銅を得ます。

　その後，**粗銅板を陽極に，純銅板を陰極にして，硫酸銅（Ⅱ）$CuSO_4$ 水溶液を電気分解をすると**（下図），粗銅板中の銅 Cu はイオンとなって溶け，陰極の純銅板のまわりに銅 Cu が析出します。このとき，粗銅板中の Zn や Fe は先に Zn^{2+} や Fe^{2+} として溶け出し溶液中にそのまま存在します。Ag や Au は，Cu が溶け出すとともに陽極泥（ようきょくでい）として沈殿します。

陽極泥（Ag, Au など）

アルミニウム Al の工業的製法

　ボーキサイト（主成分 $Al_2O_3 \cdot nH_2O$）から酸化アルミニウム（アルミナ）Al_2O_3 を得ます。この Al_2O_3 を電気分解（溶融塩電解）して Al を得るのですが，Al_2O_3 は融点があまりにも高いため，氷晶石（ひょうしょうせき）を加熱して融解し，そこに Al_2O_3 を溶かします。こうすることで，より低い温度で電気分解することができます。

　このとき，陽極，陰極とも炭素 C 電極を利用します。陽極は，
$2O^{2-} \longrightarrow O_2 + 4e^-$ が起こると考えられそうですが，高温なので O_2 が電極の炭素 C と反応し，CO や CO_2 となり陽極の C は消費されます。

$$\begin{cases} 陽極：C + O^{2-} \longrightarrow CO + 2e^- \quad や \quad C + 2O^{2-} \longrightarrow CO_2 + 4e^- \\ 陰極：Al^{3+} + 3e^- \longrightarrow Al \end{cases}$$

Point 85 Fe，Cu，Al の工業的製法

$$\begin{cases} Fe は Fe_2O_3 をコークス C で還元 \\ Cu は粗銅から電気分解 \\ Al は（Al_2O_3 ＋氷晶石）の溶融塩電解 \end{cases} で手に入れる。$$

解説

問1　Fe は Fe_2O_3 などの酸化物をコークス C とともに加熱し，還元してつくられます（➡p.222 鉄 Fe の工業的製法）。また，Fe は濃硝酸 HNO_3 には不動態になって溶けません（➡p.160）。正しい。

問2　Cu は粗銅を陽極に，純銅を陰極にして，硫酸銅（Ⅱ）$CuSO_4$ 水溶液を電気分解することで陰極に析出します（➡p.222 銅 Cu の工業的製法）。

　ところで，後半の文章は正しいかどうかわかりますか？　みなさん古い十円玉に緑色の物質が付着しているのをみたことがあると思います。あれは緑青とよばれ，$CuCO_3 \cdot Cu(OH)_2$ のような化学式で表されるさびです。

$$Cu \xrightarrow{O_2} \underset{酸化銅（Ⅱ）}{CuO} \xrightarrow{CO_2,\ H_2O} \underset{緑青}{CuCO_3 \cdot Cu(OH)_2}$$

のように変化したと考えられます。正しい。

問3　陽極に炭素 C を用いて，酸化アルミニウム（アルミナ）を氷晶石とともに溶融塩電解をすると陰極に得られます。陽極の炭素 C は CO や CO_2 となって消費されます（➡p.223 アルミニウム Al の工業的製法）。正しい。

 答　問1　○　　問2　○　　問3　○

必修 基礎問

㊾ オストワルト法

　右図はオストワルト法による工業的な硝酸製造工程を示している。次の問いに答えよ。

問1　生成物Aおよび**B**は窒素化合物である。それぞれの物質の化学式を書き，窒素原子の酸化数を答えよ。

問2　製造工程では次の3つの反応が関わる。（　）内の①〜③に係数を入れ化学反応式を完成させよ。

反応1：$4NH_3 + 5O_2 \longrightarrow$（①）（生成物A）$+$（②）$H_2O$

反応2：2（生成物A）$+ O_2 \longrightarrow$（③）（生成物B）

反応3：3（生成物B）$+ H_2O \longrightarrow 2HNO_3 +$（生成物C）

問3　生成物Cは製造工程中のどこかに再投入できる。白抜き矢印のア〜エから最も適当な場所を選び記号で答えよ。

(名古屋大)

精講

オストワルト法

　硝酸 HNO_3 の工業的製法として有名なオストワルト法（**Point 86**の➡）では，ハーバー・ボッシュ法で合成したアンモニア NH_3 を利用し，これを酸化して HNO_3 を合成しています。

> ハーバー・ボッシュ法（**Point 86**の⬅）
> 　大気中の窒素 N_2 と水素 H_2 から鉄系の触媒を用い，約 500℃，高圧の条件のもとで NH_3 を合成します。
> $$N_2 + 3H_2 \rightleftharpoons 2NH_3$$

Point 86　オストワルト法

➡がオストワルト法
⬅がハーバー・ボッシュ法

問1　生成物Aは一酸化窒素 NO，生成物Bは二酸化窒素 NO_2 です。A，B の N の酸化数を x，y とすると，O の酸化数が化合物中では通常 -2（H_2O_2 以外），分子全体では電気的に中性で電荷をもたないことから（➡p.163），次の式が成り立ちます。

$$\begin{cases} \text{生成物A} \Rightarrow NO : \underset{N}{x} + \underset{O}{(-2)} = 0 \quad \cdots① \quad\quad \text{よって，} \quad x = +2 \\ \text{生成物B} \Rightarrow NO_2 : \underset{N}{y} + \underset{O}{(-2)} \times 2 = 0 \quad \cdots② \quad\quad \text{よって，} \quad y = +4 \end{cases}$$

問2　反応1：NH_3 を空気中の O_2 によって白金 Pt 触媒下で約 800℃ に加熱し酸化します。このとき NO が生成します。

Step 1　　$1NH_3 + O_2 \longrightarrow NO + H_2O$ 　　←N は NO に，H は H_2O に。NH_3 の係数を1にする

Step 2　　$1NH_3 + O_2 \longrightarrow NO + \dfrac{3}{2}H_2O$ 　　←N の数は合っているので両辺の H の数を合わせる

Step 3　　$NH_3 + \dfrac{5}{4}O_2 \longrightarrow NO + \dfrac{3}{2}H_2O$ 　　←O の数を合わせる

完成　　$4NH_3 + 5O_2 \longrightarrow 4NO + 6H_2O$ 　　←分母をはらって整数にする

反応2：NO と O_2 は約 140℃ 以下にまで冷却すると赤褐色の NO_2 に変化します。

Step 1　　$1NO + \dfrac{1}{2}O_2 \longrightarrow 1NO_2$ 　　←NO の係数を1とし，N の数は合っているので O の数を合わせる

完成　　$2NO + O_2 \longrightarrow 2NO_2$ 　　←分母をはらって整数にする

反応3：NO_2 を温水と反応させると，NO_2 どうしで酸化還元反応し，酸化された NO_2 は HNO_3 に，還元された NO_2 は NO になります。**生成物Cは NO** です。

Step 1　　$NO_2 + H_2O \longrightarrow HNO_3 + NO$ 　　←NO_2 は，HNO_3 と NO になっている

Step 2　　$NO_2 + H_2O \longrightarrow 2HNO_3 + NO$ 　　←H の数を合わせる

完成　　$3NO_2 + H_2O \longrightarrow 2HNO_3 + NO$ 　　←N の数を合わせると O の数も同時に合う

問3　反応3で HNO_3 とともに生じた NO は図の ┃ イ ┃ から再投入し，反応2によって NO_2 に変化させ再利用します。このようにして最終的には NH_3 をすべて HNO_3 にすることができます。

反応1～反応3を1つにまとめると次のようになります。

$$\begin{aligned} &4NH_3 + 5O_2 \longrightarrow 4\overset{4}{NO} + 6H_2O \\ &\{2NO + O_2 \longrightarrow 2NO_2\} \times 3 \\ +)\,&\{3NO_2 + H_2O \longrightarrow 2HNO_3 + NO\} \times 2 \\ \hline &4NH_3 + \underset{2}{8}O_2 \longrightarrow 4HNO_3 + 4H_2O \end{aligned} \Rightarrow NH_3 + 2O_2 \longrightarrow HNO_3 + H_2O$$

「まん中を3倍，下を2倍してまとめる」と覚えておきましょう

最後に4で割る

答

問1　**生成物A：NO（N の酸化数 +2）**　　**生成物B：NO_2（N の酸化数 +4）**

問2　① 4　　② 6　　③ 2　　**問3　イ**

27　接触法　　　　　　　　　　　　　　　　　　　　　　　　　　化学

次図は黄鉄鉱（FeS₂）から硫酸を製造する化学工業的製法の概略を示したものである。下の問いに答えよ。

問1　触媒には何を用いるか。その名称と化学式を示せ。

問2　上図における燃焼炉では酸化鉄（Ⅲ）と二酸化硫黄が生じており，これを化学反応式で示すと，

$$\boxed{ア} + \boxed{イ} \longrightarrow \boxed{ウ} + \boxed{エ} \quad \cdots (1)$$

となる。また触媒室においては(2)式のような化学反応が進んでいる。

$$\boxed{オ} + \boxed{カ} \longrightarrow \boxed{キ} \quad \cdots (2)$$

この触媒室で生じた化合物を濃硫酸に吸収させて発煙硫酸とし，希硫酸で薄めると(3)式のように硫酸が生じる。

$$\boxed{ク} + \boxed{ケ} \longrightarrow H_2SO_4 \quad \cdots (3)$$

$\boxed{ア}$ ～ $\boxed{ケ}$ に適切な化学式および係数を記入し，上記の化学反応(1)，(2)，(3)を完成させよ。

問3　黄鉄鉱を完全燃焼させて，密度 $1.80\ g/mL$ で濃度 98.1% の硫酸を 10.0 キロリットル得るためには黄鉄鉱は何トン必要か。ただし黄鉄鉱の純度は 100% と仮定し，小数第1位まで求めよ。なお FeS₂ の式量は 120，H₂SO₄ の分子量は 98.1 とする。

（岐阜大）

精　講　　（接触法）

硫酸 H_2SO_4 の工業的製法を接触法といいます。黄鉄鉱 FeS₂ 中の S_2^{2-} や硫黄の単体 S などを空気中の酸素 O_2 によって酸化し，SO_2 にします。SO_2 をさらに SO_3 にするには触媒が必要となり，一般に酸化バナジウム（Ⅴ）V_2O_5 が使われます。

次に SO_3 を H_2O と反応させ，H_2SO_4 とします。実際は純水ではなく濃硫酸に吸収させ発煙硫酸として，その後，希硫酸で希釈します。

接触法

H_2SO_4

反応1　　　O_2　　　　　　反応2 O_2　　反応3
　　　　　　　　　　　　　　　　　　　　　　　　H_2O

$(S^{2-}$　S_2^{2-}　S)　　　　　　　　　　SO_2　　　　SO_3
　　　　　　　　　　　　　　　　　　V_2O_5 触媒

-2　　-1　　0　　　　　　　　　　$+4$　　　　$+6$　　Sの酸化数

反応1 〜 反応3 の3段階で H_2SO_4 はつくられる

問1 V_2O_5 は覚えてください。

問2 (1) Step1　　$1FeS_2 + O_2 \longrightarrow Fe_2O_3 + SO_2$　←FeS_2 の係数を1にする

Step2　　$1FeS_2 + O_2 \longrightarrow \dfrac{1}{2}Fe_2O_3 + 2SO_2$　←FeとSの数を合わせる

Step3　　$1FeS_2 + \dfrac{11}{4}O_2 \longrightarrow \dfrac{1}{2}Fe_2O_3 + 2SO_2$　←Oの数を合わせる

完成　　$4FeS_2 + 11O_2 \longrightarrow 2Fe_2O_3 + 8SO_2$　←分母を払って，係数を整数にする

(2) Step1　　$1SO_2 + \dfrac{1}{2}O_2 \longrightarrow SO_3$　←SO_2 の係数を1とし，Sの数は合っているので Oの数を合わせる

完成　　$2SO_2 + O_2 \longrightarrow 2SO_3$　←分母を払って，係数を整数にする

(3) $SO_3 + H_2O \longrightarrow H_2SO_4$

問3 FeS_2 1つの中にS原子は2つあります。これが H_2SO_4 に変わるのですから FeS_2 1つから H_2SO_4 が2つ生じますね。つまり，FeS_2 1 mol から H_2SO_4 が 2 mol 生じるのです。いま，必要な FeS_2 が x〔トン〕　つまり $x \times 10^6$〔g〕とすると，$FeS_2 = 120$, $H_2SO_4 = 98.1$ より，

$$\underbrace{\dfrac{x \times 10^6}{120}}_{\substack{FeS_2\\ 〔mol〕}} \times \underbrace{\dfrac{2}{1}}_{\substack{H_2SO_4\\ 〔mol〕}} = \underbrace{10.0}_{\substack{濃硫酸\\ 〔kL〕}} \times 10^3 \underset{〔L〕}{} \times 10^3 \underset{〔mL〕}{} \times 1.80 \underset{濃硫酸〔g〕}{} \times \underbrace{\dfrac{98.1}{100}}_{H_2SO_4〔g〕} \div 98.1 \underset{H_2SO_4〔mol〕}{}$$

よって，$x = 10.80$〔トン〕

答

問1　名称：酸化バナジウム（V）　　化学式：V_2O_5

問2　ア，イ：$4FeS_2$, $11O_2$　　ウ，エ：$2Fe_2O_3$, $8SO_2$

　　　オ，カ：$2SO_2$, O_2　　キ：$2SO_3$　　ク，ケ：SO_3, H_2O

問3　10.8 トン

第2章　無機化学

炭素とケイ素は周期表の ア 族の典型元素で非金属元素である。これらの原子は価電子を イ 個もち，他の原子と共有結合を形成する。

炭素の単体にはダイヤモンド，黒鉛，フラーレンなどの ウ がある。これらの炭素は燃えると二酸化炭素を生じる。二酸化炭素を石灰水に通すと白色沈殿を生じ，①さらに過剰に通じると沈殿は炭酸水素カルシウムとなって溶解する。②この溶液にある操作を行うと白色沈殿が生じる。

ケイ素の酸化物である③二酸化ケイ素に水酸化ナトリウムを加えて熱すると，ケイ酸ナトリウムを生成する。ケイ酸ナトリウムに水を加えて熱すると，無色透明の エ を得ることができる。 エ に塩酸を加えると，弱酸であるケイ酸が沈殿する。ケイ酸を水洗して加熱すると，④固体のシリカゲルが得られる。

問1　 ア および イ にあてはまる数字， ウ および エ にあてはまる適切な語句を書け。

問2　黒鉛，フラーレン，単体のケイ素，それぞれの電気的性質と光学的性質の組み合わせとして正しいものを右の(1)～(6)から選び番号で答えよ。

番号	電気的性質，光学的性質
(1)	絶縁体，透明
(2)	絶縁体，不透明
(3)	半導体，透明
(4)	半導体，不透明
(5)	良導体，透明
(6)	良導体，不透明

問3　下線部①の化学反応式を書け。

問4　下線部②の適切な操作を1つ書け。ただし，物質を添加する操作は除くものとする。

問5　下線部③の化学反応式を書け。

問6　下線部④の用途を1つあげよ。また，その用途に応じた性質を示す理由を60字以内で答えよ。

（千葉大）

精　講　　炭素，ケイ素

　　　　炭素とケイ素は周期表14族の元素です。炭素の単体や化合物については，p.10, 57, 213, 214で学習したので，ここでは，ケイ素についてまとめておきます。

ケイ素は岩石や鉱物を構成する元素です。ケイ酸やケイ酸塩は，いろいろな構造のものがあります。高校化学では次のものだけ記憶すれば十分でしょう。

分類＼酸化数	0	+4
単体	**Si** ・融点 1410℃ ・結晶はダイヤモンド型 ・半導体	

図中の注記：
高温にして
コークス(C)で還元する

SiO₂ にフッ化水素酸を加える → H₂SiF₆（ヘキサフルオロケイ酸）

SiO₂
二酸化ケイ素
・融点 1650℃
・石英，水晶，ケイ砂として産出

水酸化ナトリウムや炭酸ナトリウムとともに加熱する

質量が変化しなくなるまで強熱する

Na₂SiO₃
ケイ酸ナトリウム
水を加えて加熱すると水ガラス

塩酸を加える →

H₂SiO₃
ケイ酸
白色ゲル状沈殿

加熱乾燥 →

SiO₂・nH₂O (0<n<1)
シリカゲル
・多孔質の固体
・乾燥剤や吸着剤に用いる。

□ 水によく溶ける　□ 水に溶けにくい

　問題では問われていませんが，セラミックスについてもまとめておきます。

〈セラミックス〉

　ガラス，陶磁器，セメントのように，**ケイ酸塩を原料として高温で焼き固めた**（石灰石，粘土，セッコウからつくられる）**無機物質**を**セラミックス**といいます。

⑴　ガラス

　ガラスの主原料はケイ砂（SiO_2）で，構成粒子の配列が不規則な状態の固体で，代表的なアモルファス（非晶質）です。次のガラスが有名です。

	ソーダ石灰ガラス	ホウケイ酸ガラス	鉛ガラス	石英ガラス
原料	SiO_2 Na_2CO_3 $CaCO_3$	SiO_2 $Na_2B_4O_7 \cdot 10H_2O$ （ホウ砂）	SiO_2 Na_2CO_3 PbO	SiO_2
用途	窓ガラス，瓶	ビーカー，フラスコ	光学レンズ	光ファイバー

(2) **ファインセラミックス**

純度の高い原料を用い，精密な条件で焼成したセラミックスをファインセラミックス (ニューセラミックス) といい，電子材料，耐熱材料，人工骨など
_{炭化ケイ素 SiC，窒化ケイ素 Si₃N₄ などがある}
_{アルミナ Al₂O₃，}
に用いられています。

Point 88

- ●炭素とケイ素の単体の性質
- ●二酸化ケイ素 → 水ガラス → シリカゲル の合成経路と，
  それぞれの性質 (➡ 解 説)

を記憶しておくこと。

問 1～5 炭素とケイ素は周期表 14 族の元素で，最外殻の電子数は 4 なので，ともに
_{問1, ア}
価電子を 4 個もっています。
_{問1, イ}

元素	K殻	L殻	M殻
₆C	2	4	
₁₄Si	2	8	4

ダイヤモンド，黒鉛 (グラファイト)，フラーレン (C_{60}，C_{70} など) は，すべて炭素の
単体ですが，構造や性質が異なっていて，互いに同素体です。
_{問1, ウ}

	ダイヤモンド	黒鉛	フラーレン
色	無色透明	黒色不透明	黒色不透明
電気伝導性	なし	あり	なし

_{問2(6)}　_{問2(2)}

二酸化炭素を石灰水に通すと，炭酸カルシウムが生じて白濁します。

$$CO_2 + Ca(OH)_2 \longrightarrow CaCO_3\downarrow + H_2O$$

さらに二酸化炭素を通すと，次の①の可逆反応が右に進んで，白濁が消失して，溶液は無色透明になります。

$$CO_3^{2-} + CO_2 + H_2O \rightleftharpoons 2HCO_3^-$$
$$\underline{+)\ CaCO_3 \rightleftharpoons Ca^{2+} + CO_3^{2-}}$$
$$CaCO_3 + CO_2 + H_2O \rightleftharpoons Ca(HCO_3)_2 \quad \cdots① \text{ }_{問3}$$
_{水に難溶}　　　　　　　_{水によく溶ける}

加熱すると，CO_2 が溶液中から逃げるため，①の平衡が左へ進み，再び $CaCO_3$ が
析出するので，白濁します。

$$Ca(HCO_3)_2 \xrightarrow[問4]{加熱} CaCO_3\downarrow + CO_2\uparrow + H_2O \quad \cdots②$$

　ケイ素の単体は，ダイヤモンド型の構造をもつ灰黒色の結晶を形成します。電気伝導性は半導体の性質を示し，コンピューターの部品や太陽電池などの材料に使われています。
問2(4)

　二酸化ケイ素 SiO_2 は，Si と O が交互に共有結合した立体網目構造をもつ水に溶けにくい安定な化合物です。酸性酸化物であり，水酸化ナトリウムや炭酸ナトリウムの固体とともに加熱すると，Si-O-Si 結合が切れて，ケイ酸ナトリウム Na_2SiO_3 が生じます。

$$SiO_2 + 2NaOH \xrightarrow{\text{加熱}} Na_2SiO_3 + H_2O \quad \cdots ③ \text{問5}$$
$$SiO_2 + Na_2CO_3 \xrightarrow{\text{加熱}} Na_2SiO_3 + CO_2$$

Na_2SiO_3 に水を加えて加熱すると，水あめ状の粘性が大きな液体が得られます。これを水ガラスとよんでいます。
問1，エ

　水ガラスに塩酸を加えると，弱酸遊離反応が起こり，白色ゲル状のケイ酸 H_2SiO_3 が沈殿します。

$$\underset{\text{弱酸の塩}}{Na_2SiO_3} + \underset{\text{強酸}}{2HCl} \longrightarrow \underset{\text{弱酸}}{H_2SiO_3}\downarrow + 2NaCl$$

このケイ酸の沈殿を適度に加熱して，乾燥すると，シリカゲルが得られます。

$$\begin{array}{c} OH \quad OH \\ | \quad\quad | \\ -Si-O-Si-O- \\ | \quad\quad | \\ OH \quad OH \end{array} \xrightarrow{\text{加熱}} \cdots Si-O-Si \cdots$$

ケイ酸　　　　　　　　　　　シリカゲル

$SiO_2 \cdot nH_2O$
$(0 < n < 1)$
と表します

問6　シリカゲルは，多孔質の固体で，表面積が大きく，親水性の -OH 基が多数存在
　　　小さな空間が多数
しているため，H_2O 分子を強く吸着するので，乾燥剤に利用しています。

答

問1　ア：14　　イ：4　　ウ：同素体　　エ：水ガラス

問2　黒鉛：(6)　　フラーレン：(2)　　単体のケイ素：(4)

問3　$CaCO_3 + CO_2 + H_2O \longrightarrow Ca(HCO_3)_2$

問4　加熱する。

問5　$SiO_2 + 2NaOH \longrightarrow Na_2SiO_3 + H_2O$

問6　用途：乾燥剤

　　理由：シリカゲルは多孔質の固体で表面積が大きく，親水性のヒドロキシ
　　　　　基が多数存在するため，水分子を吸着する力が強いから。(56 字)

リンは，リン鉱石（主成分 $Ca_3(PO_4)_2$）にケイ砂（主成分 SiO_2）とコークス（主成分 C）を混ぜたものを高温で反応させてつくられる。このときに発生したリンの蒸気を，水中で固化させると，　A　が得られる。この反応は式①のように表される。

$$Ca_3(PO_4)_2 + \boxed{ア} SiO_2 + \boxed{イ} C$$
$$\longrightarrow \boxed{ウ} CaSiO_3 + \boxed{エ} \boxed{B} + \boxed{オ} CO \quad \cdots ①$$

　A　は分子式　B　で表され，　C　中で自然発火する。一方，(i)　C　を遮断して $250\,°C$ で　A　を加熱すると　D　になる。　D　を酸素中で燃焼させると，　E　になる。　E　を水に加えて加熱すると，　F　の結晶になる。

問1　　A　〜　F　に適当な語句を，次の@〜⑩からそれぞれ1つ選べ。該当する選択肢がない場合は，zとせよ。

ⓐ $Ca(H_2PO_4)_2$　ⓑ P　ⓒ P_4　ⓓ 黄リン　ⓔ 空気
ⓕ 十酸化四リン　ⓖ 真空　ⓗ 赤リン　ⓘ 窒素　ⓙ 二リン酸
ⓚ リン酸　ⓛ リン酸エステル　ⓜ リン酸カルシウム

問2　　ア　-　オ　に適当な数を，次のⓐ〜⑩からそれぞれ1つ選べ。同じ選択肢を何度使用してもよい。該当する選択肢がない場合は，zとせよ。

ⓐ $\dfrac{1}{4}$　ⓑ $\dfrac{1}{3}$　ⓒ $\dfrac{1}{2}$　ⓓ 1　ⓔ 2　ⓕ 3　ⓖ 4
ⓗ 5　ⓘ 6　ⓙ 7　ⓚ 8　ⓛ 9　ⓜ 10

問3　下線部(i)について，　D　の性質として誤りを含むものを，次のⓐ〜ⓔから1つ選べ。該当する選択肢がない場合は，zとせよ。

ⓐ　A　と比べて融点が高い。　ⓑ　A　と比べて密度が高い。
ⓒ　A　と比べて発火点が低い。　ⓓ　A　と比べて毒性が低い。
ⓔ　A　と　D　は互いに同素体である。

問4　リン鉱石と硫酸 H_2SO_4 を反応させると，リン酸二水素カルシウム $Ca(H_2PO_4)_2$ とセッコウ $CaSO_4$ との混合物である過リン酸石灰が得られる。リン鉱石中のリン酸カルシウム $Ca_3(PO_4)_2$ の質量比が93%のとき，$1000\,kg$ のリン鉱石と反応させるのに必要な硫酸の量は何 kg か。有効数字2桁で求めよ。ただし，硫酸の質量パーセント濃度は98%とし，リン鉱石中の不純物は硫酸と反応しないものとする。原子量は H=1.00，O=16.0，P=31.0，S=32.0，Ca=40.0 とせよ。

（上智大）

リン

　　　リンは周期表の 15 族に属する元素で，5 個の価電子 ·**P**·
をもっています。

　主にリン灰石（主成分 $Ca_3(PO_4)_2$）などの鉱物，DNA や RNA，ATP などと
して生体内に存在しています。
　　　　　　　　　　　　　　　核酸　　　　アデノシン三リン酸

　リンを含む代表的な無機物質をまとめておきます。

第2章　無機化学

Point 89
- 黄リン（白リン）と赤リンの性質の違い
- 十酸化四リン P_4O_{10}，リン酸 H_3PO_4 の性質

を中心に知識を頭に入れておこう。

解　説　　問 1，2　リンにはいくつかの同素体が存在します。P 原子が正四面
体の頂点に位置する 4 原子分子 P_4 の分子結晶である黄リンと，P の無定形高分子で
ある赤リンが有名です。黄リンは毒性が強く，自然発火するため水中に保存します。
　黄リンは，純粋なものは白色なので白リンともよばれます。二硫化炭素 CS_2 のよ
うな無極性溶媒によく溶けます。黄リン P_4 を空気 を遮断して 250℃ で加熱す
　　　　　　　　　　　　　　　　　　　　A　　　　B
ると，分子間が次々と結びついて無定形高分子の赤リン に変化します。
　　　　　　　　　　　　　　　　　　　　　　　　D
　空気中でリンを燃焼すると十酸化四リンが生じます。

$$P_4 + 5O_2 \longrightarrow P_4O_{10} \qquad 4P + 5O_2 \xrightarrow{\text{加熱}} P_4O_{10}$$
　黄リン　　　　　　　　　　　　　　赤リン

黄リンは，リン酸カルシウム $Ca_3(PO_4)_2$ を主成分とする鉱石に，ケイ砂 SiO_2 とコークスCを混ぜて電気炉を用いて高温で反応させてつくられます。

$$\begin{cases} 2\,Ca_3(PO_4)_2 + 6\,SiO_2 \longrightarrow 6\,CaSiO_3 + P_4O_{10} \quad \color{blue}{\leftarrow P_4O_{10} が揮発する} \\ P_4O_{10} + 10\,C \longrightarrow 4\,P + 10\,CO \quad \color{blue}{\leftarrow コークスで P_4O_{10} が還元される} \\ 4\,P \longrightarrow P_4 \quad \color{blue}{\leftarrow リンの蒸気を冷水中に導く} \end{cases}$$

全体の反応式は，

$$2\,Ca_3(PO_4)_2 + 6\,SiO_2 + 10\,C \longrightarrow 6\,CaSiO_3 + P_4 + 10\,CO$$

と表されます（設問の①の反応式は，$Ca_3(PO_4)_2$ の係数が1なので，上の反応式を2で割る）。

十酸化四リン$_E$は吸湿性の強い白色物質で乾燥剤に用いられています。酸性酸化物で，水を加えて加熱すると，リン酸$_F$が生じます。

$$P_4O_{10} + 6\,H_2O \xrightarrow{加熱} 4\,H_3PO_4$$

リン酸は中程度の強さを示す3価のオキソ酸で，燃料電池の電解質に使われています。

$$\begin{cases} H_3PO_4 \rightleftharpoons H^+ + H_2PO_4^- \quad （第一電離） \\ H_2PO_4^- \rightleftharpoons H^+ + HPO_4^{2-} \quad （第二電離） \\ HPO_4^{2-} \rightleftharpoons H^+ + PO_4^{3-} \quad （第三電離） \end{cases}$$

問3　無定形高分子である赤リンは比較的安定な物質で，黄リンと異なり自然発火しません。よって©が誤り。

問4　窒素 N，リン P，カリウム K は，植物の成長に大量に必要な元素であるが，不足しがちなために肥料で補います。リン肥料は，果実の糖度の増加や根の発育促進の目的で土壌などに加える肥料で，過リン酸石灰や重過リン酸石灰などがあり，リン酸カルシウムを原料に酸処理をしてつくられています。

$$\underset{\text{過リン酸石灰}}{Ca_3(PO_4)_2 + 2\,H_2SO_4 \longrightarrow \underline{Ca(H_2PO_4)_2 + 2\,CaSO_4}} \quad \cdots(1)$$

$$\underset{\text{重過リン酸石灰}}{Ca_3(PO_4)_2 + 4\,H_3PO_4 \longrightarrow 3\,Ca(H_2PO_4)_2}$$

求める98％硫酸の質量を x〔kg〕とします。モル質量は，$Ca_3(PO_4)_2 = 310$〔g/mol〕，$H_2SO_4 = 98$〔g/mol〕なので，(1)の反応式の係数より次式が成り立ちます。

よって，$x = 6.0 \times 10^2$〔kg〕

答
問1　A：ⓓ　　B：ⓒ　　C：ⓔ　　D：ⓗ　　E：ⓕ　　F：ⓚ
問2　ア：ⓕ　　イ：ⓗ　　ウ：ⓕ　　エ：ⓒ　　オ：ⓗ
問3　ⓒ　　**問4**　$6.0 \times 10^2\,kg$

塩素，| ア |，| イ |，| ウ |，アスタチンはハロゲンとよばれている。

| ア |の単体は，室温において赤褐色の| エ |で水に少しだけ溶ける。

| ア |のカリウム塩の水溶液に塩素を加えると| ア |の単体が遊離するが，これは| ア |よりも塩素の方が| オ |が強いためである。| イ |は，刺激臭のある毒性の強い気体で，水と激しく反応して酸素を発生する。また，その反応液はガラスの主成分である二酸化ケイ素と反応するので，つや消しガラスの製造などに利用されている。| ウ |の単体は，昇華性のある黒紫色の結晶で，水に溶けにくいが，| ウ |のカリウム塩の水溶液にはよく溶ける。

塩素の単体は刺激臭のある黄緑色の有毒気体で，空気より重い。塩素はほとんどの元素と化合して| カ |をつくる。塩素は，さらし粉（主成分：$CaCl(ClO)・H_2O$）に希塩酸を加えるか，または，酸化マンガン（IV）に濃塩酸を加えて加熱すると発生する。

問1 | ア |～| ウ |にあてはまる元素名を記せ。

問2 | エ |～| カ |に入れる語句として最も適当なものを次から選べ。

ただし，同じものを繰り返し選んでもよい。

気体　　固体　　液体　　酸化力　　還元力　　水素化合物

塩化物　　水和物

（群馬大）

精 講　　（ハロゲンの単体）

17族の単体はすべて X_2 のような二原子分子です。一般に酸化剤として作用し1価の陰イオンとなります。ハロゲンの単体の**酸化力の強さ**は$F_2 > Cl_2 > Br_2 > I_2$ の順です。

次表におもなハロゲンの単体の反応をまとめておきます。

	F_2	Cl_2	Br_2	I_2
状態(注1)	淡黄色の気体	黄緑色の気体	赤褐色の液体	黒紫色の固体
酸化力	大 ←			小 →
水との反応(注2)	$2F_2 + 2H_2O$ $\longrightarrow 4HF + O_2$	$X_2 + H_2O \rightleftharpoons HX + HXO$		水には溶けにくい
H_2との反応	$H_2 + F_2 \longrightarrow 2HF$ 暗所でも爆発的	$H_2 + Cl_2 \longrightarrow 2HCl$ 光照射で爆発的	$H_2 + Br_2 \longrightarrow 2HBr$ 高温で反応	$H_2 + I_2 \rightleftharpoons 2HI$ 高温でも平衡状態

（注1）　分子量が大きいほどファンデルワールス力が強くなり，$F_2 < Cl_2 < Br_2 < I_2$ の順に沸点や融点が高くなります。なお，I_2 の固体は常温で昇華性があります。

（注2）　⑴ F_2 は H_2O を酸化し，O_2 を発生させます。

$$酸化剤：F_2 + 2e^- \longrightarrow 2F^- \quad \cdots ①$$
$$還元剤：2H_2O \longrightarrow 4H^+ + O_2 + 4e^- \quad \cdots ②$$

①式×2＋②式によって e^- を消去すると，
$$2F_2 + 2H_2O \longrightarrow 4HF + O_2$$
となります。

⑵ Cl_2 は自己酸化還元反応によって，水中では次の平衡を形成します。

$$\underset{(0)}{Cl_2} + H_2O \rightleftharpoons \underset{(-1)}{HCl} + \underset{(+1)}{HClO} \quad \text{←次亜塩素酸は HOCl と表記することもある}$$

$HClO$ は次亜塩素酸といい，酸化力が強いため，塩素水は漂白・殺菌に使われます。

⑶ Br_2 は Cl_2 と同じように自己酸化還元反応を水中で形成しますが，Cl_2 ほど右に進んでいません。

$$Br_2 + H_2O \rightleftharpoons HBr + HBrO$$

⑷ I_2 は Cl_2 や Br_2 のような自己酸化還元反応が進まず，水には溶けにくくなります。ただし，**ヨウ化カリウム KI 水溶液中**では次の平衡を形成して，**溶解度が大きくなります**。

$$I_2（黒紫色）+ I^-（無色）\rightleftharpoons I_3^-（褐色）$$

一般に私たちがヨウ素溶液とよんでいるのは，ヨウ素ヨウ化カリウム水溶液のことです。三ヨウ化物イオン I_3^- のために褐色を示します。

ハロゲン化合物

	ハロゲン化水素	カルシウム塩	銀塩
F	HF（弱酸）（注3）	$CaF_2 \downarrow$	AgF
Cl	HCl ⎫	$CaCl_2$	$AgCl \downarrow$（白色）
Br	HBr ⎬強酸	$CaBr_2$	$AgBr \downarrow$（淡黄色）
I	HI ⎭	CaI_2	$AgI \downarrow$（黄色）

←フッ素 F の化合物は他の3つと異なる

◯は水に溶ける

（注3）　HF はガラスや石英の主成分である SiO_2 と反応し，これらを溶かします。

$$SiO_2 + 4HF \longrightarrow SiF_4 + 2H_2O \quad \cdots ③$$
フッ化水素
$$SiO_2 + 6HF \longrightarrow H_2SiF_6 + 2H_2O \quad \cdots ④$$
フッ化水素酸

このため，HF の水溶液はポリエチレン製のびんに保存します。
フッ化水素酸

Point 90　ハロゲン

❶ 単体の反応性は，$F_2 > Cl_2 > Br_2 > I_2$

❷ フッ化物が，塩化物・臭化物・ヨウ化物と異なる性質を示す
　3つの化合物に注意しよう。

問1，2　**ア，エ，オ**：赤褐色の単体であることから臭素 Br_2 であり，常温・常圧では液体 です。KBr に塩素 Cl_2 を加えると，Cl の方が Br より酸化力 が強く陰イオンになりやすいので，

$$Cl_2 + 2e^- \longrightarrow 2Cl^- \quad \cdots ①$$ ← Cl_2 が e^- を奪って Cl^- へと変化する
$$2Br^- \longrightarrow Br_2 + 2e^- \quad \cdots ②$$ ← Br^- は e^- を奪われて Br_2 へと変化する

①式＋②式より，

$$2Br^- + Cl_2 \longrightarrow Br_2 + 2Cl^-$$

イ：水と激しく反応する気体であることからフッ素 F_2 であり，水との反応では H_2O の酸化数 -2 の酸素原子を酸化して，O_2 を発生させます。

$$2F_2 + 2H_2O \longrightarrow O_2 + 4HF$$ ← $\begin{cases} F_2 + 2e^- \longrightarrow 2F^- \\ 2H_2O \longrightarrow O_2 + 4H^+ + 4e^- \end{cases}$ から e^- を消去すればよい

　　この反応により生じる HF の水溶液（フッ化水素酸）は，ガラスの主成分である二酸化ケイ素 SiO_2 と反応します（➡p.236）。

ウ：黒紫色の結晶（固体）であることからヨウ素 I_2 であり，水には溶けにくいが，KI 水溶液にはよく溶けます。

$$I_2 + I^- \rightleftharpoons I_3^-$$

の可逆反応が右へ進むことが，KI 水溶液に溶ける理由です。

　　塩素 Cl_2 はさらし粉 $CaCl(ClO)\cdot H_2O$ に希塩酸 HCl を加えて発生させることができます。次のように考えるとよいでしょう。

$$CaCl(ClO)\cdot H_2O \xrightarrow{\text{水}} Ca^{2+} + Cl^- + ClO^- + H_2O \quad \cdots ③$$
$$Cl^- + ClO^- + 2H^+ \longrightarrow Cl_2 + H_2O \quad \cdots ④$$ ← $Cl_2 + H_2O$ $\rightleftharpoons$ $HCl + HClO$ の逆反応だね

③式＋④式をしてから，両辺に $2Cl^-$ を加えて整理すると，

$$CaCl(ClO)\cdot H_2O + 2HCl \longrightarrow Cl_2 + 2H_2O + CaCl_2$$

となり，完成です。

　　この反応は，塩素 Cl_2 の発生方法として p.219 で学んだ方法とともに有名な反応です。

補足　さらし粉から $CaCl_2$ を除いた高度さらし粉 $Ca(ClO)_2\cdot 2H_2O$ に希塩酸を加えたときは，
$$Ca(ClO)_2\cdot 2H_2O + 4HCl \longrightarrow 2Cl_2 + 4H_2O + CaCl_2$$

答　**問1**　ア：臭素　　**イ**：フッ素　　**ウ**：ヨウ素
　　問2　エ：液体　　**オ**：酸化力　　**カ**：塩化物

演 習 問 題

⇨ 解答は335ページ

② 　ハロゲン化銀のうち，AgF は水に溶け，AgI はほとんど水に溶けないということに興味をもった生徒が図書館で資料を調べたところ，次のことがわかった。

　一般に，(1)イオン半径は，原子核の正電荷の大きさと電子の数に依存する。また，イオン半径が大きなイオンでは，原子核から遠い位置にも電子があるので，反対の電荷をもつイオンと結合するとき電荷の偏りが起こりやすい。このような電荷の偏りの起こりやすさでイオンを分類すると，表1のようになる。

	偏りが起こりにくい	中間	偏りが起こりやすい
陽イオン	Mg^{2+}, Al^{3+}, Ca^{2+}	Fe^{2+}, Cu^{2+}	Ag^+
陰イオン	OH^-, F^-, SO_4^{2-}, O^{2-}	Br^-	S^{2-}, I^-

表1　イオンにおける電荷の偏りの起こりやすさ

　イオンどうしの結合は，陽イオンと陰イオンの間にはたらく強い□□□□に加えて，この電荷の偏りの効果によっても強くなる。経験則として，陽イオンと陰イオンは，電荷の偏りが起こりやすいイオンどうし，もしくは起こりにくいイオンどうしだと強く結合する傾向がある。そのため，水和などの影響が小さい場合，(2)化合物を構成するイオンの電荷の偏りの起こりやすさが同程度であるほど，その化合物は水に溶けにくくなる。たとえば Ag^+ は電荷の偏りが起こりやすいので，電荷の偏りが起こりやすい I^- とは水に溶けにくい化合物 AgI をつくり，偏りの起こりにくい F^- とは水に溶けやすい化合物 AgF をつくる。

　このような電荷の偏りの起こりやすさにもとづく考え方で，化学におけるさまざまな現象を説明することができる。ただし，他の要因のために説明できない場合もあるので注意が必要である。

問1　下線部(1)に関連して，同じ電子配置であるイオンのうち，イオン半径の最も大きなものを，次の①～④のうちから1つ選べ。
① O^{2-}　　② F^-　　③ Mg^{2+}　　④ Al^{3+}

問2　□□□□に当てはまる語として最も適当なものを，次の①～⑤のうちから1つ選べ。
① ファンデルワールス力　　② 電子親和力　　③ 水素結合
④ 静電気力（クーロン力）　　⑤ 金属結合

問3　溶解性に関する事実を述べた記述のうち，下線部(2)のような考え方では説明することができないものを，次の①～④のうちから1つ選べ。
① フッ化マグネシウムとフッ化カルシウムは，ともに水に溶けにくい。
② Al^{3+} を含む酸性水溶液に硫化水素を通じた後に塩基性にしていくと，水酸化アルミニウムの沈殿が生成する。
③ ヨウ化銀と同様に硫化銀は水に溶けにくい。
④ 硫酸銅（Ⅱ）と硫酸マグネシウムは，ともに水によく溶ける。（共通テスト試行調査）

第 3 章

有機化学

50 有機化合物の元素分析

次の文章を読み，□□□□□に適当な化学式を入れよ。ただし，原子量は H＝1.0，C＝12，O＝16 とする。

右図に示した装
置を使って元素分
析を行った。化合
物 A 14.6 mg を精
密にはかり，酸化

化合物 A
(白金ボート中)
乾いた
酸素
酸化銅（Ⅱ）
燃焼管
可動
バーナー
固定
バーナー
塩化カルシウム管
ソーダ石灰管

銅（Ⅱ）をつめた燃焼管の中に入れる。その後，乾いた酸素を通しながら加熱し，完全に燃焼させた。塩化カルシウム管は 9.0 mg，ソーダ石灰管は 26.39 mg だけ質量が増加した。

したがって，この元素分析の結果より，この化合物の組成式は □ a □ であることがわかった。また，酸素原子の数が 4 であると，分子式は □ b □ で表される。

（神戸薬科大）

精 講 〔有機化合物の元素分析〕

C，H，O からなる有機化合物 W〔mg〕を完全燃焼させ，「C を CO_2」「H を H_2O」に変えてから，H_2O を塩化カルシウム $CaCl_2$ 管，CO_2 をソーダ石灰 $CaO + NaOH$ 管に吸収させます。

> 塩化カルシウムは中性の乾燥剤なので H_2O を吸収し，ソーダ石灰は塩基性の乾燥剤なので酸性の気体である CO_2 を吸収します（➡p.218）。また，有機化合物が不完全燃焼して CO が発生する可能性があるので，高温の酸化銅（Ⅱ）CuO を酸化剤として，CO_2 へと完全燃焼させます。

増加した質量をそれぞれ W_{H_2O}〔mg〕，W_{CO_2}〔mg〕とすると，有機化合物 W〔mg〕の中に含まれる炭素 C 原子の質量 W_C〔mg〕，および水素 H 原子の質量 W_H〔mg〕は次のように表せます。

$$炭素原子の質量 \quad W_C〔mg〕= \underset{CO_2〔mg〕}{W_{CO_2}} \times \underset{C〔mg〕}{\frac{12}{44}} \quad \leftarrow CO_2 の分子量 44 のうち 12 が C$$

$$水素原子の質量 \quad W_H〔mg〕= \underset{H_2O〔mg〕}{W_{H_2O}} \times \underset{H〔mg〕}{\frac{2}{18}} \quad \leftarrow H_2O の分子量 18 のうち 2 が H$$

また，W〔mg〕中のO原子の質量 W_0〔mg〕は，次のように表せます。

$$W_0 = W - (W_C + W_H)$$

そこで，W_C〔mg〕，W_H〔mg〕，W_0〔mg〕を mg から g に変換し，それぞれの原子量で割ると，各原子の物質量〔mol〕の比がわかります（➡ **Point 91**）。原子数の比を最も簡単な整数比で表したものを組成式（そ せいしき）といいます。

Point 91　組成式の求め方

組成式 $C_nH_mO_l$ は次のように求める。
ただし，C＝12，H＝1.0，O＝16 とする。

←mgからgに変換している

$$n : m : l = \frac{W_C \times 10^{-3}}{12} : \frac{W_H \times 10^{-3}}{1.0} : \frac{W_0 \times 10^{-3}}{16}$$ ←モル比

$$W_C \, [\text{mg}] = \frac{12}{44} \times \boxed{W_{CO_2}}$$ ←塩基性の乾燥剤であるソーダ石灰管で吸収

$$W_H \, [\text{mg}] = \frac{2}{18} \times \boxed{W_{H_2O}}$$ ←中性の乾燥剤である塩化カルシウム管で吸収

$$W_0 \, [\text{mg}] = W - (W_C + W_H)$$

 解 説

化合物**A**の中にあるCは完全燃焼することによって CO_2 となりソーダ石灰管で吸収（＋26.39 mg）され，Hは H_2O となり塩化カルシウム管で吸収（＋9.0 mg）されています。酸化銅（Ⅱ）CuO は完全燃焼させるための酸化剤であり，完全燃焼されずに CO などが出てきたときに CO_2 に変えています。

このとき，ソーダ石灰管と塩化カルシウム管を逆につないではいけません。ソーダ石灰管を先につないでしまうとソーダ石灰は塩基性の乾燥剤なので，酸性の気体である CO_2 と湿気つまり H_2O の両方を吸収してしまうので，CO_2 と H_2O の質量を別々に測定できなくなってしまいます。

$$C : H : O = \frac{26.39 \times \frac{12}{44} \times 10^{-3}}{12} : \frac{9.0 \times \frac{2}{18} \times 10^{-3}}{1.0} : \frac{\left(14.6 - 26.39 \times \frac{12}{44} - 9.0 \times \frac{2}{18}\right) \times 10^{-3}}{16}$$

物質量〔mol〕比

$$= 0.599 : 1 : 0.400 ≒ 3 : 5 : 2$$

となり，組成式は $C_3H_5O_2$ (a) となります。

1分子あたりの化学式である分子式では，O原子を4つ含むとあるので，分子式は

$$(C_3H_5O_2)_2 = C_6H_{10}O_4$$ (b)

となります。

 答　　a：$C_3H_5O_2$　　b：$C_6H_{10}O_4$

51 異性体(1)   化学

次の文中の ☐ に適当な数字を入れよ。

分子式が C_4H_8，$C_4H_{10}O$ で表される化合物には構造異性体がそれぞれ ☐ A ☐ 種，☐ B ☐ 種，存在する。

                                                                    (立命館大)

精 講 異性体

分子式は同じで性質が異なるものどうしを異性体といいます。

また，「炭素骨格」，「官能基の種類」，「官能基の結合している場所」が異なる異性体を構造異性体といいます。原子のつながり方が違うために生じ，C_2H_6O で表される化合物には，次の「官能基の種類」が異なる構造異性体が存在します。

ジメチルエーテル   エタノール

-C-O-C- はエーテル結合，
-O-H はヒドロキシ基という

構造異性体の数え方

Step 1 Hの数を Check しよう

鎖状で，すべて単結合からなる飽和であるならば，分子式 $C_nH_xO_m$ の分子がもつHの数は，$x = 2n+2$ となります。これは，Cは4価 $\left(-\overset{|}{\underset{|}{C}}-\right)$，Hは1価 (H-)，Oは2価 (-O-) なので，次のように考えられるからです。分子式 $C_nH_xO_m$ で表される化合物の結合のようすを

とすると，この場合，$\boxed{H-H} + -\overset{|}{\underset{|}{C}}-\times n + \boxed{O}\times m$ $C_nH_xO_m$ なので Cがn個 Oがm個

と分解でき，Hの数 x は $x = \boxed{2n} + \boxed{2}$ となります。

次に，二重結合や環構造をもつとHの数がどう変化するかを考えてみましょう。二重結合または環構造が1つ生じるとHが2つ減ることがわかりますか？次図をみてください。

242

①でHを2つとりCの手をつなぐと，　H–C=C–…　となります。
（二重結合1つ）

②でHを2つとりCの手をつなぐと，　…　となります。
（環構造1つ）

③でHを2つとりCとOの手をつなぐと，　…–C–C=O　となります。
（二重結合1つ）

　つまり，$C_nH_xO_m$ の場合，Hの数が $x=2n+2$ なら鎖状で飽和，x が $2n+2$ より2つ少なくなると，それに応じて二重結合か環構造が生じます。

Step 2 　**C骨格で分類しよう**

　C_1〜C_5 の鎖状の骨格パターンを覚えましょう。

C_1	C_2	C_3	C_4	C_5	
C	C–C	C–C–C	C–C–C–C	C–C–C–C–C	◀直鎖状の（まっすぐな）C骨格

C_1〜C_3 の骨格は1種

C_4:
C
C–C–C

C_5:
C
C–C–C–C

C
C–C–C
C

◀枝分かれをもつC骨格

Step 3 　**官能基で分類し，その位置を確定しよう。**

　C_3H_8O で考えてみましょう。

　Hの数は $2\times3+2=8$ であり，鎖状で飽和（ Step 1 ）。　◀$x=2n+2$ になっている

　C_3 の鎖状の骨格は C–C–C のみ（ Step 2 ）。　◀C_3 の骨格は1種

　次に –O– を押しこむ位置によって，アルコール C–O–H，エーテル C–O–C の違いが生じるので，そこを意識して数えます。

　◀にO原子を押しこむ　⇒　どこに入れても　CH_3–CH_2–CH_2
　　　　　　　　　　　　　　　　　　　　　　　　　　　　OH

第3章 有機化学

◁に O 原子を押しこむ　⇒　どこに入れても　CH₃–CH–CH₃
$$CH_3-CH-CH_3$$
OH

▼に O 原子を押しこむ　⇒　どこに入れても　CH₃–O–CH₂–CH₃

となります。このように C 骨格内の対称性に注意して数えましょう。

Point 92 　$C_nH_xO_m$ では

Hの数が $x = 2n + 2$ だと，鎖状の炭素骨格ですべて単結合！
ここからHが2つ減ると，二重結合や環構造が1つ増える。

解　説

◀C₄H₈▶　Hの数は $2 \times 4 + 2 = 10$ より2つ少ないので，二重結合 か 環構造を1つも
ちます。

(1)　鎖状の骨格に C=C を1つもつ場合は，C=C 結合の入る場所は次の①〜③です。

C–C⋮C–C　　　　C–C–C
　　　　　　　　　　│
　　　　　　　　　　C

⇓　　　2-ブテンという

①　CH₂=CH–CH₂–CH₃　　②　CH₃–CH=CH–CH₃　　③　CH₂=C–CH₃
　　　　　　　　　　　　　　　　　　　　　　　　　　　　　│
　　　　　　　　　　　　　　　　　　　　　　　　　　　　　CH₃

(2)　環構造は4員環（四角形）か 3員環（三角形）＋枝1つ，つまり次の④，⑤です。

C–C　　　C
│　│　　 ╱ ╲　⇒　CH₂–CH₂　　　CH₃
C–C　　 C–C　　　│　　│　　　 CH
　　　　　　　　　CH₂–CH₂　　 ╱ ╲
　　　　　　　　　　　　　　　 CH₂–CH₂

よって，構造異性体は①〜⑤の5種です。
（②の 2-ブテンに存在する立体異性体については，**必修基礎問 52** で学習します。）

◀C₄H₁₀O▶　Hの数は $2 \times 4 + 2 = 10$ と同じなので鎖状飽和であり，C₄H₁₀ を書いてか
ら O の入る位置を考えます。

（◁は，
O の入る位置）

①〜④がヒドロキシ基 –OH をもつアルコール，⑤〜⑦がエーテル結合 –C–O–C– を
もつエーテルです。よって，構造異性体は7種となります。
（②のアルコールに存在する立体異性体については，p.252 を参照してください。）

答　　A：5　　B：7

52 異性体(2)

化学

問1 次の分子①～⑤から，シス-トランス異性体が存在するものを1つ選べ。

① CH_3-CH_2-COOH ② $CH_3-CH(OH)-COOH$

③ $CH_2=CH-COOH$ ④ $HOOC-(CH_2)_4-COOH$

⑤ $HOOC-CH=CH-COOH$

問2 互いに鏡像の関係にある一対の鏡像異性体に
関する次の記述a～dについて，正誤の組み合わ
せとして正しいものを，右の①～⑧から1つ選べ。

a 偏光（平面偏光）に対する性質が異なる。

b 融点・沸点が異なる。

c 立体構造が異なる。

d 分子式が異なる。

（センター試験）

	a	b	c	d
①	正	正	正	正
②	正	正	誤	正
③	正	誤	正	誤
④	正	誤	誤	誤
⑤	誤	正	正	誤
⑥	誤	正	誤	誤
⑦	誤	誤	正	正
⑧	誤	誤	誤	正

精 講 （立体異性体）

　　　　分子をつくっている原子のつながり方は同じなのに互いに重
ね合わせることができない（立体構造が異なる）ものを**立体異性体**といいます。
代表例として**シス-トランス異性体（幾何異性体）**と**鏡像異性体（光学異性体）**が
あります。

❶ **シス-トランス異性体（幾何異性体）**

　　炭素-炭素二重結合（C=C）が単結合のように自由に回転できないために生
じます。**置換基が同じ側にあるものをシス形**，逆側にあるものを**トランス形**
といいます。例えば，p.244のC_4H_8の②で考えた2-ブテン $CH_3-CH=CH-CH_3$
には次のようなシス-トランス異性体が存在します。

シス-2-ブテン　　　シス-トランス異性体の関係　　　トランス-2-ブテン

❷ **鏡像異性体（光学異性体）**

　　4つの異なる原子や原子団が結合している**不斉炭素原子**をもつものは，「鏡
にうつすもの」と「鏡にうつったもの」の関係にある2種類の立体異性体が存
在します。これらは，化学的な性質や沸点，融点などはほぼ等しいのですが，
光に対する性質が異なるので鏡像異性体（光学異性体）とよばれています。例

えば，乳酸 CH₃–$\overset{\text{H}}{\underset{\text{OH}}{\text{C}^*}}$–COOH には，次の 2 種類の鏡像異性体が存在します。(C*は不斉炭素原子)

━━ で示した結合は紙面の手前側，⫶⫶で示した結合は紙面の奥側に存在することを示しています

鏡にうつすもの   鏡   鏡にうつったもの

Point 93　立体異性体

　シス-トランス異性体（幾何異性体）や鏡像異性体（光学異性体）がある。

解 説

問 1　シス形やトランス形は C=C のまわりに生じるので，C=C をもたない①，②，④はダメ。

③　　　　　うら返しにすると同じもの

⑤　　シス形　　　トランス形

③からわかるように，$\overset{\text{X}}{\underset{\text{X}}{}}$C=C$\overset{}{\underset{}{}}$ の構造にはシス-トランス異性体が生じません。

問 2　互いに鏡像異性体の関係にあるものは，沸点，融点，密度，化学的性質などはほとんど同じです。ただし，平面偏光に対する性質である旋光性は異なります。

a　正しい。

b　誤り。融点・沸点は同じです。

c　正しい。「鏡にうつすもの」と「鏡にうつったもの」の関係にあります。

d　もちろん分子式は同じです。誤り。

　問 1　⑤　　問 2　③

15. 脂肪族化合物の性質と反応

必修基礎問

53 炭化水素 化学

次の①〜⑦の記述で，正しいものには○，誤っているものには×をつけよ。

① エタンは，炭素原子間の結合距離がアセチレンやエチレンより長い。
② エタンは，触媒を用いてエチレンに水素を反応させると得られる。
③ エチレンに塩素が付加すると，1,2-ジクロロエタンになる。
④ メタンに光照射下で塩素を反応させると置換反応が起こる。
⑤ CH_2 の組成式 (実験式) をもつ化合物は，すべて二重結合をもつ。
⑥ アセチレンは，触媒を用いて酢酸と反応させると，酢酸ビニルになる。
⑦ アセチレンは，触媒を用いて水を付加させると，アセトアルデヒドになる。

 精 講 アルカンの反応

すべて単結合 (C–C 結合，C–H 結合のみ)
鎖式飽和の炭化水素は**アルカン C_nH_{2n+2}** とよびます。C–C 結
環をもたない　CとHだけからなる
合，C–H 結合のみからなり比較的安定な化合物です。ただし，O_2 による燃焼反
応や光照射での Cl_2 による置換のような反応は起こります。　CO_2 や H_2O へ変化する

❶ **燃焼反応**

$$H\text{-}C\text{-}C\text{-}H + \frac{7}{2}O_2 \xrightarrow{\text{加熱}} 2CO_2 + 3H_2O$$ エタン　← 完全燃焼の反応式の書き方は，p.31 でやりました

❷ **Cl_2 による置換反応**

光照射により，H と Cl が置き換わる

$$H\text{-}C\text{-}H + Cl_2 \xrightarrow{\text{光照射}} H\text{-}C\text{-}Cl + HCl$$ メタン　　クロロメタン (塩化メチル)

アルケンの反応

C=C 結合を 1 つもつ鎖式不飽和炭化水素を**アルケン C_nH_{2n}** とよびます。C=C
結合に対し，酸 (HX)，ハロゲン (Br_2 など)，水素 H_2 が付加します。

❶ **酸 HX の付加反応**

C=C 結合のうち 1 本の結合は反応しやすいので，
反応しやすい 1 本の結合を切ってくっつける (付加する)

❷ 臭素 Br_2 の付加反応

この反応は C=C 結合の検出反応に利用します。

❸ 水素 H_2 の付加反応

（アルキンの反応）

C≡C 結合を 1 つもつ鎖式不飽和炭化水素を **アルキン C_nH_{2n-2}** とよびます。
C=C 結合と同様な付加反応が起こります。ただし，H_2O の付加は注意が必要です。
H_2O を付加すると生じる　　　　　　の構造が不安定で　　　　　　に変化
します。

H-C≡C-H
アセチレン

C≡C 結合のうち，まず 1 本の結合が切れる

HCl 付加 → H-C=C-H / H Cl　塩化ビニル　← さらに，HCl を付加させることが可能

Br_2 付加 → H-C=C-H / Br Br　1, 2-ジブロモエチレン　← Br_2 の赤褐色が消える

H_2 付加 → H-C=C-H / H H　エチレン　← さらに，H_2 を付加させることが可能

H-OH 付加 → [H-C=C-H / H O / H]　ビニルアルコール（不安定）→ H-C-C-H / H / H O　アセトアルデヒド　← C-H / O はホルミル基（アルデヒド基）

Point 94 炭化水素

❶ アルカンは比較的安定。
❷ アルケンやアルキンの C=C や C≡C へは，酸，ハロゲンの単体，H_2 が付加。ただし，C≡C への H_2O の付加は注意せよ。

① 炭素原子間の距離は，C──C＞C＝C＞C≡C　と結合の多重度が増すと短くなります。よって，

H₃C-CH₃ ──0.15 nm > H₂C=CH₂ ──0.13 nm > HC≡CH ──0.12 nm　となり，○です。

エタン　　　　　　エチレン　　　　　アセチレン

② $CH_2=CH_2$ ──H-H 付加→ CH_3-CH_3　なので，○です。

エチレン　　　　　エタン

③ エチレン ──Cl-Cl 付加→ 1,2-ジクロロエタン　であり，○です。　←1, 2-は炭素骨格の番号を表す

④ メタン ──Cl₂ 光照射→ クロロメタン（塩化メチル） ──Cl₂ 光照射→ ジクロロメタン（塩化メチレン） ──Cl₂ 光照射→ ……　とくり返します。

HがClに置き換わったので置換反応であり，○です。

⑤ CH_2 の組成式，つまり C_nH_{2n} の分子式をもつ炭化水素は，鎖状飽和のときのHの数 $2n+2$ より2つ少ないので，二重結合または環構造を1つもつことになります。例えば，C_4H_8 という分子式では 必修基礎問 51 で考えたように
$CH_3-CH=CH-CH_3$ のようなアルケンもあれば，環状飽和炭化水素
2-ブテン
CH_2-CH_2 / CH_2-CH_2 シクロブタン
（シクロアルカン）もあります。つまり，すべてが二重結合をもつとはいえず，×です。

⑥ アセチレン ──付加→ 酢酸ビニル　となり，○です。　← $H_2C=CH$ はビニル基，C-O-C はエステル結合という

⑦ アセチレン ──付加→ （不安定） → アセトアルデヒド　となり，○です。　← C=C はが不安定

答　① ○　② ○　③ ○　④ ○　⑤ ×　⑥ ○　⑦ ○

54 アルコールとその誘導体 　　　　　　　　　　　　　化学

次の①～⑤の記述で，正しいものには○，誤っているものには×をつけよ。
① エタノールは水中でわずかに電離するので，その水溶液は弱酸性を示す。
② エタノールは水酸化ナトリウムで中和され，ナトリウム塩になる。
③ エタノールを濃硫酸と約 130℃に加熱するとジエチルエーテルになる。
④ 分子式 C_2H_6O の化合物はナトリウムと反応し水素を発生する。
⑤ エタノールは，希硫酸溶液中で二クロム酸カリウムと反応して，アセトアルデヒドになる。

精 講 　アルコール

炭化水素の H をヒドロキシ基 –OH に置き換えた化合物をア
ルコール R–OH といいます。アルコール R–OH の水溶液は中性です。

❶ アルコールと金属ナトリウム Na の反応

アルコールは，金属ナトリウム Na と反応して水素 H_2 を発生します。この
反応はアルコールとエーテルの識別に利用されます。

$$2R–OH + 2Na \longrightarrow 2R–ONa + H_2 \qquad R–O–R' + Na \xrightarrow{\hspace{1cm}} 反応しない$$

アルコール 　置き換える　　　ナトリウムアルコキシド　　　エーテル

❷ 濃硫酸による脱水反応

アルコールは濃硫酸によって脱水され，**高温（約 160～170℃）ではおもに
分子内脱水**が，**中温（約 130～140℃）ではおもに分子間脱水**が起こります。

$$\underset{\text{エタノール}}{\underset{|\;\;\;|}{\overset{|\;\;\;|}{H-C-C-H}}}\xrightarrow[約160～170℃]{濃硫酸}\underset{\text{エチレン}}{\overset{}{{}^{H}_{H}C=C{}^{H}_{H}}} + H_2O$$

→分子内で H_2O がとれる 　　　　　　　　　アルケン

$$\underset{\text{エタノール}}{CH_3CH_2OH\;\;HOCH_2CH_3}\xrightarrow[約130～140℃]{濃硫酸}\underset{\text{ジエチルエーテル}}{CH_3CH_2OCH_2CH_3} + H_2O$$

　　　　　└分子間で H_2O がとれる 　　　　　　左右対称のエーテル

❸ アルコールの酸化

硫酸酸性二クロム酸カリウム $K_2Cr_2O_7$ や過マンガン酸カリウム $KMnO_4$ など
で酸化すると，次のように変化します。

第 1 級アルコール

（注）（–OH 基の結合している C 原子に炭化水素基 R– が 1 か所結合している）

$$\underset{}{\overset{H}{\underset{H\;\;H}{R-C-O}}}\xrightarrow[酸化]{-2H}\underset{\text{アルデヒド}}{\overset{H}{\underset{}{R-C=O}}}\xrightarrow[酸化]{+O}\underset{\text{カルボン酸}}{\overset{H}{\underset{O-H}{R-C=O}}}$$

└→H を 2 個とる 　　　　　　　　　O が 1 個入る

第2級アルコール
(−OH 基の結合している C 原子に
炭化水素基 R− が 2 か所結合している)

$$\underset{\text{H} \quad \text{H}}{\overset{\text{R}'}{\text{R-C-O}}} \xrightarrow[\text{酸化}]{-2\text{H}} \underset{}{\overset{\text{R}'}{\text{R-C=O}}} \quad \text{ケトン}$$

→ H を 2 個とる

第3級アルコール
(−OH 基の結合している C 原子に
炭化水素基 R− が 3 か所結合している)

$$\underset{\text{R}''\ \text{H}}{\overset{\text{R}'}{\text{R-C-O}}} \longrightarrow \times \longrightarrow \text{酸化されにくい}$$

(注) 炭化水素基 R− の例：メチル基 CH₃−，
エチル基 CH₃−CH₂− など

Point 95 アルコール

❶ 金属 Na で H₂ 発生 ➡ アルコールとエーテルの識別に利用

❷ 濃硫酸で脱水 ➡ 高温で分子内，中温で分子間

❸ 第1級アルコール $\xrightarrow{\text{酸化}}$ アルデヒド $\xrightarrow{\text{酸化}}$ カルボン酸

　第2級アルコール $\xrightarrow{\text{酸化}}$ ケトン

　第3級アルコール ✕ 酸化されにくい

解説

① アルコールは H₂O よりも H⁺ を出す力が弱く，水に溶かしてもオキソニウムイオン H₃O⁺ を増やすことができないので中性です。よって，×です。

② アルコールは中性であり，水酸化ナトリウムで中和できません。よって，×です。

③ エタノールを約 130℃（中温）で加熱すると，分子間脱水が起こりジエチルエーテルが生じます（➡p.250）。よって，○です。

④ $\underset{\text{H} \ \text{H}}{\overset{\text{H} \ \text{H}}{\text{H-C-C-O-H}}}$ と $\underset{\text{H} \quad \text{H}}{\overset{\text{H} \quad \text{H}}{\text{H-C-O-C-H}}}$ の2つの構造異性体がありますが，エタノールが

エタノール　　　　ジメチルエーテル ← C-O-C のエーテル結合を表す

「ジ」は2個，「メチル」は CH₃−，「エーテル」は

Na で H₂ が発生するのに対し，ジメチルエーテルでは変化がありません。よって，×です。

⑤ エタノールは第1級アルコールで次のように変化します。よって，○です。

エタノール C₂H₅OH　　アセトアルデヒド CH₃CHO　　酢酸 CH₃COOH

答 ① ×　② ×　③ ○　④ ×　⑤ ○

55 アルコールの性質と反応   化学

次の文章を読んで下の問いに答えよ。

1-プロパノールAには，他に2種の構造異性体B，Cが存在する。それぞれに酸性二クロム酸カリウム水溶液を加えたところA，Bからは酸化反応によりそれぞれ化合物D，Eが得られ，化合物Cは反応しなかった。さらに，化合物D，Eに酸化反応したところ，Dのみが反応し酸性物質Fが得られた。化合物Aに濃硫酸を加えて130〜140℃に加熱したところ，化合物Gが得られた。一方，化合物Bに濃硫酸を加えて170〜180℃に加熱したところ，分子内脱水反応が進み臭素水を脱色する気体Hが得られた。

問1　化合物B，C，D，E，F，G，Hの構造式を書け。

問2　化合物A，B，Cの中で最も沸点の低い化合物を選び，記号で答えよ。

（新潟大）

精講

アルコールの命名法

対応する炭素原子数のアルカンの語尾 ane の e をとって ol（オール）とします。例えば $CH_3-CH_2-\underset{|\ OH}{CH}-CH_3$ では，炭素原子数が4なのでアルカンならブタンです。このブタン (buthane) の語尾の「e」を「ol」にしてブタノール (buthanol) とします。

また，単にブタノールだと $\overset{4}{CH_3}-\overset{3}{CH_2}-\overset{2}{CH_2}-\underset{OH}{\overset{1}{CH_2}}$ と区別ができませんので，–OH（→1-ブタノールという）のついている炭素原子の位置番号を小さくするように右から番号をつけ，2-ブタノールとします。

$$\overset{4}{CH_3}-\overset{3}{CH_2}-\underset{OH}{\overset{2}{CH}}-\overset{1}{CH_3}$$

（2-ブタノールは2の炭素原子が不斉炭素原子なので鏡像異性体が存在します。）

アルコールの沸点

アルコールは同程度の分子量の炭化水素やエーテルに比べて沸点が高くなります。これは分子間で水素結合を形成するために分子間を引き離すのに大きなエネルギーが必要となるからです。

$$CH_3-CH_2-\overset{\delta-}{O}\cdots\cdots\overset{\delta+}{H}O-CH_2-CH_3 \quad\Rightarrow\quad \text{アルコールは沸点が高い}$$

エタノール　　H　　分子間水素結合

アルコールの沸点

アルコールは，同程度の分子量の炭化水素やエーテルより沸点が高い。

解説

問1 1-プロパノールは $\overset{3}{CH_3}-\overset{2}{CH_2}-\overset{1}{CH_2}$ であり，分子式は C_3H_8O です。
　　　　　　　　　　　　　　　　　$\underset{OH}{|}$

H H H
| | |
H–C–C–C–H
| | |
H H H
（←は –O– の入る位置）

① $\overset{3}{CH_3}-\overset{2}{CH_2}-\overset{1}{CH_2}$
　　　　　　　　　$\underset{OH}{|}$
1-プロパノール
（第1級アルコール）

② $\overset{1}{CH_3}-\overset{2}{CH}-\overset{3}{CH_3}$
　　　　　　$\underset{OH}{|}$
2-プロパノール
（第2級アルコール）

③ $CH_3-CH_2-O-CH_3$
エチルメチルエーテル
（エーテル）

A＝①，B＝②，二クロム酸カリウム $K_2Cr_2O_7$ で酸化されないエーテルのCが③となります。

次にAとBの反応を示します。

A：$\overset{3}{CH_3}-\overset{2}{CH_2}-\overset{1}{CH_2}$ $\xrightarrow[-2H]{酸化}$ CH_3-CH_2-C-H $\xrightarrow[+O]{酸化}$ CH_3-CH_2-C-OH
　　　　　　$\underset{OH}{|}$　　　　　　　　　　　　$\underset{O \leftarrow D}{\|}$　　　　　　　　　　$\underset{O \leftarrow F}{\|}$
1-プロパノール　　　　　　　プロピオンアルデヒド　　　　　プロピオン酸
（第1級アルコール）　　　　　（アルデヒド）　　　　　　　（カルボン酸）

B：$\overset{1}{CH_3}-\overset{2}{CH}-\overset{3}{CH_3}$ $\xrightarrow[-2H]{酸化}$ CH_3-C-CH_3
　　　　　　$\underset{OH}{|}$　　　　　　　　　　$\underset{O \leftarrow E}{\|}$
2-プロパノール　　　　　　　アセトン
（第2級アルコール）　　　　　（ケトン）

A：$CH_3-CH_2-CH_2-O\,\colonbox{H}\;\colonbox{HO}-CH_2-CH_2-CH_3$
　　　　　　　　　分子間で H_2O がとれる
$\xrightarrow[-H_2O]{分子間脱水（130〜140℃）}$ $CH_3-CH_2-CH_2-O-CH_2-CH_2-CH_3$ ◀G
ジプロピルエーテル
（エーテル）

B：$CH_3-\overset{H\;H}{\underset{OH\;H}{C-C-H}}$ $\xrightarrow[-H_2O]{分子内脱水（170〜180℃）}$ $CH_3-\overset{H\;H}{C=C-H}$
分子内で　　　　　　　　　　　　　　　　　　　　プロペン
H_2O がとれる　　　　　　　　　　　　　　　　　（アルケン）
　　　　　　　　　　　　　　　　　　　　　　↑H　◀C＝C結合をもつので
　　　　　　　　　　　　　　　　　　　　　　　　　Br_2 が付加し赤褐色が消える

問2 エーテルは，分子間で水素結合を形成しないためアルコールより沸点が低い。

 問1 構造式は 解説 参照　　**問2** C

第3章 有機化学

56　カルボニル化合物の性質と反応　　　　　　　　　　　　化学

問1　ホルムアルデヒドは還元性があり，銀鏡反応を示し，フェーリング液を還元する。銀鏡反応およびフェーリング液の還元反応において，ホルムアルデヒドが変化してできる物質もまた還元性をもつ。この物質は何か。構造式で示せ。また，化合物の化学構造と還元性の有無との関係を，構造式を書いて説明せよ。

（東京女子大）

問2　ケトンに関する次の(a)～(d)の記述のうち，正しい記述の記号をすべて選べ。

(a)　カルボニル基に炭化水素基が2個結合している化合物を総称してケトンという。

(b)　ケトンは一般に，第2級アルコールあるいはアルデヒドを酸化すると得られる。

(c)　アセトンとプロピオンアルデヒドは，互いに構造異性体の関係にある。

(d)　アセトンに水酸化ナトリウムとヨウ素を加えて温めるとヨードホルムが生じる。この反応をヨードホルム反応といい，アセトンとアセトアルデヒドを区別するのに利用できる。

（愛知工業大）

精　講

【アルデヒド】

ホルミル基（アルデヒド基）$-\overset{\text{O}}{\overset{\|}{\text{C}}}-\text{H}$ をもつ化合物を**アルデヒド** R–CHO といいます。アルデヒドは酸化されやすく，e^- を奪われやすい化合物です。酸化されやすいという性質は，相手に e^- を与え還元しやすい，つまり**還元性**が大きいということになります。

【アルデヒドの検出反応】

アルデヒドは塩基性の溶液中でとくに酸化されやすく，Cu^{2+} や Ag^+ によって酸化されます。これを検出反応に利用します。

❶ **フェーリング液の還元**

アルデヒド R–CHO にフェーリング液を加えて加熱すると，**酸化銅（Ⅰ）**
　　　　　　　　　　　　　　　　Cu²⁺を含む
Cu_2O の**赤色沈殿**が生じます。

$$R\text{--}CHO + 2\underset{(+2)}{Cu^{2+}} + 5OH^- \longrightarrow R\text{--}COO^- + \underset{(+1)}{Cu_2O}\downarrow（赤） + 3H_2O$$

❷ **銀鏡反応**

アンモニア性硝酸銀水溶液にアルデヒド R–CHO を加えて温めると，**銀 Ag**
　[Ag(NH₃)₂]⁺ を含む

が析出します。

$$R-CHO + 2[\underset{(+1)}{Ag(NH_3)_2}]^+ + 3OH^-$$
$$\longrightarrow R-COO^- + 2\underset{(0)}{Ag} + 4NH_3 + 2H_2O$$

ケトン

$R_1-\underset{\underset{O}{\|}}{C}-R_2$ のように**カルボニル基**（$\diagdown C=O$）の両側が
（R_1, R_2 は炭化水素基）

炭化水素基 R- である化合物を**ケトン**といいます。

（例）$\begin{matrix} CH_3 \\ CH_3 \end{matrix}\diagup\hspace{-0.5em}\diagdown C=O$

アセトン

ヨードホルム反応

アセチル基 $CH_3-\underset{\underset{O}{\|}}{C}-R$ をもつ化合物に，ヨウ素 I_2 と水酸化ナトリウム NaOH
（R は水素 H 原子や炭化水素基）

水溶液を加え，加熱すると**特異臭のある黄色の沈殿ヨードホルム CHI_3 が析出し**ます。

$$CH_3-\underset{\underset{O}{\|}}{C}-R + 4NaOH + 3I_2 \longrightarrow \underset{黄色}{CHI_3}\downarrow + R-\underset{\underset{O}{\|}}{C}-ONa + 3NaI + 3H_2O$$

また，$CH_3-\underset{\underset{OH}{|}}{CH}-R$ のような構造のアルコールも I_2 に酸化されると $CH_3-\underset{\underset{O}{\|}}{C}-R$ と

なるので，ヨードホルム反応が起こります。ヨードホルム反応を示す化合物には次のようなカルボニル化合物やアルコールがあります。

$CH_3-\underset{\underset{O}{\|}}{C}-H$ $CH_3-\underset{\underset{O}{\|}}{C}-CH_3$ $\overset{1}{CH_3}-\overset{2}{\underset{\underset{OH}{|}}{CH}}-\overset{3}{CH_3}$ $CH_3-\underset{\underset{OH}{|}}{CH}-H$

アセトアルデヒド　　アセトン　　　2-プロパノール　　エタノール

ただし，$CH_3-\underset{\underset{O}{\|} 酢酸}{C}-OH$ は $CH_3-\underset{\underset{O}{\|}}{C}-$ 基がありますが，ヨードホルム反応が起こりま

せん。一般に，$CH_3-\underset{\underset{O}{\|}}{C}-$ の横の原子は，C や H でなければヨードホルム反応は起

こらないと，おさえましょう。

Point 97 アルデヒドの検出反応・ヨードホルム反応

❶ アルデヒド（R-CHO）
  ➡ フェーリング液の還元（Cu_2O（赤）↓）と 銀鏡反応（Ag 析出）
❷ $CH_3-\underset{\underset{O}{\|}}{C}-R$ や $CH_3-\underset{\underset{OH}{|}}{CH}-R$ （R は H や炭化水素基）

  ➡ ヨードホルム反応陽性（CHI_3（黄）↓）

15. 脂肪族化合物の性質と反応　**255**

問1　ホルムアルデヒド H-C$\overset{O}{\underset{H}{}}$ は，酸化されるとギ酸 H-C$\overset{O}{\underset{O-H}{}}$ に変化します。

　ギ酸は，ホルミル基（アルデヒド基）をもつカルボン酸で，還元性があります。ギ酸に硫酸酸性の過マンガン酸カリウム $KMnO_4$（赤紫色）を加えると，酸化されて，炭酸 H-O-C$\overset{O}{\underset{OH}{}}$ を経て $CO_2 + H_2O$ に変化します。

H-C$\overset{O}{\underset{}{}}$
OH
ホルミル基
ギ酸

まず0が1個入る

H-C=O　酸化→　H-O-C=O　さらに0がもう1個入る　さらに酸化→　H-O-C=O　分解する→　CO_2
　H　　　　　　　　H　　　　　　　　　　　　　H-O　　　　　　　　H_2O
ホルムアルデヒド　　ギ酸　　　　　　　　　　炭酸 H_2CO_3

問2　(a)　C-C-C となるのがケトンなので，正しい。
　　　　　　　　O

(b)　第2級アルコールは，酸化されるとケトンに変化します。

R-CH-R′　$\overset{-2H}{\underset{酸化}{\longrightarrow}}$　R-C-R′
　OH→Hを2個とる　　　　O

　ただし，アルデヒドは酸化されると，ケトンではなくカルボン酸に変化します。

R-C-H　$\overset{酸化}{\longrightarrow}$　R-C-OH
　O→0が入る　　　　O
アルデヒド　　　　カルボン酸

よって，誤り。

(c)　アセトン CH_3-C-CH_3 とプロピオンアルデヒド CH_3-CH_2-C-H は，ともに分子式
　　　　　　　　O　　　　　　　　　　　　　　　　　　　　　　　O

がC₃H₆Oであり，構造異性体の関係にあります。よって，正しい。

(d)　アセトン CH_3-C-CH_3 と アセトアルデヒド CH_3-C-H は，ともにヨードホルム
　　　　　　　　O　　　　　　　　　　　　　　　　　　　　O

反応陽性です。ヨウ素と水酸化ナトリウム水溶液を加えて加熱すると，ともにヨードホルム CHI₃（黄色）が沈殿するために識別できません。よって，誤り。

答

　問1　物質：H-C$\overset{O}{\underset{O-H}{}}$

　　関係：H-C$\overset{O}{}$ のようなホルミル基（アルデヒド基）をもつため還元性を有する。

　問2　(a)と(c)

次の文中の□□□に最も適当な語句を入れよ。

分子中に□ア□基をもつ化合物をカルボン酸という。また，乳酸のように□ア□基と□イ□基をもつ化合物をヒドロキシ酸，アラニンのように□ア□基と□ウ□基をもつ化合物をアミノ酸という。

ギ酸は最も簡単なカルボン酸で，構造中に□ア□基の他に□エ□基に相当する部分を含むので還元性を示す。酢酸は食酢中にも含まれ，純粋なものは冬季に凍結するので氷酢酸とよばれる。酢酸の水溶液は弱い酸性を示し，水酸化ナトリウム水溶液に酢酸を加えると反応して酢酸ナトリウムとなる。酢酸ナトリウム水溶液に塩酸を加えると酢酸が遊離するが，二酸化炭素を通じても酢酸は遊離しない。このことから，酢酸は酸として，塩酸よりも□オ□こと，ならびに，二酸化炭素の水溶液よりも□カ□ことがわかる。

カルボン酸には，上に述べた1価カルボン酸の他に，シュウ酸，フマル酸，フタル酸やマレイン酸のように同一分子内に□ア□基を2個もつ2価カルボン酸がある。このうち，フマル酸とマレイン酸は互いに立体異性体の一種である□キ□異性体であり，シス形の□ク□は加熱すると脱水反応により□ケ□になる。

（立命館大）

精 講

（カルボン酸）

カルボキシ基 $-C\overset{O}{\underset{OH}{\lessgtr}}$ をもつ化合物を**カルボン酸 RCOOH** といいます。

（カルボン酸の性質）

❶ 弱酸である

$$R-C\overset{O}{\underset{OH}{\lessgtr}} + H_2O \rightleftharpoons R-C\overset{O}{\underset{O^-}{\lessgtr}} + H_3O^+$$ ←カルボン酸の水溶液は，弱酸性を示す

$$(RCOOH \rightleftharpoons RCOO^- + H^+)$$

$$R-C\overset{O}{\underset{OH}{\lessgtr}} + NaOH \longrightarrow R-C\overset{O}{\underset{ONa}{\lessgtr}} + H_2O$$ ←NaOH 水溶液で中和することができる

ただし，**カルボン酸 RCOOH は同じ弱酸でも炭酸 H_2CO_3（$= CO_2 + H_2O$）よりは強い酸**であるために炭酸水素イオン HCO_3^- と反応し，CO_2 が発泡します。

$$\underset{\text{より強い酸}}{R-COO\textcircled{H}} + \underset{\text{より弱い酸の塩}}{NaHCO_3} \longrightarrow R-COONa + \underset{\text{より弱い酸}}{CO_2\uparrow} + H_2O$$ ←自分より弱い酸である炭酸を追い出す

この反応では気体が発生するため、反応が起こったことを確認しやすく、−COOH基の検出反応に利用されます。

❷ **酸無水物の形成**

カルボン酸 RCOOH から H_2O 分子がとれた構造をもつ有機化合物を**酸無水物**といいます。極めて反応性の高い化合物です。

(i)**分子間脱水**（通常 P_4O_{10} のような脱水剤とともに高温にします。）

$$\underset{\text{酢酸}}{CH_3-C\overset{O}{\underset{O-H}{}}} \quad \underset{\text{酢酸}}{\overset{O}{\underset{HO}{}}C-CH_3} \quad \xrightarrow[\text{高温}]{\text{脱水剤}} \quad \underset{\text{無水酢酸 }((CH_3CO)_2O\text{ とも書く})}{CH_3-C\overset{O}{\underset{O}{}}\overset{O}{\underset{}{}}C-CH_3} + H_2O$$

H_2O がとれる

(ii)**分子内脱水**

シス形のマレイン酸や o−体（➡p.273）のフタル酸のように2つのカルボキシ基 −COOH が近くにあって、五員環や六員環のようにひずみの少ない環構造の酸無水物をつくる場合は、脱水剤がなくても加熱するだけで変化が起こります。また、トランス形のフマル酸や p−体のテレフタル酸ではこのような変化は起こりません。

H_2O がとれる

$$\xrightarrow[\text{加熱}]{H_2O}$$

マレイン酸（シス形）　　　　　無水マレイン酸　　　五員環

H_2O がとれる

$$\xrightarrow[\text{加熱}]{H_2O}$$

フタル酸（o−体）　　　無水フタル酸　　　五員環

$$\underset{\text{フマル酸（トランス形）}}{HOOC\text{−}C=C\text{−}COOH} \xrightarrow{\text{加熱}} ✕ \quad \text{ふつう、変化しない}$$

$$\underset{\text{テレフタル酸（p−体）}}{HOOC\text{−}\bigcirc\text{−}COOH} \xrightarrow{\text{加熱}} ✕ \quad \text{ふつう、変化しない}$$

2つの −COOH が遠い

❸ **脱炭酸反応**

カルボン酸塩などが熱分解を受けると $CO_3{}^{2-}$ がぬける形で変化をすることがあります。次の2つが有名です。

$$\underset{\text{酢酸ナトリウム（固）}}{CH_3COONa} + \underset{\substack{\text{水酸化ナト}\\\text{リウム（固）}}}{NaOH} \xrightarrow{\text{加熱}} \underset{\text{メタン（気）}}{CH_4\uparrow} + \underset{}{Na_2CO_3}$$

Na_2CO_3 がぬける

$$CH_3-\overset{\overset{\displaystyle O}{\|}}{C}-O-Ca^{2+}-O-\overset{\overset{\displaystyle O}{\|}}{C}-CH_3 \xrightarrow{\text{(注)乾留}} CH_3-\overset{\overset{\displaystyle O}{\|}}{C}-CH_3 + CaCO_3$$

酢酸カルシウム（固）　　　　　　　　　　　アセトン

CaCO₃ がぬける

（注）　空気を遮断して固体を加熱すること

Point 98　カルボン酸

❶　カルボン酸 RCOOH は弱酸だが炭酸（$H_2O + CO_2$）よりは強い。
❷　マレイン酸とフタル酸は，加熱すると分子内脱水によって酸無
　水物になる。

解説

ア，イ，ウ：分子内にカルボキシ基 –COOH をもつ化合物をカルボン酸といいますが，
　さらにヒドロキシ基 –OH をもつ乳酸のようなカルボン酸をヒドロキシ酸，アミノ基
　–NH$_2$ をもつアラニンのようなカルボン酸をアミノ酸といいます。

$$CH_3-\overset{\overset{\displaystyle H}{|}}{\underset{\underset{\displaystyle OH}{|}}{C^*}}-\overset{\overset{\displaystyle O}{\|}}{C}-OH \qquad H_2N-\overset{\overset{\displaystyle H}{|}}{\underset{\underset{\displaystyle CH_3}{|}}{C^*}}-\overset{\overset{\displaystyle O}{\|}}{C}-OH \qquad \text{＊は不斉炭素原子}$$

乳酸（ヒドロキシ酸）　　　アラニン（アミノ酸）

エ：ギ酸 $H-C\overset{\diagup OH}{\diagdown O}$　はカルボキシ基以外にホルミル基をもち還元性があります

～ホルミル基

（➡p.256）。酢酸 $CH_3-C\overset{\diagup OH}{\diagdown O}$ は食酢中に含まれます。

オ，カ：

$$\begin{cases} CH_3COOH + NaOH \longrightarrow CH_3COONa + H_2O & \cdots① \quad \text{←中和} \\[4pt] CH_3COONa + HCl \longrightarrow CH_3COOH + NaCl & \cdots② \quad \text{<span style=\"color:blue\">HCl が CH₃COOH を追い出す</span>} \\[4pt] CH_3COONa + (CO_2 + H_2O) \not\longrightarrow 変化なし & \cdots③ \quad \text{<span style=\"color:blue\">H₂CO₃ は CH₃COOH を追い出せない</span>} \end{cases}$$

（H_2CO_3）

　　　この①式～③式の反応式からわかるのは，CH_3COOH は HCl より H$^+$ を出す能力が
　小さく，H_2CO_3 や H_2O より大きいということです。

キ，ク，ケ：フマル酸とマレイン酸はシス–トランス（幾何）異性体の関係にあります。
　シス形はマレイン酸で，マレイン酸は脱水反応により無水マレイン酸になります。

答
　ア：カルボキシ　　イ：ヒドロキシ　　ウ：アミノ
　エ：ホルミル（アルデヒド）　　オ：弱い　　カ：強い
　キ：シス–トランス（幾何）　　ク：マレイン酸　　ケ：無水マレイン酸

第3章　有機化学

32 エステルの性質と反応 化学

次の文中の ▢ に適当な語句，物質名，式を入れよ。

エタノールに濃硫酸を加えて，約 130 ℃ に熱すると ▢a 反応が起こり，▢b と水が生成する（反応 A）。エタノールと酢酸の混合物に濃硫酸を加えて加熱すると，▢c 反応が起こり，▢d と水が生成する（反応 B）。A および B の反応の化学反応式は，それぞれ ▢e および ▢f で表せるが，このように分子と分子の間から水のような簡単な分子がとれて 1 つの分子ができる反応を ▢g という。

B の反応を，反応物に ^{16}O のみの酸素を含む酢酸と，その ▢h である ^{18}O を含むエタノールとを用いて行った。反応後，その反応液に冷水を注いだところ，表面に液体の層が浮いてきて，この上層に分離された液体物質に ^{18}O が含まれていた。このことから判断して，B の反応では ▢i 分子からOH がとれ，▢j 分子から H がとれて分子 ▢d が生成したと推測される。

(東京女子大)

精 講 （エステルとアミド）

カルボン酸 RCOOH とアルコール R′OH から H_2O がとれた構造をもつ化合物をエステル，カルボン酸 RCOOH とアミン R′NH₂ から H_2O がとれた構造をもつ化合物をアミドといいます。このように 2 分子間から H_2O のような簡単な分子がとれて 1 つの分子ができる反応を縮合といいます。

−NH₂ 基をもつ化合物

エステルやアミドは中性物質で，水に溶けにくいものが多いです。

(例) $CH_3-\overset{O}{\overset{\|}{C}}-OH + HO-CH_2-CH_3 \xrightarrow{縮合} CH_3-\overset{O}{\overset{\|}{C}}-O-CH_2-CH_3 + H_2O$
     酢酸   エタノール   酢酸エチル（エステル）

H₂O がとれる

$$CH_3-\overset{\displaystyle O}{\overset{\|}{C}}-O\underset{\downarrow}{H} + H-N-\boxed{\text{(phenyl)}} \xrightarrow{縮合} CH_3-\overset{\displaystyle O}{\overset{\|}{C}}-N-\boxed{\text{(phenyl)}} + H_2O$$

（H₂O がとれる）

酢酸	アニリン	アセトアニリド (アミド)

エステルの合成 （アミドの合成も同様です）

① 濃硫酸 H_2SO_4 のような酸触媒とともに，カルボン酸とアルコールを加熱する。

$$R-CO\underset{\downarrow}{OH} + R'O\underset{\downarrow}{H} \underset{}{\overset{[H_2SO_4]}{\rightleftharpoons}} RCOOR' + H_2O \quad \left(\begin{array}{l}\text{縮合または}\\ \text{エステル化}\end{array}\right)$$

エステル

② アルコール R'OH に酸無水物 $(RCO)_2O$ を加える。

$$\begin{array}{c} R-\overset{\displaystyle O}{\overset{\diagup}{C}} \\ \quad \diagdown O \\ R-\underset{\diagup}{\overset{\displaystyle O}{C}} \end{array} + R'O\underset{\downarrow}{H} \longrightarrow \begin{array}{c} R-\overset{\displaystyle O}{\overset{\diagup}{C}} \\ \quad \diagdown O \\ \qquad H \end{array} + R-\overset{\displaystyle O}{\overset{\|}{C}}-O-R' \quad ←不可逆反応になる$$

交換する

（例）
$$\begin{array}{c} CH_3-\overset{\displaystyle O}{\overset{\diagup}{C}} \\ \quad \diagdown O \\ CH_3-\underset{\diagup}{\overset{\displaystyle O}{C}} \end{array} + CH_3CH_2O\underset{\downarrow}{H} \xrightarrow{アセチル化} CH_3-\overset{\displaystyle O}{\overset{\|}{C}}-O\underset{\downarrow}{H} + CH_3-\overset{\displaystyle O}{\overset{\|}{C}}-O-CH_2-CH_3$$

無水酢酸	エタノール	酢酸	酢酸エチル
(酸無水物)	(アルコール)	(カルボン酸)	(エステル)

エステルの加水分解 （アミドの加水分解も同様です）

① 水酸化ナトリウム NaOH とともに加熱する（けん化）。

$$R-\overset{\displaystyle O}{\overset{\|}{C}}\underset{\downarrow}{\,}O-R' + NaOH \xrightarrow{加熱} R-\overset{\displaystyle O}{\overset{\|}{C}}-ONa + R'OH \quad ← \begin{array}{l} R-\overset{\displaystyle O}{\overset{\|}{C}}-O-R' \\ Na^{+-}O\underset{\downarrow}{H} \end{array}$$

矢印で切って，…をつなぐ

（例） $CH_3-\overset{\displaystyle O}{\overset{\|}{C}}\underset{\downarrow}{\,}O-CH_2-CH_3 + NaOH \xrightarrow{加熱} CH_3-\overset{\displaystyle O}{\overset{\|}{C}}-ONa + CH_3CH_2OH$

② 希硫酸 H_2SO_4 とともに加熱する。

$$R-\overset{\displaystyle O}{\overset{\|}{C}}\underset{\downarrow}{\,}O-R' + H_2O \underset{}{\overset{[希硫酸]}{\rightleftharpoons}} RCOOH + R'OH \quad ← \begin{array}{l} R-\overset{\displaystyle O}{\overset{\|}{C}}-O-R' \\ H-O\underset{\downarrow}{H} \end{array}$$

矢印で切って，…をつなぐ

Point 99

エステル ＝ アルコール ＋ カルボン酸 － H_2O

エーテル ＝ アルコール ＋ アルコール － H_2O

酸無水物 ＝ カルボン酸 ＋ カルボン酸 － H_2O

ア ミ ド ＝ ア ミ ン ＋ カルボン酸 － H_2O

第3章 有機化学

反応A：エタノール C_2H_5OH を濃硫酸 H_2SO_4 とともに約 $130℃$ に加熱すると，分子間脱水 _a によりジエチルエーテル _b が生じます。（➡p.250）

$$2\,CH_3CH_2OH \xrightarrow[130℃]{濃硫酸} CH_3CH_2OCH_2CH_3 + H_2O \quad \leftarrow e \quad (分子間脱水)$$
エタノール　　　　　　　　ジエチルエーテル

反応B：エタノール C_2H_5OH と酢酸 CH_3COOH とともに濃硫酸 H_2SO_4 を加え加熱すると，分子間脱水 _c により酢酸エチル _d $CH_3COOC_2H_5$ が生じます。これは，酢酸とエタノールのエステルです。

$$CH_3\text{-}\underset{O}{\overset{\|}{C}}\text{-OH} + H\!:\!O\text{-}CH_2\text{-}CH_3 \underset{\left(\begin{smallmatrix}エステル化\\縮合\\分子間脱水\end{smallmatrix}\right)}{\overset{濃硫酸}{\rightleftharpoons}} CH_3\text{-}\underset{O}{\overset{\|}{C}}\text{-}O\text{-}CH_2\text{-}CH_3 + H_2O \quad \leftarrow f$$
酢酸　　　　　　　　エタノール　　　　　　　　　　　　　　　　　　　酢酸エチル

g：2分子間から簡単な分子がとれて，1つの分子ができる反応を縮合 _g といいます。

h：^{16}O と ^{18}O は同じ元素で質量数が異なる原子どうしなので同位体 _h です。

i ，j：$CH_3\text{-}\underset{O}{\overset{\|}{C}}\text{-}\underset{(a)}{O\text{-}}H\ \ \underset{(b)}{H\text{:}O\text{-}}CH_2\text{-}CH_3$

(a)のように H_2O がとれるのか，(b)のように H_2O がとれるのか実験によって調べています。

$CH_3\text{-}\underset{^{16}O}{\overset{\|}{C}}\text{-}^{16}OH$　と　$CH_3\text{-}CH_2\text{-}^{18}OH$　を用いた場合，水層から遊離した層が酢酸エチル $CH_3COOC_2H_5$ と考えられますが，ここに ^{18}O が含まれていたのですから(a)のように脱水したことがわかります。この H_2O のとれ方は覚えておきましょう。

$$CH_3\text{-}\underset{O}{\overset{\|}{C}}\text{-}^{16}OH + H\text{-}^{18}O\text{-}CH_2\text{-}CH_3 \rightleftharpoons CH_3\text{-}\underset{O}{\overset{\|}{C}}\text{-}^{18}O\text{-}CH_2\text{-}CH_3 + \underset{H\qquad H}{^{16}O}$$

> カルボン酸（この場合酢酸）から $-OH$，アルコール（この場合エタノール）から $-H$ がとれて，エステルが生成している _i _j

答

a：分子間脱水　　**b**：ジエチルエーテル

c：分子間脱水（または エステル化）　　**d**：酢酸エチル

e：$2\,CH_3CH_2OH \longrightarrow CH_3CH_2OCH_2CH_3 + H_2O$

f：$CH_3COOH + CH_3CH_2OH \rightleftharpoons CH_3COOCH_2CH_3 + H_2O$

g：縮合（反応）　　**h**：同位体　　**i**：酢酸　　**j**：エタノール

57 油脂

必修
基礎問

次の文章を読み，下の問いに答えよ。

油脂は，炭素原子数の多い高級脂肪酸と 3 価アルコールである $\boxed{\text{ア}}$ との
エステルである。油脂に水酸化ナトリウム水溶液を加えて加熱すると，高級
脂肪酸のナトリウム塩（セッケン）と $\boxed{\text{ア}}$ が生成する。この加水分解反応
を $\boxed{\text{イ}}$ という。

油脂を構成する高級脂肪酸には，ステアリン酸 $C_{17}H_{35}COOH$ のような飽和
脂肪酸や，二重結合を 1 個もつオレイン酸 $C_{17}H_{33}COOH$ のような不飽和脂肪
酸がある。不飽和脂肪酸の二重結合には，ニッケルなどを触媒として，二重
結合 1 個に対して水素が 1 分子付加する。いくつかの二重結合をもつ 1 種類
の直鎖状不飽和脂肪酸 5.6 g に，触媒の存在下で水素を作用させたところ，
飽和脂肪酸を得るために 0.040 mol の水素を要した。

問1　文中の $\boxed{\text{ア}}$ と $\boxed{\text{イ}}$ に適切な語句を記せ。

問2　下線部について，次の(i)～(iii)に答えよ。ただし，原子量は H＝1.0，
C＝12，O＝16 とする。

(i)　炭素原子の数を n，二重結合の数を m（n, m はともに正の整数であ
る）として，この不飽和脂肪酸の分子式を示せ。

(ii)　この不飽和脂肪酸の水素付加反応を n, m を用いた化学反応式で示せ。

(iii)　炭素原子の数 n が 18 のとき，二重結合の数 m の値を計算せよ。

(熊本大)

精講　（油脂の構造）
動植物中の脂肪や油である油脂（ゆし）は，グリセリンと高級脂肪酸（しぼうさん）
からなるトリエステル（トリグリセリドという）の混合物です。

エステル結合

油脂

グリセリン　　高級脂肪酸

なお，高級とは炭素数が多いことを，脂肪酸とは鎖式1価カルボン酸を意味します。

油脂はエステルなので，**水酸化ナトリウム NaOH 水溶液とともに加熱すると**けん化反応が起きて，成分アルコールであるグリセリン $C_3H_5(OH)_3$ と構成脂肪酸のナトリウム塩 RCOONa が生成します。ここで，生じた**高級脂肪酸のナトリウム塩 RCOONa** が，セッケンとよばれています。

$$
\begin{array}{c}
CH_2-O-\overset{\overset{\displaystyle O}{\|}}{C}-R_1 \\
CH-O-\overset{\overset{\displaystyle O}{\|}}{C}-R_2 \\
CH_2-O-\overset{\overset{\displaystyle O}{\|}}{C}-R_3
\end{array}
\;+\; 3Na^+OH^-
\xrightarrow{\text{加熱}}
\begin{array}{c}
CH_2-OH \\
CH-OH \\
CH_2-OH
\end{array}
\;+\;
\begin{array}{c}
R_1-\overset{\overset{\displaystyle O}{\|}}{C}-O^-Na^+ \\
R_2-\overset{\overset{\displaystyle O}{\|}}{C}-O^-Na^+ \\
R_3-\overset{\overset{\displaystyle O}{\|}}{C}-O^-Na^+
\end{array}
$$

油脂（エステル）　　　　　エステル結合が3か所あるので3 mol 必要です　　　グリセリン（アルコール）　　セッケン（高級脂肪酸のナトリウム塩）

高級脂肪酸

油脂を構成する高級脂肪酸は炭素原子数が16と18のものが多く，次表のものがおもな高級脂肪酸です。

炭素数	分子式	名称	C=C 結合の数	分子量	融点	
16	$C_{15}H_{31}COOH$	パルミチン酸	0	256	63℃	飽和脂肪酸 C=C 結合なし
18	$C_{17}H_{35}COOH$	ステアリン酸	0	284	70℃	
	$C_{17}H_{33}COOH$	オレイン酸	1	282	13℃	不飽和脂肪酸 C=C 結合あり
	$C_{17}H_{31}COOH$	リノール酸	2	280	−6℃	
	$C_{17}H_{29}COOH$	リノレン酸	3	278	−11℃	

Hが2個減るたびに C=C 結合が1個増える　　　分子内の C=C 結合が増すと融点は低くなっている

$$CH_3-CH_2-CH_2-CH_2-CH_2-CH_2-CH_2-CH_2-CH_2-CH_2-CH_2-CH_2-CH_2-CH_2-CH_2-C\overset{\displaystyle O}{\underset{\displaystyle O-H}{}}$$

C–C 結合と C–H 結合だけからなる

カルボキシ基は 1 個

パルミチン酸 $C_{15}H_{31}COOH$

天然のものはふつうシス形

$$CH_3-CH_2-CH_2-CH_2-CH_2-CH_2-CH_2-CH_2-\underset{H}{\overset{H}{C}}=\underset{H}{\overset{H}{C}}-CH_2-CH_2-CH_2-CH_2-CH_2-CH_2-CH_2-C\overset{\displaystyle O}{\underset{\displaystyle O-H}{}}$$

C=C 結合をもっている

カルボキシ基は 1 個

オレイン酸 $C_{17}H_{33}COOH$

　パルミチン酸 $C_{15}H_{31}COOH$ やステアリン酸 $C_{17}H_{35}COOH$ のような飽和脂肪酸は分子の形がまっすぐなので，分子どうしが集まりやすいため，オレイン酸 $C_{17}H_{33}COOH$ のような折れ曲がった形の分子と比べ，融解させるには高い温度が必要です。飽和脂肪酸は，同程度の分子量の不飽和脂肪酸より融点が高くなっていますね。

Point 101　油脂

グリセリン（3価のアルコール）　と　高級脂肪酸　のエステル

問1　油脂は高級脂肪酸とグリセリン（3価アルコール）のエステルです。油脂を水酸化ナトリウム NaOH 水溶液とともに加熱するとけん化が起こり，セッケンとグリセリンが生じます（➡p.264）。
　　　　　　　　　　　　　　　　　　　　　　　高級脂肪酸のナトリウム塩

$$\begin{array}{l} CH_2-O-CO-R_1 \\ CH-O-CO-R_2 \\ CH_2-O-CO-R_3 \end{array} + 3NaOH \xrightarrow{けん化} \begin{array}{l} CH_2-OH \\ CH-OH \\ CH_2-OH \end{array} + \begin{array}{l} R_1-COONa \\ R_2-COONa \\ R_3-COONa \end{array}$$

　　　油脂　　　　　　水酸化ナトリウム　　　　　　グリセリン　　　セッケン

問2　（i）　この不飽和脂肪酸は，全炭素原子の数が n なので示性式が

①ここにCが1個ある

$$C_{n-1}H_xCOOH$$

②残ったCは $n-1$ 個

とおけます。

$\underset{\sim\sim\sim}{}$ の部分がメチル基 CH_3-，エチル基 CH_3-CH_2- のような鎖状飽和のアルキル基ならH原子の数は，

H原子の数$=(n-1)\times2+1$　←CH_3，$C_2H_5\cdots$のように $C_{\blacksquare}H_{\blacksquare\times2+1}$ となる
$=2n-1$

ここで，$C=C$ 結合が m〔個〕存在すると，ここから H 原子が $2m$〔個〕少なくなるので，この不飽和脂肪酸の H 原子の数 (x) は，

$x=2n-1-2m$

エチル基
←Hを2個とると　$C=C$を1個つくれる
つまり，$C=C$ 結合が1個存在するごとに H 原子が2個少なくなる

となります。

よって，示性式が $C_{n-1}H_{2n-1-2m}COOH$，つまり，分子式は $C_nH_{2n-2m}O_2$ となります。

(ii)　$C=C$ 結合1つに対して H_2 分子1つが付加するので，この不飽和脂肪酸は $C=C$ 結合が m〔個〕あるから，H_2 分子は m 分子付加します。

$C_nH_{2n-2m}O_2 + mH_2 \longrightarrow C_nH_{2n}O_2$

(iii)　この不飽和脂肪酸の分子量$=12\times n+1.0\times(2n-2m)+16\times2$　←分子式が $C_nH_{2n-2m}O_2$ なので
$=14n-2m+32$

$n=18$ のときは，分子量は $14\times18-2m+32$ となります。(ii)でつくった化学反応式から，不飽和脂肪酸 $C_nH_{2n-2m}O_2$ 1 mol に H_2 が m〔mol〕付加することがわかるので，次式が成り立ちます。

$$\dfrac{5.6\,〔g〕}{14\times18-2m+32\,〔g/mol〕}\times m = 0.040$$

不飽和脂肪酸〔mol〕　付加する H_2〔mol〕

よって，$m=2$ となります。この不飽和脂肪酸は炭素原子の数が18個，$C=C$ 結合の数が2個なのでリノール酸 $C_{17}H_{31}COOH$ ですね。

答
問1　ア：グリセリン　　イ：けん化
問2　(i)　$C_nH_{2n-2m}O_2$
　　　(ii)　$C_nH_{2n-2m}O_2 + mH_2 \longrightarrow C_nH_{2n}O_2$
　　　(iii)　2

次の文章を読み，文中の　　　　　に適当な語句を記入せよ。

　油脂は脂肪酸と　ア　のエステルであり，水酸化ナトリウムのような強塩基を加えて加熱すると，けん化されてセッケンと　ア　が得られる。セッケンあるいは合成洗剤を水に溶かすと，分子が集合して　イ　性部分を内側に，　ウ　性部分を外側にしたコロイド粒子をつくる。これを　エ　といい，セッケンの場合は　オ　に帯電している。

　セッケンの水溶液は　カ　性を示す。また，カルシウムイオンやマグネシウムイオンが多く含まれる硬水では沈殿を生じ，洗浄力が低下する。合成洗剤であるアルキルベンゼンスルホン酸ナトリウムでは，その水溶液は　キ　性を示す。これは，硬水においても沈殿を生じない。

精　講　　　　　セッケン

　高級脂肪酸のナトリウム塩であるセッケンは，疎水性（親油性）の長い炭化水素基と親水性のカルボキシ基の陰イオンが含まれています。

$$CH_3-CH_2-CH_2- \cdots\cdots\cdots\cdots CH_2-C\overset{O}{\underset{O^-}{}}$$

疎水基（親油基）　　　　　　　　　親水基

　これを水に溶かすと，疎水（親油）性の部分を内側に親水性の部分を外側に向けて陰イオンが集合し会合コロイド（ミセル）をつくります。疎水（親油）性の部分で油汚れを包みこみ，水中に分散させます。これを乳化作用といいます。

会合コロイド（ミセル）　　→ 油汚れ →　　　油汚れ

【セッケンの欠点】

① セッケン水は，塩の加水分解反応により塩基性を示します。そのため，動物性繊維の絹や羊毛中のタンパク質が変性してしまうので，これらの洗浄には適しません。

　　　$RCOO^- + H_2O \rightleftharpoons RCOOH + OH^-$　←水溶液が塩基性を示す

② Mg^{2+} や Ca^{2+} を多く含む水である硬水中では，水に難溶な塩を形成して沈

第3章　有機化学

殿するため使用できません。

$$2RCOO^- + Mg^{2+} \longrightarrow (RCOO)_2Mg \downarrow$$
$$2RCOO^- + Ca^{2+} \longrightarrow (RCOO)_2Ca \downarrow$$

合成洗剤

合成洗剤は加水分解せず，その**水溶液は中性**です。また，マグネシウム塩やカルシウム塩は水に溶けるので，**硬水中でも使用できます**。

(例) (i) ABS（アルキルベンゼンスルホン酸）系洗剤

$C_{12}H_{25}$—⟨⟩—$SO_3^-Na^+$　ドデシルベンゼンスルホン酸ナトリウム

(ii) 高級アルコール系洗剤

$CH_3-(CH_2)_{10}-CH_2-OSO_3^-Na^+$　硫酸ドデシルナトリウム

Point 102 セッケン

セッケンは，疎水基を内側に，親水基を外側に向け，水中に分散する。

解 説

ア：天然油脂を水酸化ナトリウム NaOH 水溶液とともに加熱すると，けん化反応が起きて，セッケン RCOONa と**グリセリン**$_{ア}$ $C_3H_5(OH)_3$ が得られます。

$$C_3H_5(OCOR)_3 + 3NaOH \xrightarrow{\text{加熱}} C_3H_5(OH)_3 + 3RCOONa$$
油脂　　　　　　　　　　　　　グリセリン　　セッケン

イ～オ：セッケン水の濃度が大きくなると，セッケンは**疎水**$_{イ}$基を内側に，**親水**$_{ウ}$基を外側にして球状の粒子である**会合コロイド**$_{エ}$（ミセル）をつくって，水中に細かく分散します。

また，セッケンは親水基のカルボキシ基の陰イオンのため，**負**$_{オ}$に帯電しています。

カ，キ：セッケンの水溶液は次の反応により弱い**塩基**$_{カ}$性を示します。

$$R-COO^- + H_2O \rightleftharpoons R-COOH + OH^-$$

それに対して，石油から合成した合成洗剤であるアルキルベンゼンスルホン酸ナトリウムの水溶液は**中**$_{キ}$性を示します。

答 **ア**：グリセリン　　**イ**：疎水（または親油）　　**ウ**：親水
エ：会合コロイド（またはミセル）　　**オ**：負（またはマイナス）
カ：塩基　　**キ**：中

16. 芳香族化合物の性質と反応

必修 基礎問

59 芳香族化合物の基礎 化学

　ベンゼンは，鉄触媒存在下で　a　を重合させることにより合成できる。ベンゼンはしばしば単結合と二重結合が交互に連なった環状構造で表されるが，実際には6個の炭素–炭素結合は同等であり，その長さは　ア　。ベンゼンに対し，塩素を紫外線照射下で作用させると　b　が生成する。一方，ベンゼンに対し，塩素を鉄粉存在下でおだやかに反応させた場合には　c　が得られる。　c　に対して濃硫酸存在下で　d　を反応させると，ニトロ化反応が室温で進行して，　e　種類の異性体が生成する。

問1 文章中の　a　～　e　にあてはまる適切な化合物名あるいは数値を記せ。

問2 文章中の　ア　に入る適切なものを次の中から選び，記号で記せ。

　あ　単結合と同じである　　　い　単結合より短く，二重結合より長い

　う　二重結合と同じである　　え　単結合より長く，二重結合より短い

　お　三重結合と同じである

（名古屋市立大）

精 講 〔ベンゼン〕

　ベンゼン C_6H_6 は，次のような2つの構造式が混ざったような分子で，炭素原子間はすべて二重結合と単結合の中間的な結合になっています。そのため，すべての炭素原子間の距離は等しく，正六角形の分子となっています。

（◎とも書く）→特有のにおいをもつ液体で，すべてのC原子とH原子が同一平面上にある

　エチレン $CH_2=CH_2$ などとは異なり，臭素 Br_2 が容易に付加したりせず安定な構造の化合物です。

〔ベンゼンの付加反応〕

　アルケンよりも付加反応は起こりにくいものの，次のような激しい条件のもとでは付加反応が起こります。

$$\xrightarrow[\substack{\text{高温，高圧}\\\text{[Ptまたは Ni 触媒]}\\\text{付加}}]{3H_2}$$

シクロヘキサン
→ 環を表す

矢印で切れて，‐‐でくっつくと考える

ベンゼン環に対する反応の図（3Cl₂, 光（紫外線）付加）

$$\text{（ベンゼン）} \xrightarrow[\text{付加}]{\substack{3Cl_2 \\ \text{光（紫外線）}}} \text{ヘキサクロロシクロヘキサン}$$

ヘキサクロロシクロヘキサン
～6を Clを表す
（ベンゼンヘキサクロリド（略称 BHC））

矢印で切れて，
でくっつく
と考える

ベンゼンの置換反応

HがXに置き換わっている

（HがXに置き換わる反応）

　ベンゼンでは付加反応より置換反応が起こりやすく，置換反応には次のような反応があります。

①ニトロ化 （HがNO₂に置換）	$\text{（ベンゼン）} + HNO_3 \xrightarrow[\text{熱}]{[\text{濃硫酸（触媒）}]} \text{（ベンゼン）}-NO_2 + H_2O$ 濃硝酸　　　　　　　　　　　　　ニトロベンゼン ⑴淡黄色の液体で，⑵水に溶けにくく水よりも重い
②スルホン化 （HがSO₃Hに置換）	$\text{（ベンゼン）} + H_2SO_4 \xrightarrow{\text{熱}} \text{（ベンゼン）}-SO_3H + H_2O$ 濃硫酸　　　　　　　ベンゼンスルホン酸
③アルキル化（メチル化） （HがCH₃に置換）	$\text{（ベンゼン）} + CH_3Cl \xrightarrow[\text{熱}]{[AlCl_3\text{触媒}]} \text{（ベンゼン）}-CH_3 + HCl$ クロロメタン　　　　　　　　トルエン （塩化メチル）
④ハロゲン化（塩素化） （HがClに置換）	$\text{（ベンゼン）} + Cl_2 \xrightarrow[\text{熱}]{[Fe\text{触媒}]} \text{（ベンゼン）}-Cl + HCl$ クロロベンゼン

　①のニトロ化，②のスルホン化では濃硫酸 H_2SO_4 による脱水，③のアルキル化，④のハロゲン化では塩化アルミニウム $AlCl_3$ や鉄 Fe による脱塩化水素が起こっていると考えると暗記しやすいです。

H₂Oがとれること
HClがとれること

① $\text{（ベンゼン）}-H \ HO-N{\overset{O}{\underset{O}{}}}$　硝酸
　H₂Oがとれる

② $\text{（ベンゼン）}-H \ HO-S-OH$　（←は配位結合を表す）
　H₂Oがとれる　　硫酸

③ $\text{（ベンゼン）}-H \ Cl-CH_3$ （H H CH H）
　HClがとれる
　クロロメタン
　（塩化メチル）

④ $\text{（ベンゼン）}-H \ Cl-Cl$　塩素
　HClがとれる

270

問1 ベンゼン C_6H_6 は，<u>アセチレン（エチン）</u>_a C_2H_2 を赤熱した鉄 Fe などの触媒存在下で重合させることにより合成できます。

H-C≡C-H アセチレン（構造式）　アセチレン3分子が重合　→　ベンゼン（構造式）　つまり　ベンゼン

ベンゼンに対し，塩素 Cl_2 を紫外線照射下で作用させると<u>ヘキサクロロシクロヘキサン（ベンゼンヘキサクロリド（略称 BHC））</u>_b が生成します。

ベンゼン　—Cl₂／紫外線照射→　ヘキサクロロシクロヘキサン（構造式）　ヘキサクロロシクロヘキサン（ベンゼンヘキサクロリド（BHC））　（付加）

ベンゼンに対し，塩素 Cl_2 を鉄粉存在下でおだやかに反応させると<u>クロロベンゼン</u>_c が得られます。

ベンゼン-H　—Cl₂／[Fe 触媒]→　ベンゼン-Cl ＋ HCl　（塩素化／ハロゲン化）

クロロベンゼンに対して濃硫酸 H_2SO_4 存在下で<u>濃硝酸</u>_d HNO_3 を反応させるとニトロ化反応が進行して，o-体，m-体，p-体の <u>3</u>_e 種類の異性体が生成します。

クロロベンゼン　—室温／HNO₃／[H₂SO₄ 触媒]→　o-体　　m-体（極めて少量）　　NO₂ p-体

問2

H-C(H)(H)-C(H)(H)-H（0.15 nm）エタン　＞　ベンゼン（0.14 nm）　＞　エチレン（エテン）（0.13 nm）　＞　H-C≡C-H（0.12 nm）アセチレン（エチン）　←1 nm＝10⁻⁷cm

ベンゼンは正六角形なので，炭素-炭素結合は同等です。よって，その長さは<u>単結合より短く，二重結合より長い</u>_ア となります。

答

問1　a：アセチレン（エチン）

　　　　b：ヘキサクロロシクロヘキサン（ベンゼンヘキサクロリド）

　　　　c：クロロベンゼン　　　d：濃硝酸　　　e：3

問2　ⓘ

第**3**章　有機化学

60 芳香族化合物の異性体　　　　　　　　　　　　　　　　　　化学

次の(1)〜(3)に示した分子式と有機化合物の分類にあてはまる，構造異性体の構造式をすべて書け。

(1) C_8H_{10}：芳香族炭化水素
(2) $C_8H_6O_4$：芳香族ジカルボン酸
(3) C_7H_8O：芳香族化合物

(神奈川大)

精　講　　 芳香族

ベンゼン環をもつ化合物は芳香族（化合物）といいます。

芳香族化合物の構造異性体の数え方

ベンゼン環以外の側鎖が鎖状飽和の芳香族化合物は，次のように考えられます。

右図のように 〔ベンゼン〕 に $\left[\begin{smallmatrix}|\\-C-\\|\end{smallmatrix}\right]$ が n 回，

$\left[\begin{smallmatrix}H\\|\\-N-\end{smallmatrix}\right]$ が m 回，$-O-$ が l 回 入りこむ

と，分子式は，

$$\text{〔ベンゼン〕} + \left[\begin{smallmatrix}H\\|\\-C-\\|\\H\end{smallmatrix}\right]_n + \left[\begin{smallmatrix}H\\|\\-N-\end{smallmatrix}\right]_m + (O)_l = C_6H_6 \cdot C_nH_{2n+m}N_mO_l$$

となります。

つまり，C_6H_6 以外でH原子の数が $2n+m$ なら側鎖は鎖状で飽和であり，こ

つまり，$2 \times (C_6H_6$ 以外のC原子の数 $n) + (N$原子の数 $m)$

こからH原子が2つ少なくなるとベンゼン環以外に二重結合か環構造を1つもつということになります。これは 必修基礎問 **51** と同じ関係です。

Point 103　芳香族化合物の側鎖

ベンゼン環をもつ化合物（芳香族化合物）は，
　　　C_6H_6 以外で $C_nN_mO_l$ のとき，Hの数が　$2n+m$　なら，
ベンゼン環以外は鎖状で飽和。

272

(1) $C_8H_{10}=\boxed{C_6H_6}\cdot C_2H_4$ となり，C_6H_6 以外の C 原子の数 $(n)=2$，N 原子の数 $(m)=0$ とわかります。

C_6H_6 以外の部分 C_2H_4 で考えてみると，$2n+m=2\times2+0=4$ と同じ H 原子の数であり，鎖状で飽和と考えられます。よって，C_8H_{10} は次のように考えるとよいでしょう。

$$C_8H_{10} = \text{⬡} + \underbrace{\text{(CH}_2\text{)} + \text{(CH}_2\text{)}}_{\text{側鎖は鎖状で飽和}}$$
ベンゼン

まず，⬡ に $-CH_2-$ を 1 つ入れると，⬡ となります。

次に，さらにもう 1 つ $-CH_2-$ を入れますが，ベンゼンが正六角形であることに注意すると，

$\boxed{H-C-H}$ を入れる位置は右の①〜④の ← になります。

① CH₃ / CH₂ / ⬡
エチルベンゼン

② CH₃ CH₃ / ⬡
オルト o-キシレン

③ CH₃ / ⬡ / CH₃
メタ m-キシレン

④ CH₃ / ⬡ / CH₃
パラ p-キシレン

(注) 二置換体は，②をオルト体（o と記す），③をメタ体（m と記す），④をパラ体（p と記す）といいます。

オルト体　メタ体　パラ体

(2) $C_8H_6O_4=\boxed{C_6H_6}\cdot C_2O_4$ となり，C_6H_6 以外の C 原子の数 $(n)=2$，N 原子の数 $(m)=0$ とわかります。

C_6H_6 以外の部分 C_2O_4 で考えてみると，$2n+m=2\times2+0=4$ と同じ H 原子の数であれば鎖状で飽和ですが，C_6H_6 以外の部分 C_2O_4 の H 原子 $=0$ なので $-4H$，つまり，H 原子が 4 つ少なくなるため，二重結合や環構造が合わせて 2 つあります。

ところが問題文に芳香族ジカルボン酸とあり，$-\overset{O}{\underset{}{C}}-O-H$ を 2 つもつため，これによって二重結合を 2 つもつので，これ以外に二重結合や環構造はありません。

よって，

$$C_8H_6O_4 = \text{⬡} + \underbrace{\left(\overset{O}{\underset{}{C}}-O\right) + \left(\overset{O}{\underset{}{C}}-O\right)}_{\text{側鎖には二重結合 (C=O) が 2 つ}}$$
ベンゼン

と考えると，オルト体，メタ体，パラ体の 3 つがあります。

フタル酸　　　　　　イソフタル酸　　　　テレフタル酸

(3)　$C_7H_8O = \boxed{C_6H_6} \cdot CH_2O$ となり，C_6H_6 以外の C 原子の数 $(n)=1$，N 原子の数 $(m)=0$ とわかります。

　C_6H_6 以外の部分 CH_2O で考えてみると，$2n+m = 2 \times 1 + 0 = 2$ と同じ H 原子の数であり鎖状で飽和です。そこで，

と考えます。まず，⬡ に $-CH_2-$ を入れると，

H-C-H

となります。

　次に，これに $-O-$ を入れると考えると，$-O-$ を入れる位置は右の①〜⑤の⬅になります。

ベンジルアルコール　　メチルフェニルエーテル　　o-クレゾール　　m-クレゾール　　p-クレゾール

◯$-CH_2-$ をベンジル基という　　CH_3- をメチル基，◯$-$ をフェニル基という

274

次の〔1〕，〔2〕の 1)〜5) には，ベンゼンおよびベンゼンから得られるフェノールに関する一般的な化学反応を示した。□□□にあてはまる最も適切な反応操作を，それぞれ解答群から 1 つ選び答えよ。

　□1□ 〜 □8□ の解答群

① 希硫酸を作用させる。　　② 水酸化ナトリウム水溶液を加える。

③ 触媒を用いて，酸素と反応させる。

④ 水に溶かして，二酸化炭素を通す。

⑤ 触媒を用いて，プロペン (プロピレン) と反応させる。

⑥ 水酸化ナトリウムで，アルカリ融解する。

⑦ 濃硫酸を加えて加熱する。　　⑧ 鉄粉を触媒として，塩素を通す。

⑨ 濃硝酸と濃硫酸の混合物 (混酸) を作用させる。

⓪ 触媒を用いて，プロパンと反応させる。

ⓐ 食塩水を作用させる。　　ⓑ 紫外線をあてながら，塩素を通す。

ⓒ 水酸化ナトリウム水溶液を加え，加圧下で加熱する。

〔2〕 〔1〕で得られたフェノールの化学的性質を調べるために，4) の反応を行うと，ナトリウムフェノキシドが生成する。また，5) の反応を行うと，2, 4, 6-トリブロモフェノールが生成する。

第3章 有機化学

① 臭素水を加える。

② 水酸化ナトリウム水溶液を加え，加圧下で加熱する。

③ 臭化水素酸を加える。

④ 炭酸水素ナトリウム水溶液を加える。

⑤ 金属ナトリウムを作用させる。

⑥ 水酸化ナトリウム水溶液を加える。 (近畿大)

精　講　　(フェノールの性質)

　　　　　フェノールはベンゼンのH原子を –OH 基で置換した構造を
もっており，一見，アルコールと似ていますが，異なる点もあります。

❶　水に少し溶け，弱酸性を示す

$$\text{⟨⟩–O–H} \rightleftarrows \text{⟨⟩–O}^- + \text{H}^+ \quad ←アルコールは中性だが，フェノールは炭酸 H_2CO_3 より弱い酸$$

フェノキシドイオン

$$\text{⟨⟩–OH} + \text{NaOH} \longrightarrow \text{⟨⟩–ONa} + \text{H}_2\text{O} \quad ←酸なので，NaOH で中和できる$$

ナトリウムフェノキシド

❷　Br_2 による白色沈殿

　フェノールは o- 位，p- 位で置換反応が起こりやすく，触媒がなくても Br
が o- 位，p- 位でHと置換反応を起こします。

←この反応は，フェノールの検出反応に利用できる

Br の結合している位置を示す

2, 4, 6-トリブロモフェノール (白色沈殿)

3つの Br を表す

❸　カルボン酸無水物 $(R'CO)_2O$ との反応

　アルコール ROH と同じようにカルボン酸無水物 $(R'CO)_2O$ とエステルをつ
くります。

アセチル化
$(CH_3CO)_2O$
無水酢酸

酢酸フェニル

交換すると
つくれる

❹　サリチル酸の合成原料となる

　フェノキシドイオン ⟨⟩–O$^-$ は，フェノールよりさらに o- 位や p- 位での
置換反応が起こりやすいため，ナトリウムフェノキシドに加圧しながら

フェノールの Na 塩

276

140℃ くらいで二酸化炭素 CO_2 を押しこむと，サリチル酸ナトリウムができます。あとは希塩酸 HCl を加え，弱酸遊離反応によりサリチル酸とします。

ナトリウムフェノキシド
水溶液ではなく結晶

間に入れると考える
H^+ が移動

加圧，加熱

フェノールよりカルボン酸の方が酸として強いので，$COOH$ の H^+ がフェノール性 OH 基の方へ移動する

サリチル酸ナトリウム

H^+
自分より弱い酸を追い出す
HCl

サリチル酸

サリチル酸のエステルとしては，次の2つが有名です。

(i) アセチルサリチル酸

サリチル酸と無水酢酸を反応させると，解熱鎮痛作用を示す**固体**であるアセチルサリチル酸が得られます。

交換するとつくれる

サリチル酸 ＋ 無水酢酸 —アセチル化→ アセチルサリチル酸 ＋ CH_3COOH

(ii) サリチル酸メチル

サリチル酸とメタノールを反応させると，消炎作用を示す**液体**であるサリチル酸メチルが得られます。

サリチル酸 ＋ CH_3-OH メタノール —エステル化[濃硫酸（触媒）]→ サリチル酸メチル ＋ H_2O

H_2O がとれる

フェノールの合成法

❶ 置換反応の利用

◯-SO_3Na（固）ベンゼンスルホン酸ナトリウム —$NaOH$（固）高温 アルカリ融解→

◯-Cl（液）クロロベンゼン —$NaOH$ aq 高温，高圧→

◯-ONa ナトリウムフェノキシド

SO_3Na や Cl を OH と交換してつくったフェノールを，残った $NaOH$ で中和し，Na 塩にしたと考える

❷ クメン法（現在の工業的製法）

現在，フェノールはほとんどこのクメン法で工業的につくられています。

Point 104

ベンゼンスルホン酸 ⎫
クロロベンゼン　　⎬ → フェノール → サリチル酸
クメン　　　　　　⎭

解 説

1，4：1はハロゲン化（塩素化），4はスルホン化です。それぞれの反応の条件は覚えておきましょう（➡p.270）。

2：NaOH 水溶液を高温・高圧で反応させます。

の変化と考えられ④が適切です。なぜなら，問題文の図をみると $NaHCO_3$ がフェノールとともに生じているからです。

5：NaOH の固体を高温で反応させるアルカリ融解です。

6，7，8：クメン法です。ベンゼンをプロペン（プロピレン）と反応させて得られたクメンを，酸素と反応させクメンヒドロペルオキシドにします。これを酸で分解します（➡上の❷）。

9：フェノールが弱酸性であることを利用して，NaOH 水溶液と中和させています。

10：フェノールを臭素水と反応させて，2,4,6-トリブロモフェノールの白色沈殿を生成させています（➡p.276）。

3つの　Br を表す

答

1：⑧　　2：ⓒ　　3：④　　4：⑦　　5：⑥　　6：⑤　　7：③

8：①　　9：⑥　　10：①

染料として用いられる有機化合物 p-ヒドロキシアゾベンゼン（p-フェニルアゾフェノール）は，ベンゼンを原料として右図に示すように，有機化合物CおよびFをジアゾカップリングして合成することができる。

有機化合物Cを合成するためには，まず，ベンゼンを濃硝酸と濃硫酸とで　a　して化合物Aを合成する。次に，化合物Aをスズと塩酸で　b　した後，水酸化ナトリウム水溶液を加えて化合物Bを合成した。最後に化合物Bを塩酸に溶かし，0〜5℃に冷やしながら　ア　により　c　して化合物Cを合成する。

一方，化合物Fの合成では，まず，ベンゼンを濃硫酸とともに熱して　d　して化合物Dを合成する。さらに化合物Dと水酸化ナトリウムを加熱融解して化合物Eを合成し，最後に化合物Eの水溶液に二酸化炭素を通して化合物Fを合成する。

p-ヒドロキシアゾベンゼンは，5℃に冷やした化合物Fの水酸化ナトリウム水溶液に化合物Cの水溶液を加え，ジアゾカップリングさせて合成する。

問1　化合物A〜Fに適当な構造式を示せ。

問2　　a　〜　d　に適当な反応名を示せ。

問3　　ア　に適切な試薬名を示せ。

問4　本文の下線で示した反応が進行するのは，　イ　より　ウ　の方が酸として強いためである。この　イ　および　ウ　に適当な物質名を示せ。

（岐阜大）

　　　（アニリンの性質）

❶　塩基である

アニリンは水にわずかに溶けて，弱塩基性を示します。

よって，次のような反応が起こります。

$$\text{C}_6\text{H}_5\text{-NH}_2 + \text{HCl} \xrightarrow{\text{H}^+} \text{C}_6\text{H}_5\text{-NH}_3\text{Cl} \quad \leftarrow \text{中和反応}$$

$$\text{C}_6\text{H}_5\text{-NH}_3\text{Cl} + \text{NaOH} \xrightarrow{\text{H}^+} \text{C}_6\text{H}_5\text{-NH}_2 + \text{NaCl} + \text{H}_2\text{O} \quad \leftarrow \substack{\text{強塩基である NaOH} \\ \text{が弱塩基のアニリン} \\ \text{を追い出す}}$$

❷ 酸化されやすい

アニリンは非常に酸化されやすいので，**酸化剤**と反応します。

さらし粉，ニクロム酸カリウム

$$\text{C}_6\text{H}_5\text{-NH}_2 \xrightarrow{\text{さらし粉 (CaCl(ClO)·H}_2\text{O) の水溶液}} \text{水溶液が赤紫色に}$$

$$\text{C}_6\text{H}_5\text{-NH}_2 \xrightarrow[\text{加熱}]{\text{硫酸酸性ニクロム酸カリウム K}_2\text{Cr}_2\text{O}_7 \text{ 水溶液}} \text{黒色に (アニリンブラック)}$$

❸ アミドの形成

アニリン　　　　　無水酢酸　　　　　　　　　アセトアニリド

（アニリンの合成法）

ニトロベンゼンを次のように還元します。

ニトロベンゼン　　　　　　　　　　　　　　　　　　　　　　アニリン

[Ni 触媒]

（アゾ染料の合成）

Step 1　ジアゾ化

$$\text{C}_6\text{H}_5\text{-NH}_2 \xrightarrow[\text{希塩酸 HCl，氷冷下}]{\text{亜硝酸ナトリウム (NaNO}_2\text{)}} \left[\text{C}_6\text{H}_5\text{-N}^+\text{≡N} \right] \text{Cl}^-$$

塩化ベンゼンジアゾニウム (不安定)

①まず，NaNO$_2$ が HCl から
　H$^+$ を受けとり亜硝酸 HNO$_2$
　が生じ，

②次に，

亜硝酸

から　部分の H$_2$O が
2 か所ともとれると考える

塩酸

アニリンを希塩酸 HCl に溶かし，亜硝酸ナトリウム NaNO$_2$ 水溶液を加えると，塩化ベンゼンジアゾニウムが生成します。この反応は，生成物のジアゾニウムイオンが不安定なため，分解しないように**氷冷下で行う必要があります**。常温

下では，次の分解反応が進行してしまうのです。

$$\text{⟨⟩–}\overset{+}{\text{N}}\text{≡N} + H_2O \longrightarrow \text{⟨⟩–OH} + N_2 + H^+$$

N₂ が逃げることで生じる ⟨⟩⊕ に
H₂O の OH⁻ がくっつき，H⁺ が残る

Step 2　**ジアゾカップリング（カップリング）**

①ベンゼン環にくっつき，

$$\text{⟨⟩–N}_2^+ + \boxed{\text{H}}\text{–⟨⟩–O}^- \xrightarrow{\text{氷冷下}} \text{⟨⟩–N=N–⟨⟩–OH}$$

②H⁺ が移動する

ジアゾニウムイオン　フェノキシドイオン　　　p-ヒドロキシアゾベンゼン (橙赤色)
　　　　　　　　　　　　　　　　　　　　　　　（p-フェニルアゾフェノール）

　塩化ベンゼンジアゾニウム水溶液にフェノールを水酸化ナトリウム NaOH 水溶液に溶かした溶液を加えると，<u>p- 位で置換が起こりアゾ染料の一種である p-ヒドロキシアゾベンゼン（p-フェニルアゾフェノール）</u>が生成します。一般に –N=N– 基をアゾ基といい，鮮やかな色を示すものが多いです。

問 1，2，3，4　p-ヒドロキシアゾベンゼンは，ベンゼンを原料として塩化ベンゼンジアゾニウム（C）とフェノール（F）をジアゾカップリングして合成できます。

　塩化ベンゼンジアゾニウム（C）を合成するためには，まず，ベンゼンを濃硝酸 HNO₃ と濃硫酸 H₂SO₄ とで<u>ニトロ化</u>してニトロベンゼン（A）を合成します。
　　　　　　　　　　　　　　　　　　　　ₐ

$$\text{⟨⟩} + HNO_3 \xrightarrow{[H_2SO_4]} \text{⟨⟩–NO}_2 + H_2O \quad （ニトロ化）$$

ベンゼン　　　　　　　　　ニトロベンゼン

　次に，ニトロベンゼン（A）をスズ Sn と塩酸 HCl で<u>還元</u>しアニリン塩酸塩とした後，水酸化ナトリウム NaOH 水溶液を加えてアニリン（B）を合成します。
　　　　　　　　　　　　　　　　　　　　　　　ᵇ

$$\text{⟨⟩–NO}_2 \xrightarrow[\text{還元}]{Sn + HCl} \text{⟨⟩–NH}_3Cl \xrightarrow{NaOH} \text{⟨⟩–NH}_2$$

ニトロベンゼン　　　　　　アニリン塩酸塩　　　　アニリン

　最後に，アニリン（B）を塩酸 HCl に溶かし，0～5 ℃ に冷やしながら，<u>亜硝酸ナトリウム NaNO₂ によりジアゾ化</u>して，塩化ベンゼンジアゾニウム（C）を合成します。
問3ア　　　　　　　　　　　　　　　　　　ᶜ

$$\text{⟨⟩–NH}_2 \xrightarrow[\text{ジアゾ化}]{NaNO_2 + HCl} \text{⟨⟩–N}_2Cl$$

アニリン　　　　　　　　　塩化ベンゼンジアゾニウム

　一方，フェノール（F）の合成では，まず，ベンゼンを濃硫酸 H₂SO₄ とともに熱して<u>スルホン化</u>してベンゼンスルホン酸（D）を合成します。
　　　　　　ᵈ

$$\text{⟨⟩} + H_2SO_4 \xrightarrow{\text{加熱}} \text{⟨⟩–SO}_3H + H_2O \quad （スルホン化）$$

ベンゼン　　　　　　　　ベンゼンスルホン酸

さらに，ベンゼンスルホン酸（**D**）と水酸化ナトリウム NaOH（固）を加熱融解（アルカリ融解）してナトリウムフェノキシド（**E**）を合成します。

$$\text{（）}-SO_3H \xrightarrow[\text{アルカリ融解}]{\text{NaOH（固）}} \text{（）}-ONa$$

ベンゼンスルホン酸　　　　　　ナトリウムフェノキシド **E**

　最後に，ナトリウムフェノキシド（**E**）の水溶液に二酸化炭素 CO_2 を通してフェノール（**F**）を合成します。

$$\text{（）}-ONa + CO_2 + H_2O \longrightarrow \text{（）}-OH + NaHCO_3$$

ナトリウムフェノキシド　　　　　フェノール **F**

　この反応が進行するのは，フェノール_イより炭酸_ウ$H_2O + CO_2$ の方が酸として強いためです。←問4

　ちなみに，酸の強さは，

$$HCl > R\text{-}COOH > CO_2 + H_2O > \text{（）}-OH$$
塩酸　　　カルボン酸　　　炭酸　　　　　フェノール

の順になります。

　p-ヒドロキシアゾベンゼン（p-フェニルアゾフェノール）は，5℃に冷やしたフェノール（**F**）の水酸化ナトリウム NaOH 水溶液に塩化ベンゼンジアゾニウム（**C**）の水溶液を加え，ジアゾカップリングさせて合成します。

$$\text{（）}-OH + NaOH \xrightarrow[\text{ジアゾカップリング}]{\text{（）}-N_2Cl} \text{（）}-N=N-\text{（）}-OH$$

フェノール　　　　　　　　　　　　　p-ヒドロキシアゾベンゼン
　　　　　　　　　　　　　　　　　　（p-フェニルアゾフェノール）

　芳香族アゾ化合物は，黄〜赤色を示すものが多く，染料や色素として用いられています。

答

問1　**A**：$\text{（）}-NO_2$　　**B**：$\text{（）}-NH_2$　　**C**：$\text{（）}-N_2Cl$

　　　D：$\text{（）}-SO_3H$　　**E**：$\text{（）}-ONa$　　**F**：$\text{（）}-OH$

問2　**a**：ニトロ化　　**b**：還元　　**c**：ジアゾ化　　**d**：スルホン化

問3　亜硝酸ナトリウム

問4　**イ**：フェノール　　**ウ**：炭酸

次の文章を読み，下の問いに答えよ。

　石炭を乾留して得られるコールタールにはベンゼンの他に，ベンゼン環に
1個のメチル基をもつトルエンや2個のメチル基をもつ3種類の異性体A，
B，Cなどが含まれる。ベンゼンやトルエンは無色の液体で，水に溶けにく
い。トルエンに室温で濃硫酸と濃硝酸との混合物を作用させると，異性体で
あるDとEがおもに得られる。しかし，(a)高温で反応させると爆薬として用
いられる化合物が得られる。Aを過マンガン酸カリウムを用いて酸化すると
Fが得られ，(b)これをさらに加熱すると分子内脱水により無色の結晶が得ら
れる。これは染料，合成樹脂などの原料に用いられる。Bを酸化するとテレ
フタル酸になる。

問1　化合物D，Eの構造式を記せ。
問2　Cの名称を記せ。
問3　下線部(a)および(b)の化学反応式を記せ。　　　　　　　　（東京都市大）

精 講　　（芳香族炭化水素の反応）

　芳香族炭化水素は，ベンゼン環に直接結合したC原子が酸化
されやすく，過マンガン酸カリウム $KMnO_4$ によって酸化され，カルボキシ基
$-COOH$ に変化します。

（例）

トルエン　$\xrightarrow{MnO_4^- などで酸化}$　安息香酸

o-キシレン　$\xrightarrow{酸化}$　フタル酸

エチルベンゼン　$\xrightarrow{酸化}$　安息香酸　←トルエンのときと生成物が同じ
　　　　↑
こちらは CO_2 や H_2O になる

（トルエンの置換反応）

　トルエンはフェノールと同じく**オルト位とパラ位で置換反応が起こりやすく**
（➡p.276），トルエンをニトロ化すると次ページのようになります。

← o-体と p-体が多く生成する

(1) の 2, 4, 6 で -NO₂ になっている

(2) 爆薬に用いられる

-NO₂ の結合している位置を示す

2, 4, 6-トリニトロトルエン (略称 TNT)

3 つの -NO₂ を表す

フェノールも類似の反応が起こり，高温でニトロ化すると，ピクリン酸になります。

2, 4, 6-トリニトロフェノール

← 黄色の結晶で爆発性があり，フェノールよりはるかに酸性が強い酸です

ピクリン酸 (2, 4, 6-トリニトロフェノール)

Point 105 　芳香族炭化水素の酸化

 は KMnO₄ などで酸化され，⬡-COOH になる。

解説

A，B，C は，ベンゼン環に 2 個のメチル基 -CH₃ をもつので，

のいずれかだと考えられます。

o-キシレン　　m-キシレン　　p-キシレン

問 1，問 3 (a)　「濃硫酸と濃硝酸との混合物を作用させる」とは，ニトロ化のことです。トルエンをニトロ化すると o-位と p-位の H が NO₂ に置換されます。

ニトロ化を高温で行うと，o-位と p-位の H すべてが NO₂ に置換された 2, 4, 6-トリニトロトルエンが得られます（➡ p. 284）。

$+ 3HNO_3$ $\xrightarrow[\text{ニトロ化}]{[H_2SO_4]}$ $+ 3H_2O$ ← 下線部(a)

2, 4, 6-トリニトロトルエン (略称 TNT) ➡ 爆薬として用いられる

284

問3(b)　Aを酸化し，加熱すると分子内脱水が起こっていることから，Aは o-体であり，この変化は次のような変化だと考えられます。

o-キシレン　　　　フタル酸　　　　　　無水フタル酸

また，無水フタル酸は，ナフタレンを酸化バナジウム（V）V_2O_5 などを触媒として，高温にして空気中で酸化することで得ることもできます。

ナフタレン

問2　Bはテレフタル酸が生じていることから p-体，残りから考えてCが m-体となります。

p-キシレン　テレフタル酸　　　　　　m-キシレン　　イソフタル酸

問1　D，E：（順不同）

問2　m-キシレン

問3（a）

（b）

　安息香酸，フェノール，アニリンのエーテル混合溶液から各成分を分離する操作を次の①〜④に述べてある。それぞれの操作における□□□に最も適切な化合物の構造式を答えよ。

①　エーテル混合溶液を分液ろうとにとり，これに希塩酸を加えよく振り混ぜた後，静かに放置して2層に分かれた水層（下層）には　 a 　が　 b 　となり溶けている。

②　①の水層をとり出し，これに水酸化ナトリウム水溶液を加えると油状の　 a 　が遊離してくる。

③　①の分液ろうとに残っているエーテル層（上層）の中に炭酸水素ナトリウム水溶液を加えよく振った後，静置して2層に分かれた水層（下層）には　 c 　が　 d 　となり溶けている。

　　しかし，　 e 　は炭酸水素ナトリウムと反応せずエーテルに溶けたまま上層に残る。

④　③の水層（下層）をとり出し，これに希塩酸を加え酸性水溶液にすると　 d 　は　 c 　となって析出する。

（神奈川大）

 　 抽出

　　　　芳香族化合物は，一般に水に溶けにくく，エーテルのような無極性溶媒によく溶けます。しかし，**芳香族化合物も中和反応などによって塩になると水によく溶けるようになります。**

　分液ろうと内に水と混ざり合わないエーテルのような溶媒と水の**2つの溶媒**を用いて，**中和反応などを利用して分離する方法**を抽出といいます。

【分液ろうとの使い方】

Point 106 芳香族化合物の特徴

> 一般に，水よりエーテルによく溶ける。
> ただし，塩になると水によく溶ける。

解 説

① 安息香酸，フェノール，アニリンのエーテル混合溶液に希塩酸 HCl を加えよく振り混ぜると，弱塩基のアニリンが HCl に中和されて塩となり水層（下層）に移ります。

アニリン ← a
エーテルに溶けていた
塩になると水に溶けるようになる
（水層へ移る）b

ここで，安息香酸，フェノールは酸なので，希塩酸 HCl とは反応せず，分子のままエーテル層（上層）に溶けています。

② ①の水層をとり出し，これに水酸化ナトリウム NaOH 水溶液を加えると，塩基の強さが，

$$NaOH > \text{\ \ }-NH_2$$

であることから，弱塩基遊離反応により油状のアニリンが遊離してきます。

水酸化ナトリウムが自分より弱い塩基であるアニリンを追い出す
水層に溶けている b
水に溶けにくいので遊離する ← a

③ ①の分液ろうとに残っているエーテル層（上層）の中に炭酸水素ナトリウム NaHCO₃ 水溶液を加えてよく振ると，酸の強さの順序が，

$$HCl > RCOOH > CO_2 + H_2O > \text{\ \ }-OH$$

塩酸　　　カルボン酸　　炭酸（H₂CO₃）　　フェノール

の順であることから，エーテル層（上層）に溶けている安息香酸とフェノールのうち，カルボン酸である安息香酸だけが反応して塩となり水層（下層）に移動します。

エーテル層に溶けている c
塩になると水に溶けるようになる d
安息香酸が自分より弱い酸である炭酸を追い出す
（水層へ移る）

第3章 有機化学

フェノールは炭酸よりも弱い酸なので，炭酸水素ナトリウム NaHCO₃ 水溶液とは反応しません。

エーテル層に溶けており，NaHCO₃水溶液と反応しないので，エーテル層に残る

フェノールは自分より強い酸である炭酸を追い出すことはできない

よって，フェノールは炭酸水素ナトリウムと反応せず，エーテルに溶けたままエーテル層（上層）に残っています。

④　③の水層（下層）をとり出し，これに希塩酸 HCl を加え酸性水溶液にすると，酸の強さが　HCl ＞ ⟨benzene⟩-COOH　であることから，弱酸遊離反応により安息香酸が析出します。

水層に溶けている

固体が析出する

操作①～④をまとめると次のようになります。

（注）　b や d は水層中で電離しているので，イオンで答えてもよい。

答

a：⟨benzene⟩-NH₂　　**b**：⟨benzene⟩-NH₃Cl（⟨benzene⟩-NH₃⁺）

c：⟨benzene⟩-COOH　　**d**：⟨benzene⟩-COONa（⟨benzene⟩-COO⁻）　　**e**：⟨benzene⟩-OH

17. 天然化合物と合成化合物

63 単糖・二糖

グルコース($C_6H_{12}O_6$)は，溶液中では一部の分子の六員環構造が開いて鎖状構造となり，右図のような環状の α 型，鎖状，環状の β 型の 3 種類の異性体の混合物として存在する。

$$\text{環状の } \alpha \text{ 型} \rightleftharpoons A \rightleftharpoons B$$
鎖状 環状の β 型

鎖状のグルコースは，□□□□□基が存在するので，還元性を示す。

問 1 図の環状の α 型にならって，グルコースの鎖状(A)および環状の β 型(B)の構造をかけ。

問 2 文中の□□□□□に適当な語句を記入せよ。

問 3 次の 3 種類の糖から還元性を示すものすべて選び，記号で答えよ。

ⓐ フルクトース ⓑ スクロース ⓒ マルトース

(島根大)

精 講 単糖

単糖はふつう分子式 $C_6H_{12}O_6$ で表され，<u>ホルミル基 $-CHO$ をもつアルドースとカルボニル基（ケトン基）$\diagup C=O$ をもつケトースがあります。</u>アルドースやケトースには不斉炭素原子があり，立体異性体が数多く存在し，そのうちの 1 つがグルコース（ブドウ糖）やフルクトース（果糖）なのです。

ただし，グルコース，フルクトースなどの単糖は，結晶中で環構造をとっているために鎖状構造は結晶中では見ることができません。

<u>結晶中のグルコース分子は六員環をもち，α-グルコース，β-グルコースの 2 種の立体異性体があります。</u>α- および β- は 1 位の C に結合する $-OH$ の向きで区別されます。また，水溶液中では次のような平衡状態になっており，ホルミル基を有する鎖状構造のものが少量存在しています。

ⓐ-グルコース   鎖状構造   ⓑ-グルコース

入試では，グルコースの構造式をかかせたり，選択させたりする問題が多く出題されます。構造式をかくことができれば，選択する問題は簡単に解けます。構造式は次ページの **Point 107** のように，練習してかけるようにしましょう。

Point 107　グルコースの構造式のかき方

① CH₂OH をかく　➡②六角形をかき，右上を　➡③両はじの棒（—）を下向
　　　　　　　　　　　 O にする　　　　　　　　きにつける

④棒（—）を上下交互につ　➡⑤α-グルコースの完成　➡⑥β-グルコースの場合は，
　ける　　　　　　　　　　　　　　　　　　　　　　右の棒（—）を上に向ける

【補足】　入試では，交点は C，棒（—）は –OH，C の価標の数が 4 であることを考えな
がら，

とかきます。入試によっては，構造式を省略した形でかかせることもありますので，
問題文をよく読んで判断しましょう。

二糖

　単糖が 2 つ縮合したものを二糖といいます。一般に分子式は
$C_6H_{12}O_6 \times 2 - H_2O$ から $C_{12}H_{22}O_{11}$ となります。
　二糖は「O 原子の隣の C 原子の –OH 基」と「別の単糖の –OH 基」の間で縮合
した構造をしており，この結合はグリコシド結合とよばれ，希硫酸中で加熱す
ると加水分解しやすいという性質があります。おもな二糖を次表に記します。

名　　称	構成単糖	加水分解する酵素	水溶液の還元性
マルトース（麦芽糖）	α-グルコース（1位の OH）+（α）グルコース（4位の OH）	マルターゼ	あり
セロビオース	β-グルコース（1位の OH）+（β）グルコース（4位の OH）	セロビアーゼ	あり
ラクトース（乳糖）	β-ガラクトース（1位の OH）+（β）グルコース（4位の OH）	ラクターゼ	あり
スクロース（ショ糖）	α-グルコース（1位の OH）+β-フルクトース（2位の OH）	インベルターゼ（スクラーゼ）	なし

マルトース　　　　　セロビオース

ラクトース　　　　　スクロース

　　　　　　　　　　　　　　　の構造が
水溶液中で開環して，還元性を示します

還元性

　単糖や二糖の水溶液では $-\overset{\ \ \ H}{\underset{\ \ \ |}{\underset{|}{\overset{|}{C}}}} - \overset{\ \ O}{\underset{|}{\overset{|}{C}}} - \overset{\ H}{\underset{|}{\overset{|}{C}}} - O-$ の構造があると，水溶液中で開環

し，ホルミル基 –CHO が生じるので，**フェーリング液の還元反応や銀鏡反応に対し陽性**です。ところが，二糖の中では，**スクロース（ショ糖）**がこの部分をもたず，水溶液中で開環できないため，**還元性がありません。**

第3章　有機化学

解説

問1　グルコースの構造はしっかりかけるようにしましょう（➡p.290）。

問2　単糖や二糖（スクロースを除く）は，水溶液中で一部が開環し鎖状構造をとります。この鎖状構造にホルミル基が存在するため，還元性を示します。

問3　ⓐのフルクトース（果糖）は，水溶液中で次のように開環して還元性を示します。

六員環の β 型
（α 型もあります）　　　鎖状構造　　　五員環の β 型
（α 型もあります）

ホルミル基

　つまり，単糖はすべて還元性を示すと考えてください。

ⓑ　スクロースは水溶液中で開環できず，その水溶液は還元性を示しません。

ⓒ　マルトースは水溶液中で開環して，その水溶液は還元性を示します。

答

問1　(A)　　　　　　(B)　　　　　問2　ホルミル
（アルデヒド）

問3　ⓐとⓒ

次の文章を読み，下の問いに答えよ。

デンプン $(C_6H_{10}O_5)_n$ は，数百〜数万個の α-グルコースが縮合重合してできた多糖であり，α-グルコースが直鎖状に連なった比較的分子量の小さい ［　ア　］と，α-グルコースが枝分かれ状に連なった比較的分子量の大きい ［　イ　］の混合物である。

デンプンの水溶液は，ヨウ素と反応して青から青紫色を示す。この反応を ［　ウ　］反応という。

問1　文中の［　　　　］に適当な語句を記入せよ。

問2　デンプン 32.4 g を溶かした水溶液に希硫酸を加えて加熱し，単糖まで完全に加水分解すると，何 g のグルコースが得られるか計算せよ。答えは整数で答えよ。ただし，デンプンの分子量＝$162n$，グルコースの分子量 ＝180 とする。

(島根大)

精講 多糖

多数の単糖 $C_6H_{12}O_6$ の縮合重合した糖を多糖(たとう)$(C_6H_{10}O_5)_n$ といいます。多糖には，デンプン，グリコーゲン，セルロースなどがあります。

❶ デンプン $(C_6H_{10}O_5)_n$

デンプンは，多数の α-グルコースが縮合重合した構造をもち，アミロースとアミロペクチンからなります。

アミロースは，α-グルコースが 1，4 グリコシド結合でつながっており，枝分かれのない直鎖状のらせん構造をしています。

アミロペクチンは，α-グルコースが 1，4 グリコシド結合と 1，6 グリコシド結合でつながっており，枝分かれしたらせん構造をしています。

また，動物の肝臓などには，α-グルコースの多糖である**グリコーゲン** $(C_6H_{10}O_5)_n$ が存在しています。これは動物性デンプンともいいます。グリコーゲンは，アミロペクチンがもっと枝分かれしたような構造をしています。

(i)**アミロース**（α-グルコースが 1，4 グリコシド結合でつながった高分子）

デンプン中の 10〜25% を占める成分で，冷水には溶けにくく温水には親水コロイド溶液となりよく溶けます。**直鎖状のらせん構造をもつ高分子**であり，**ヨウ素デンプン反応で濃青色**になります。

（・はH原子）

温水に溶け，直鎖
状のらせん構造
をもち，I_2 で濃青
色になる

(ii) アミロペクチン （α-グルコースが 1, 4 と 1, 6 グリコシド結合でつながった高分子）

デンプン中の 90〜75 % を占める成分で，温水に溶けにくく，枝分かれし たらせん構造をもつ高分子で，ヨウ素デンプン反応で赤紫色になります。

α-グルコース単位

1,6 結合

温水に溶けにくく，
枝分かれしたらせ
ん構造をもち，I_2 で
赤紫色になる

1,4 結合

(iii) ヨウ素デンプン反応

デンプンにヨウ素溶液を加えると，デンプン 分子のらせん構造の中にヨウ素 I_2 分子が入りこ み，ヨウ素デンプン反応が起き，発色します。 らせん構造が長いほど青色は濃くなります（ア ミロペクチンのように，らせん構造が短いと赤紫色になります）。

デンプンのらせん構造

(iv) 酵素による加水分解

デンプンであるアミロースやアミロペクチンは，アミラーゼという酵素 により，デキストリンとよばれる中間体（少糖の混合物）を経て，マルトー スにまで加水分解されます。

(v) 多糖の還元性

多糖は分子量に対して還元性末端が少ないため，還元性を示すとはいえ ません。よって，フェーリング液の還元反応や銀鏡反応に陰性です。

❷ セルロース $(C_6H_{10}O_5)_n$

　　セルロースは，多数の β-グルコースが 1, 4 グリコシド結合で縮合重合した構造をもつ直線状の高分子です。セルロースは分子間で水素結合して寄り集まっているため水に不溶であり，植物の細胞壁などの主成分です。ヨウ素デンプン反応は示しません。

β-グルコース　　反転した β-グルコース　　　　　　→ 分子間水素結合

Point 108 **多糖**

$$\begin{cases} \alpha\text{-グルコースの多糖}\cdots\begin{cases}植物：デンプン\begin{cases}アミロース \\ アミロペクチン\end{cases} \\ 動物：グリコーゲン\end{cases} \\ \beta\text{-グルコースの多糖}\cdots セルロース \end{cases}$$

問1　デンプンは，α-グルコースが直鎖状に連なった<u>アミロース</u>と枝分かれ状に連なった<u>アミロペクチン</u>の混合物です。デンプンの水溶液がヨウ素と反応して青から青紫色を示す反応を<u>ヨウ素デンプン</u>反応といいます（➡p.293）。
　　　　　　　　　　　　　　　　　　　　　　　　　　　ウ

問2　デンプン $(C_6H_{10}O_5)_n$ 1 分子からグルコース $C_6H_{12}O_6$ は n 分子得られます。

$$1(C_6H_{10}O_5)_n \xrightarrow{\text{加水分解}} \boxed{n}\,C_6H_{12}O_6 \qquad \text{◀ C 原子の数に注目して，係数をつける}$$

よって，$(C_6H_{10}O_5)_n=162n$，$C_6H_{12}O_6=180$ より，

$$\frac{32.4\,\text{〔g〕}}{162n\,\text{〔g/mol〕}} \times \boxed{n} \times 180 = 36\,\text{〔g〕}$$

$(C_6H_{10}O_5)_n$　$C_6H_{12}O_6$　$C_6H_{12}O_6$
〔mol〕　　　〔mol〕　　〔g〕

答　**問1**　ア：アミロース　　イ：アミロペクチン　　ウ：ヨウ素デンプン
　　　問2　36 g

65　アミノ酸とタンパク質

　構造の最も簡単なグリシンを除いて α-アミノ酸の α-炭素原子は　ア　炭素原子であり，立体配置の違いによる　イ　異性体が存在する。アミノ酸は塩基と酸の両方の性質を示し，結晶中や水中では分子内に正電荷と負電荷をもつ　ウ　イオンとして存在する。アミノ酸の水溶液はある pH において正と負の電荷が等しくなり，分子全体としての電荷はゼロとなる。このときの pH を　エ　という。(a)アミノ酸は一般的に水には溶けやすいが，有機溶媒には溶けにくい。また，　エ　においてはアミノ酸の溶解度は最も低い。多数の α-アミノ酸が　オ　で結合し，高分子になったものがタンパク質である。(b)タンパク質も分子内に正電荷や負電荷をもち，アミノ酸の場合と同様　エ　ではタンパク質分子の電荷はゼロとなる。

　牛乳にはカゼインをはじめとして約 3.3% のタンパク質が含まれている。(c)牛乳に体積にして 3 倍のエタノールを加えてかき混ぜると沈殿が生じた。沈殿を分離し，少量の沈殿を水酸化ナトリウム水溶液に溶解して，硫酸銅(Ⅱ)水溶液を加えると　カ　色を示した。これは　キ　反応とよばれるもので，タンパク質分子中の　ク　結合に起因する。また，少量の沈殿を水酸化ナトリウム水溶液に溶解して加熱分解した後，酢酸で中和し，酢酸鉛(Ⅱ)水溶液を加えたところ，黒色沈殿が生じた。これは牛乳タンパク質に含まれる　ケ　が分解して　コ　が生成したものと考えられる。

問1　文中の □ に適切な語句を入れよ。
問2　下線部(a)の理由をアミノ酸の構造から簡潔に説明せよ。
問3　下線部(b)の理由をタンパク質の構造から簡潔に説明せよ。
問4　下線部(c)の原因を簡潔に説明せよ。

(静岡大)

精講　アミノ酸

　分子内にアミノ基 –NH₂ とカルボキシ基 –COOH をもつ化合物をアミノ酸といいます。この 2 つの基が同じ炭素原子に結合しているものを α-アミノ酸といい，タンパク質は約 20 種のアミノ酸によってつくられています。代表的な α-アミノ酸を次ページの表に示します。グリシン以外は不斉炭素原子をもちます。

ここに余分に –COOH をもつものを酸性アミノ酸，–NH₂ をもつものを塩基性アミノ酸という

α-アミノ酸の一般的な構造式

中性アミノ酸			塩基性アミノ酸
$H_2N-CH-COOH$ $\mid$ H グリシン	$H_2N-CH-COOH$ $\mid$ CH_3 アラニン	$H_2N-CH-COOH$ $\mid$ CH_2 $\mid$ OH セリン	$H_2N-CH-COOH$ $\mid$ $(CH_2)_4$ $\mid$ NH_2 リシン
			酸性アミノ酸
$H_2N-CH-COOH$ $\mid$ CH_2 フェニルアラニン	$H_2N-CH-COOH$ $\mid$ CH_2 OH チロシン	$H_2N-CH-COOH$ $\mid$ CH_2 $\mid$ SH システイン	$H_2N-CH-COOH$ $\mid$ $(CH_2)_2$ $\mid$ S $\mid$ CH_3 メチオニン
			$H_2N-CH-COOH$ $\mid$ CH_2 $\mid$ $COOH$ アスパラギン酸 $H_2N-CH-COOH$ $\mid$ $(CH_2)_2$ $\mid$ $COOH$ グルタミン酸

α-アミノ酸の覚え方のコツ

Step 1 まず，グリシンとアラニンは，がんばって覚える

$H_2N-CH-COOH$　グリシン　　$H_2N-\overset{*}{C}H-COOH$　アラニン

不斉炭素原子をもたない H　　最も簡単なアミノ酸。鏡像異性体なし　　CH_3　不斉炭素原子をもつ

Step 2 次に，アラニンの側鎖を利用しながら，暗記量を増やす

アラニンの側鎖 CH_2 — 間にOを導入➡① / 間にSを導入➡②
$\mid$
H

Hをそれぞれ，◯ に変更➡③，HO-◯ に変更➡④，HOOC- に変更➡⑤，HOOC-CH₂- に変更➡⑥

① CH_2 OH　② CH_2 SH　③ CH_2 ◯　④ CH_2 ◯OH　⑤ CH_2 $COOH$　⑥ CH_2 CH_2 $COOH$

セリン　システイン　フェニルアラニン　チロシン　アスパラギン酸　グルタミン酸

Step 3 最後に，メチオニン $(CH_2)_2$ $S-CH_3$　と　リシン $(CH_2)_4$ NH_2　を覚える

Sや-NH₂を手がかりにしていくと少しは楽になりますよ

α-アミノ酸の双性イオンと水溶液中での平衡状態

　α-アミノ酸は結晶中では**分子内で塩をつくり**，**双性イオン**（そうせい）となっています。このためイオン結晶と同様に融点が高く（200℃以上），水によく溶けます。

双性イオン

また，水溶液中の α-アミノ酸は陽イオン，双性イオン，陰イオンの平衡状態にあり，pH を変化させると，その割合が変化します。**おもに双性イオンとなり，アミノ酸全体の電荷が 0 となっているときの pH を等電点**といいます。

陽イオン		双性イオン		陰イオン

酸性水溶液中で
比率が大きくなる

等電点では比率が
最大になる

塩基性水溶液中で
比率が大きくなる

等電点は，中性アミノ酸は pH＝6 くらい，酸性アミノ酸では pH＝3 くらい，塩基性アミノ酸は pH＝10 くらいとなります。

Point 109　α-アミノ酸の等電点

酸性アミノ酸の等電点は酸性側　　（例）　グルタミン酸 pH＝3
中性アミノ酸の等電点は中性付近　（例）　グリシン pH＝6，
　　　　　　　　　　　　　　　　　　　　アラニン pH＝6
塩基性アミノ酸の等電点は塩基性側（例）　リシン pH＝10

タンパク質

アミノ酸どうしのアミド結合を，とくにペプチド結合といいます。そして，2 分子，3 分子，…，多数分子のアミノ酸がペプチド結合で結合した分子をそれぞれジペプチド，トリペプチド，…，ポリペプチドといいます。タンパク質は，ポリペプチドが母体となっています。

縮合してポリペプチドに変化

アミノ酸やタンパク質の検出反応

ニンヒドリン反応	−NH₂ 基の検出
アミノ酸やタンパク質にニンヒドリン水溶液を加えて温めると**紫色**を呈します。	
ビウレット反応	ペプチド結合を 2 つ以上有するトリペプチド以上のペプチドなら起こる
NaOH 水溶液を加えた後，CuSO₄ 水溶液を加えると Cu²⁺ の錯体が生成し，**赤紫色**になります。	
キサントプロテイン反応	ベンゼン環をもつアミノ酸やタンパク質の検出
濃硝酸を加えて加熱すると，ベンゼン環がニトロ化されて**黄色**になります。さらに，アンモニア水などを加えて**塩基性**にすると**橙黄色**になります。	
硫黄の検出	S をもつアミノ酸やタンパク質の検出
NaOH 水溶液を加えて加熱し，冷却後，酢酸鉛（Ⅱ）(CH₃COO)₂Pb 水溶液を加えると，PbS の**黒色沈殿**が生じます。	

タンパク質の変性

　タンパク質を**加熱**したり，**酸，塩基，アルコール，重金属イオンなど**を加えると凝固することがあります。これは，タンパク質分子の立体構造がくずれるためであり，**タンパク質の変性**といいます。また，タンパク質の水溶液は親水コロイド溶液であるため，多量の電解質を加えることにより水和水が奪われてタンパク質が沈殿します。**塩析**が起こるためです。

正常なインスリンの立体構造 　熱→　 変性したインスリン

Point 110 タンパク質

α-アミノ酸 　ペプチド結合→　 ポリペプチド
（約 20 種）　　　　　　　　（タンパク質の母体）

問1 α-アミノ酸（グリシンを除く）は<u>不斉</u>ア 炭素原子をもつので，<u>鏡像</u>イ 異性体（<u>光学</u>イ 異性体）が存在します。

また，α-アミノ酸には分子内に正電荷と負電荷の両方をもつ<u>双性</u>ウ イオンの状態があります。アミノ酸の水溶液の電荷がゼロになったときのpHを<u>等電点</u>エ といいます。

タンパク質は多数のα-アミノ酸が<u>ペプチド結合</u>オ で高分子になったものです。タンパク質にNaOH水溶液を加えた後，CuSO₄水溶液を加えると，<u>赤紫</u>カ 色を示します。これは<u>ビウレット</u>キ 反応とよばれ，<u>ペプチド</u>ク 結合が2つ以上あると起こります。また，タンパク質にNaOH水溶液を加え，(CH₃COO)₂Pb水溶液を加えると，硫黄Sを含むアミノ酸である<u>システインまたはメチオニン</u>ケ が分解して<u>硫化鉛（Ⅱ）</u>コ PbSの黒色沈殿が生じます（➡p.298）。

問2 一般に，極性の大きな分子やイオン結晶は水に溶けやすく，極性の小さな有機溶媒には溶けにくくなります。α-アミノ酸の結晶はNaClのイオン結晶のように双性イオンが静電気的な力（クーロン力）で集まったもので，水に溶けやすく有機溶媒に溶けにくくなります。

問3 リシンのような塩基性アミノ酸は側鎖に−NH₂を，アスパラギン酸やグルタミン酸のような酸性アミノ酸は側鎖に−COOHをもっています。

これらが電離することで−NH₃⁺や−COO⁻となり，タンパク質でも正電荷や負電荷をもちます。

問4 アルコールを加えると，タンパク質の高次構造を保っている水素結合などが切れて，構造が不可逆的に変化し，牛乳中のタンパク質が変性し，凝固・沈殿したと考えられます。

第3章 有機化学

問1 ア：不斉　イ：鏡像（または光学）　ウ：双性　エ：等電点
　　オ：ペプチド結合　カ：赤紫　キ：ビウレット　ク：ペプチド
　　ケ：システイン（またはメチオニン）　コ：硫化鉛（Ⅱ）
問2 アミノ酸の結晶は双性イオンが集まってできており，極性の小さい有機溶媒より，極性の大きい水のような溶媒によく溶けるから。
問3 側鎖のアミノ基やカルボキシ基が電離するから。
問4 アルコールによって牛乳中のタンパク質が変性したから。

　アラニン（Ala）の水溶液は，図1に示すような3種類のイオンの電離平衡の状態で存在する。

$$\underset{\text{Ala}^+}{\overset{\text{COOH}}{{}^+\!H_3N\!-\!\overset{|}{\underset{|}{C}}\!-\!H}} \quad \underset{H^+}{\overset{OH^-}{\rightleftharpoons}} \quad \underset{\text{Ala}^\pm}{\overset{\text{COO}^-}{{}^+\!H_3N\!-\!\overset{|}{\underset{|}{C}}\!-\!H}} \quad \underset{H^+}{\overset{OH^-}{\rightleftharpoons}} \quad \underset{\text{Ala}^-}{\overset{\text{COO}^-}{H_2N\!-\!\overset{|}{\underset{|}{C}}\!-\!H}}$$

図1　アラニンの電離平衡

　水溶液中における Ala^+，$Ala^\pm$，Ala^-，H^+ の濃度をそれぞれ $[Ala^+]$，$[Ala^\pm]$，$[Ala^-]$，$[H^+]$ とおく。

　　$Ala^+ \rightleftharpoons Ala^\pm + H^+$　の電離定数を K_1，

　　$Ala^\pm \rightleftharpoons Ala^- + H^+$　の電離定数を K_2

とすると，等電点（pI）は次の式①で与えられることを示せ。

$$pI = -\frac{1}{2}(\log_{10} K_1 + \log_{10} K_2) \quad \cdots ①$$

（東京農工大）

精 講　　アミノ酸の電離平衡

　等電点（➡p.297）では，アミノ酸はほとんどが双性イオンとして存在し，電荷の総和は0になっています。

〈アラニン（Ala）水溶液の pH とイオンの割合〉

等電点を求めるときは，多価の弱酸の電離平衡と同じように考えます。

$$\begin{cases} \overset{\text{第一電離}}{Ala^+ \rightleftharpoons Ala^\pm + H^+} \quad \Rightarrow \quad K_1 = \dfrac{[Ala^\pm][H^+]}{[Ala^+]} \quad \cdots ⓐ \\[2pt] \text{\footnotesize H_2S のような2価の弱酸とみなす} \\[4pt] \overset{\text{第二電離}}{Ala^\pm \rightleftharpoons Ala^- + H^+} \quad \Rightarrow \quad K_2 = \dfrac{[Ala^-][H^+]}{[Ala^\pm]} \quad \cdots ⓑ \end{cases}$$

ⓐ，ⓑより，$[Ala^+] = \dfrac{[Ala^\pm][H^+]}{K_1}$ ，　$[Ala^-] = \dfrac{K_2[Ala^\pm]}{[H^+]}$

　　　　　　　　ⓐを $[Ala^+]=\sim$ に変形　　　　ⓑを $[Ala^-]=\sim$ に変形

Ala$^+$, Ala$^\pm$, Ala$^-$ の濃度の比は,

$$[\text{Ala}^+]:[\text{Ala}^\pm]:[\text{Ala}^-]=\frac{[\text{Ala}^\pm][\text{H}^+]}{K_1}:[\text{Ala}^\pm]:\frac{K_2[\text{Ala}^\pm]}{[\text{H}^+]}$$

$$=\frac{[\text{H}^+]}{K_1}:1:\frac{K_2}{[\text{H}^+]}$$

となり,[H$^+$] で決まることがわかります。

等電点ではアミノ酸の電荷の総和が 0 であり,Ala$^\pm$ の電荷は 0 なので,[Ala$^+$]=[Ala$^-$] が成立するから,

$$\frac{[\text{H}^+]}{K_1}=\frac{K_2}{[\text{H}^+]} \iff [\text{H}^+]^2=K_1K_2$$

よって,[H$^+$]=$\sqrt{K_1K_2}$

 Point 111 アミノ酸の電離平衡は,酸性型のアミノ酸陽イオンを多価の弱酸とみなす。

解 説

化学平衡の法則より,

$$K_1=\frac{[\text{Ala}^\pm][\text{H}^+]}{[\text{Ala}^+]} \quad\cdots(1) \quad,\quad K_2=\frac{[\text{Ala}^-][\text{H}^+]}{[\text{Ala}^\pm]} \quad\cdots(2)$$

等電点では,[Ala$^+$]=[Ala$^-$] が成り立つから,(1)×(2) より,

$$K_1K_2=\frac{[\text{Ala}^\pm][\text{H}^+]}{[\text{Ala}^+]}\times\frac{[\text{Ala}^-][\text{H}^+]}{[\text{Ala}^\pm]}=[\text{H}^+]^2$$

$\quad$└─[Ala$^+$]=[Ala$^-$] なので消去できる

[H$^+$]>0 なので,[H$^+$]=$\sqrt{K_1K_2}$ $\cdots(3)$

(3)の両辺の常用対数をとると,

$$\begin{cases}\log_a(MN)=\log_aM+\log_aN\\ \log_ax^n=n\log_ax\end{cases}$$

$$\log_{10}[\text{H}^+]=\frac{1}{2}(\log_{10}K_1+\log_{10}K_2) \quad\cdots(4)$$

等電点 (pI) は,アミノ酸の電荷の総和が 0 になるときの pH のことなので,(4)の両辺に -1 をかけると,

$\quad$ pH$=-\log_{10}[\text{H}^+]$

$$\text{p}I=-\frac{1}{2}(\log_{10}K_1+\log_{10}K_2)$$

となり,式①に一致する。

補足 なお,$-\log_{10}K_1=\text{p}K_1$,$-\log_{10}K_2=\text{p}K_2$ と表すと,問題文にある式①は,

$$\text{p}I=\frac{\text{p}K_1+\text{p}K_2}{2} \quad となり,\text{p}K_1 と \text{p}K_2 の平均値が \text{p}I に一致する。$$

 答 **解 説** 参照

アルブミンのように，加水分解するとアミノ酸だけを生じるタンパク質を，とくに ア とよぶ。一方，カタラーゼはタンパク質に色素が結合した色素タンパク質であるが，カタラーゼのようにアミノ酸以外の成分物質をもつタンパク質を イ とよぶ。タンパク質の二次構造において

ポリペプチドがらせん状に巻いた構造を ウ とよび，ジグザグ状に折れ曲がった構造を エ とよぶ。また，側鎖Rの相互作用や， オ の側鎖間でつくられるジスルフィド結合によって複雑に折りたたまれて，特有の立体構造をとっていることが多く，このような構造を，タンパク質の三次構造という。タンパク質の二次構造以上の構造をまとめてタンパク質の カ といい， カ を形成することによって，酵素のように特有の機能を発揮する。

問1   ア ～ カ にあてはまる語句あるいは物質名を記せ。

問2 酵素の触媒作用の3つの特徴について，それぞれ10字以内で書け。

問3 右上のグラフはヒトの唾液アミラーゼ，ペプシン，トリプシンの酵素の反応速度とpHとの関係を示したグラフである。①，②，③に該当する酵素はこの3つのうちどれか。

問4 ある酵素と基質Aおよび基質Bについて，基質濃度[S]と酵素反応の反応速度vとの関係を調べると，右図のように基質Aでは実線，基質Bでは点線のようになった。なお，V_{max}は最大反応速度を意味する。基質Aと基質Bの酵素反応に重要な性質の違いを35字以内で説明せよ。

(名古屋市立大)

精 講   （タンパク質の構造）

タンパク質の性質は，立体構造によっておおむね決まります。タンパク質の構造は，次の4つの階層に分けて考えます。

酵素

　触媒として機能するタンパク質を酵素といいます。1つの酵素は，特定の分子（これを基質という）の特定の反応だけに触媒作用を示すという特徴があり，これを酵素の基質特異性といいます。例えば，マルターゼはマルトースを加水分解する酵素ですが，マルトースにしか作用せず，セロビオースやスクロースなどには働きかけません。またマルトースに対しても，加水分解という反応以外は引き起こしません。

　また，それぞれの酵素には，触媒として最もよく機能する温度とpHの範囲があり，この範囲を最適温度，最適pHとよびます。

酵素名	作用する反応
ペプシン，トリプシン	タンパク質中のペプチド結合の加水分解
アミラーゼ	デンプン中のグリコシド結合を加水分解 （デキストリンという中間体を経てマルトースに）
リパーゼ	油脂 $\longrightarrow$ モノグリセリド ＋ 脂肪酸
カタラーゼ	$2H_2O_2 \longrightarrow O_2 + 2H_2O$

Point 112　タンパク質の性質は，主にその立体構造で決まる。

解　説　　問1　タンパク質を構成物質によって分類すると，

単純タンパク質…アミノ酸のみから構成されている。
複合タンパク質…アミノ酸以外に，糖，リン酸，脂質，核酸，色素などを含む。
α-ヘリックス（らせん構造）やβ-シート（ジグザグ構造）とよばれる局所的な立体構造を二次構造という。これらの構造はペプチド結合間の水素結合

$\overset{\delta-}{C}=O \cdots H-\overset{\delta+}{N}$ によって保たれている。

α-ヘリックス

β-シート

ポリペプチド鎖が，側鎖間の相互作用やシステインの –SH 基どうしで形成する

水素結合，静電気的な力，
ファンデルワールス力など

p.316 参照

ジスルフィド結合によって特有の立体構造を形成すると，これを三次構造といいます。三次構造をとったポリペプチド鎖がさらに集まって1つの複合体を形成することがあります。これを四次構造といい，二次構造以上の構造をタンパク質の高次構造とよんでいます。

－S－S－結合

サブユニットという

カ

問2 タンパク質である酵素は，自らの立体構造内にうまくとりこめないと触媒作用を示さないために基質特異性をもち，温度やpHによって変性し立体構造が変化するため最適温度や最適pHが存在します。

問3 私たちは，糖類（デンプンなど），脂肪，タンパク質を食べ，口，胃，小腸などから分泌される加水分解酵素により，これらを小さな分子にまで分解します。この働きを消化といいます。糖類，脂肪，タンパク質の消化は次のフローチャートを覚えておきましょう。

デンプン $\xrightarrow[\text{（だ液）}]{\text{アミラーゼ}}$ デキストリン $\xrightarrow{\text{アミラーゼ}}$ マルトース $\xrightarrow{\text{マルターゼ}}$ グルコース

米，パンなど

脂肪 $\xrightarrow[\text{（すい液）}]{\text{リパーゼ}}$ モノグリセリド ＋ 脂肪酸

バターなど

タンパク質 $\xrightarrow[\text{（胃液）}]{\text{ペプシン}}$ $\xrightarrow[\text{（すい液）}]{\text{トリプシン}}$ $\xrightarrow[\text{（すい液，腸液）}]{\text{ペプチダーゼ}}$ アミノ酸

肉，卵など

だ液が中性，胃液が酸性であることは体感でわかると思います。だ液アミラーゼは中性付近に最適pHをもつので②，胃液に含まれるペプシンは酸性側に最適pHをもつので①と判断できます。残りから考えて，トリプシンは塩基性側に最適pHをもつので③となります。

酸性はすっぱい。塩基性はにがい。

pH6〜7付近

pH2付近

すい液に含まれるトリプシンはpH8〜9付近が最適pH

問4 $V_{\max}$ の値は同じですが，基質の濃度が低い領域では，基質Aが，基質Bより反応速度が大きい点に注目しましょう。基質濃度が同じでもAはBより酵素に結合しやすいと考えられます。

問1 ア：単純タンパク質　　イ：複合タンパク質　　ウ：α-ヘリックス
　　　エ：β-シート　　オ：システイン　　カ：高次構造
問2 基質特異性をもつ。（9字）　　最適温度をもつ。（8字）
　　　最適pHをもつ。（8字）
問3 ①　ペプシン　　②　アミラーゼ　　③　トリプシン
問4 低濃度では，基質Aが基質Bより酵素と結合しやすく反応速度が大きい。（33字）

実戦 基礎問

37 核酸

核酸は大きく分けて2種類あり，一方はデオキシリボ核酸（DNA），もう一方はリボ核酸（RNA）という。核酸は ア を構成単位とし， ア は塩基，糖， イ より構成されている。DNA は ウ 構造を形成している。その構造では，アデニンと エ ， オ と カ がそれぞれ キ 結合を形成している。DNA は ク を伝える働きがあるのに対し，RNA は ケ 合成に関与している。

問1 文中の ア ～ ケ に最適な語句を，以下の語群から選べ。

語群：アラニン，ウラシル，グアニン，シトシン，チミン，α-ヘリックス，β-シート，二重らせん，水素，共有，配位，塩酸，酢酸，リン酸，ヌクレオチド，遺伝情報，タンパク質，アミノ酸，糖類

問2 核酸を構成する元素名をすべて書け。

（鳥取大）

精 講　細胞中には，核酸（かくさん）とよばれる**酸性の高分子化合物**が存在していて，遺伝情報の伝達に中心的な役割を果たしています。核酸にはDNA（デオキシリボ核酸）とRNA（リボ核酸）の2種類があり，構成している糖と塩基（4種類）のうちの1種類が異なります。

Point·113

核酸 ─┬─ DNA（デオキシリボ核酸）
　　　└─ RNA（リボ核酸）

解 説

問1，2 核酸であるDNAやRNAは，窒素Nを含む塩基，五炭糖（ペントース），リン酸 H_3PO_4 から構成されているヌクレオチドを構成単位とし，このヌクレオチドどうしが糖

の –OH とリン酸の –OH 間で多数縮合重合したポリヌクレオチドです。

よって，核酸を構成する元素は，炭素C，水素H，酸素O，窒素N，リンPとわかります。

問2　リン酸 H_3PO_4 を含んでいますね

DNAやRNAをつくっている五炭糖は，2位に –OH 基のないデオキシリボース（DNA）や，2位に –OH 基のあるリボース（RNA）です。

① DNA を構成する五炭糖(ペントース)　② RNA を構成する五炭糖(ペントース)

デオキシリボース　　　　　　　　　　　　　　　　　リボース

ここが H であればデオキシリボース,
OH であればリボース

　また，DNA や RNA をつくっている塩基はそれぞれ 4 種類で，そのうち 3 種類は共通で，残り 1 種類にチミン(DNA)とウラシル(RNA)の違いがあります。

① DNA と RNA に共通する塩基　　　② DNA のみ　③ RNA のみ
　　　　　　　　　　　　　　　　　　　にある塩基　にある塩基

アデニン(A)　　グアニン(G)　　シトシン(C)

チミン(T)　　ウラシル(U)

ここが CH₃- であればチミン,
H- であればウラシル

　DNA は遺伝情報_クを伝える働きがあり，ポリヌクレオチド鎖どうしが塩基対を形成し，二重らせん_ウ構造を形成しています。A と T，G と C が水素結合により対をなしています。

アデニン(A)　チミン(T)　　グアニン(G)　シトシン(C)

DNA の構造

3.4 nm

1.0 nm

アデニンとチミン_エの間は 2 つの水素_キ結合を形成し，グアニンとシトシンの間は 3 つの水素結合を形成しています。A_{オ,カ　　　　　　　オ,カ}
と T，G と C は常に同じ数ずつ存在しています。

　RNA はタンパク質_ケ合成に関与し，DNA と構造が似ていて，通常は 1 本鎖で存在しています。

答

問 1　ア：ヌクレオチド　　イ：リン酸　　　ウ：二重らせん　　エ：チミン
　　　オ，カ：シトシン，グアニン(順不同)　キ：水素　　ク：遺伝情報
　　　ケ：タンパク質
問 2　水素，炭素，窒素，酸素，リン

306

次の文章を読み，下の問いに答えよ。

　合成高分子の合成法には，付加重合，縮合重合，開環重合などがある。縮合重合により合成される高分子 A，B は，おもに繊維に用いられるが，A は清涼飲料水のペットボトルの素材としても使用される。繊維となる高分子としては，C のように付加重合で合成されるもの，D のように開環重合で合成されるものもある。一方，付加重合を利用して合成する高分子には，プラスチック原料となる E，ゴム原料となる F などがある。2 種類以上の単量体を混合して付加重合させることも可能である。例えば，C の合成に用いられる単量体をブタジエンとともに付加重合して得られる高分子 G は，耐油性ゴムホースの原料として用いられる。また，E は発泡スチロールの原料に用いられている。

問1　下の⑦〜⑰は文中の高分子 A 〜 F の構造を示したものである。B，D，E にあてはまる高分子の構造を選び，記号で答えよ。

問2　G にあてはまる高分子の構造を問1の⑦〜⑰の例にしたがって記せ。
問3　下線部の重合を何とよぶか。

（北海道大）

精講　　（合成高分子化合物）

　　　　合成高分子化合物は，小さな分子を多数結合させてつくられます。この**小さな分子**を**単量体（モノマー）**といい，**単量体が多数結合する反応**を**重合**とよびます。また，**重合により生成する高分子**を**重合体（ポリマー）**といい，**重合体 1 分子中の単量体の数**を**重合度**といいます。

$$nM \xrightarrow{\text{重合}} -M-M-M-\cdots\cdots-M-$$

単量体
（モノマー）

$\updownarrow$

$(\text{M})_n$　（ n : 重合度）

重合体
（ポリマー）

→繊維状に → 合成繊維
→樹脂状に → 合成樹脂（プラスチック）
→ゴムに → 合成ゴム

繊維状に加工した合成高分子化合物を合成繊維といい，樹脂状に加工したものは合成樹脂またはプラスチックとよばれます。合成高分子化合物の中にはゴム弾性をもつものがあり，合成ゴムといいます。

（付加重合による高分子）

C=Cのような不飽和結合をもつ単量体（モノマー）を付加反応によって次々と重合させていくことを付加重合といいます。次のようなものが有名です。

❶ ビニル系

← $CH_2=CH-$ をビニル基という

−X	単量体（モノマー）	重合体（ポリマー）	用　途
−H	エチレン	ポリエチレン（補足）	袋，容器
−CH₃	プロペン（プロピレン）	ポリプロピレン	容器
−Cl	塩化ビニル	ポリ塩化ビニル	電線の被覆材，パイプ
−C≡N	アクリロニトリル	ポリアクリロニトリル	繊維
−O−C−CH₃ (O)	酢酸ビニル	ポリ酢酸ビニル	接着剤
⬡	スチレン	ポリスチレン	発泡スチロール

（補足）　1950年代以前は，エチレンを高圧，200℃で付加重合させて得られる低密度ポリエチレンしかつくれませんでした。低密度ポリエチレンは，分子中に多く枝分かれがあり，透明でやわらかい性質があります。ところが，1950年代以降にチーグラー・ナッタ触媒（四塩化チタン $TiCl_4$ ＋ トリエチルアルミニウム $(C_2H_5)_3Al$）が開発され，エチレンを常圧，60℃で付加重合させてポリエチレンを得ることができるようになりました。このポリエチレンは，分子中に枝分かれが少なく，結晶の領域が多く，高密度ポリエチレンとよばれ，不透明で硬いのでポリ容器などに使われています。

高圧でつくる　ポリ袋　透明でやわらかい　枝分かれが多い!!　〈低密度ポリエチレンの例〉

常圧でつくる　ポリバケツ　不透明で硬い　枝分かれが少ない!!　〈高密度ポリエチレンの例〉

❷ ビニリデン系

−X	−Y	単量体（モノマー）	重合体（ポリマー）	用　途
−CH₃	−C−O−CH₃ ‖ O	メタクリル酸メチル(注)	ポリメタクリル酸メチル	有機ガラス
−Cl	−Cl	塩化ビニリデン	ポリ塩化ビニリデン	ラップ

（注）　メタクリル酸メチルの構造式は，次のような流れで覚えておきましょう。

③　**ジエン系**　←「ジ」は 2 個，「エン」は C=C を表す

←シス形のものがゴム弾性あり

−X	単量体（モノマー）	重合体（ポリマー）	用　途
−H	ブタジエン	ポリブタジエン	合成ゴム
−Cl	クロロプレン	ポリクロロプレン	合成ゴム
−CH₃	イソプレン	ポリイソプレン	天然ゴム（生ゴム）

$$n\,CH_2=CH-CH=CH_2 + m\,CH_2=CH \xrightarrow{\text{共重合}} (CH_2-CH=CH-CH_2)_n(CH_2-CH)_m$$
　　　　ブタジエン　　　　　　　　　　X　　　　　　　　　　　　　　　　　　　　　　　X

2 種以上の単量体を付加重合
することを共重合という

−X	名　称	
（ベンゼン環）	スチレン-ブタジエンゴム（SBR）	←Styrene-butadiene rubber
−C≡N	アクリロニトリル-ブタジエンゴム（NBR）	←Nitrile butadiene rubber

④　**テフロン**

テトラフルオロエチレンは，
エチレン $CH_2=CH_2$ の水素原子 H
←4 個がフッ素原子 F
┗テトラ　┗フルオロ
になっている

テフロンは熱に強く，フライパンなどの表面の加工に使われています。

（**縮合重合による高分子**）

　H_2O のような**小さな分子を分子間でとり除きながら単量体をつないでいくこ**とを**縮合重合**といいます。

❶　**ポリエステル**

　カルボキシ基 −COOH とヒドロキシ基 −OH 間の縮合重合により合成され，

多数のエステル結合 $-\overset{\text{O}}{\overset{\|}{\text{C}}}-\text{O}-$ をもつ重合体をポリエステルといいます。

$$n\text{H}-\text{O}-\overset{\text{O}}{\overset{\|}{\text{C}}}-\text{\bigcirc}-\overset{\text{O}}{\overset{\|}{\text{C}}}-\text{O}-\text{H} + n\text{H}-\text{O}-\text{CH}_2-\text{CH}_2-\text{O}-\text{H}$$

テレフタル酸   エチレングリコール

$$\xrightarrow{\text{縮合重合}} \left[\overset{\text{O}}{\overset{\|}{\text{C}}}-\text{\bigcirc}-\overset{\text{O}}{\overset{\|}{\text{C}}}-\text{O}-\text{CH}_2-\text{CH}_2-\text{O}\right]_n + 2n\text{H}_2\text{O}$$

ポリエチレンテレフタラート（PET）

ポリエチレンテレフタラート (polyethylene terephthalate) は PET と
よばれ，ボトルなどに使用されています。

❷ ポリアミド

カルボキシ基 $-\text{COOH}$ とアミノ基 $-\text{NH}_2$ 間の縮合重合により合成され，多数
のアミド結合 $-\overset{\text{O}}{\overset{\|}{\text{C}}}-\overset{\text{H}}{\overset{|}{\text{N}}}-$ をもつ重合体をポリアミドといいます。

$$n\text{H}-\overset{\text{H}}{\overset{|}{\text{N}}}-(\text{CH}_2)_6-\overset{\text{H}}{\overset{|}{\text{N}}}-\text{H} + n\text{H}-\text{O}-\overset{\text{O}}{\overset{\|}{\text{C}}}-(\text{CH}_2)_4-\overset{\text{O}}{\overset{\|}{\text{C}}}-\text{O}-\text{H}$$

ヘキサメチレンジアミン（注）   アジピン酸

$$\xrightarrow{\text{縮合重合}} \left[\overset{\text{H}}{\overset{|}{\text{N}}}-(\text{CH}_2)_6-\overset{\text{H}}{\overset{|}{\text{N}}}-\overset{\text{O}}{\overset{\|}{\text{C}}}-(\text{CH}_2)_4-\overset{\text{O}}{\overset{\|}{\text{C}}}\right]_n + 2n\text{H}_2\text{O}$$

ナイロン 66

ヘキサメチレンジアミンの炭素数 6 個を表している┘└アジピン酸の炭素数 6 個を表している

（注）「ヘキサ」は 6，「メチレン」はメチレン基 $-\text{CH}_2-$ の部分，「ジ」は 2，「アミン」はアミ
ノ基 $-\text{NH}_2$ の部分を表しています。

他にもポリアミド系合成繊維には，ε-カプロラクタムの開環重合でつくら
れるナイロン 6 があります。第二次世界大戦中に日本でつくられました。

$$n\text{H}_2\text{C}\overset{\text{CH}_2-\text{CH}_2}{\underset{\text{CH}_2-\text{CH}_2}{<}}\overset{\text{C=O}}{\underset{\text{N-H}}{>}} \xrightarrow{\text{開環重合}} \left[\overset{\text{H}}{\overset{|}{\text{N}}}-(\text{CH}_2)_5-\overset{\text{O}}{\overset{\|}{\text{C}}}\right]_n$$

ε-カプロラクタム   ナイロン 6

Point 114

"単量体 $\xrightarrow{\text{重合}}$ 重合体"
の関係をつかみ，構造式は手を動かして紙にかいて覚えよう！

問1　⑦はナイロン 6，⑦はポリクロロプレン，⑦はポリスチレン，⑤はナイロン 66，
⑦はポリアクリロニトリル，⑦はポリエチレンテレフタラート (PET) です。

　　ペットボトルの素材に使われる**A ＝ ⑦**です。A 以外で縮合重合によってできる合
成繊維**B**は，ナイロン 66 ですから**B ＝ ⑤**となります。

　　付加重合により合成される繊維としては，アクリロニトリルを単量体として用い
たアクリル (アクリロニトリル系合成繊維) が有名です。よって**C ＝ ⑦**となります。
開環重合で合成される**D**はナイロン 6 なので，**D ＝ ⑦**となります。

　　Eは発泡スチロールの原料となるとあるので，ポリスチレンです。よって**E ＝ ⑦**
です。

　　Fは合成ゴムの原料とあるので⑦のポリクロロプレンです。よって**F ＝ ⑦**となり
ます。

問2　アクリロニトリル (**C**の単量体) とブタジエンから得られる高分子なので，アク
リロニトリル–ブタジエンゴム (NBR) ですね。

$$-CH_2-CH=CH-CH_2-CH_2-\underset{\underset{C\equiv N}{|}}{CH}-$$

問3　2 種類以上の単量体を混ぜて重合を行うことを**共重合**といいます。

第3章　有機化学

答

　　問1　**B：⑤**　　**D：⑦**　　**E：⑦**

　　問2　$-CH_2-CH=CH-CH_2-CH_2-\underset{\underset{C\equiv N}{|}}{CH}-$

　　問3　共重合

39 合成樹脂と熱による性質, リサイクル

合成高分子化合物は用途によって合成樹脂, 合成繊維, 合成ゴムなどに分類される。合成樹脂には, 加熱すると軟化し, 冷却すると再び硬化する ア 性樹脂と加熱により硬化する イ 性樹脂がある。 ア 性樹脂は成形・加工はしやすいが, 機械的強度や耐熱性などは高くない。一方, イ 性樹脂は硬く, 耐熱性には優れるが, 一度硬化すると加熱しても再び軟化することはない。このため, いったん, 重合反応を低い重合度の段階で止めることで液状または粉末状の中間生成物を得る。この中間生成物を加熱したり, 硬化剤を加えて加熱することにより重合反応をさらに進め, ウ 構造を形成して硬化させることで成形・加工する。

合成高分子化合物は身の回りのさまざまな用途に利用されるようになった。その一方で, 合成高分子化合物は自然界では分解されにくいため, 廃棄処理が問題となっている。現在では, 合成高分子化合物の製品には法律で識別マークが付けられ, 使用後には回収されてリサイクルが行われている。リサイクルの方法には, 融かしてもう一度製品として用いる エ リサイクルや, 単量体や分子量の小さな化合物まで分解して再び原料として利用する オ リサイクルなどがある。

問1 文中の ア ~ オ に当てはまる最も適切な語句を記せ。

問2 下線部の例として, フェノール樹脂の合成ではフェノールとホルムアルデヒドを酸触媒または塩基触媒を用いて反応させることで中間生成物を得る。それぞれの触媒を用いたときに生成する中間生成物の名称を記せ。

問3 尿素樹脂とメラミン樹脂はそれぞれホルムアルデヒドと何を重合して得られるか。その構造式を右の (例) にならって記せ。 (群馬大)

(例)

精 講   **合成樹脂と熱による性質**

分類	特徴	代表例
熱可塑性樹脂	鎖状のポリマーからなり, 加熱するとやわらかくなる。	ポリエチレン, PET, ナイロン
熱硬化性樹脂	立体網目状のポリマーで, 一度硬化すると加熱してもやわらかくならない。	フェノール樹脂, 尿素樹脂, メラミン樹脂

リサイクル（再生利用）

製品リサイクル	製品をそのまま再利用する。
マテリアルリサイクル	製品を加熱して融かして，再び成形し用いる。
ケミカルリサイクル	製品を加熱などの化学処理によって分解し，生成物を回収して，原料として再利用する。
サーマルリサイクル	燃料に用いて，生じる熱エネルギーを利用する。

Point·115

合成樹脂の熱による性質は，ポリマーの分子構造と結びつけて理解すること。

問1　ア：鎖状の分子鎖をもつポリマーからできた合成樹脂は，加熱するとやわらかくなり，<u>熱可塑性</u>樹脂といいます。
　　ア̰ ̰ ̰ ̰ ̰粘土のように力を加えると変形し，力を除いても変形したままになる性質

　イ，ウ：<u>立体網目状</u>構造をもつポリマーで，一度硬化すると加熱してもやわらかくならず，さらに加熱すると分解してしまう合成樹脂を<u>熱硬化</u>性樹脂とよびます。

　エ，オ：上の(精)(講)参照のこと。

問2　フェノールとホルムアルデヒドを酸触媒または塩基触媒とともに加熱して，<u>ノボラック</u>や<u>レゾール</u>という低い重合度の物質をつくります。これに硬化剤や着色剤を加えて，型に入れて加圧したり加熱したりすると，重合が進んで立体網目状構造をもつ**フェノール樹脂**（ベークライト）が得られます。

最初に実用化された合成樹脂で，電気部品などに使われている

この重合は**付加と縮合をくり返して進む反応**なので，**付加縮合**といいます。

$$\text{(phenol)} \quad OH + HCHO \xrightarrow{\text{付加}} OH\text{-}CH_2OH$$

$$OH\text{-}CH_2\text{-}OH + H\text{-}OH \xrightarrow{\text{縮合}} OH\text{-}CH_2\text{-}OH + H_2O$$

問3 アミノ基を2つ以上もつ尿素やメラミンを付加縮合させると，**尿素樹脂**（ユリア樹脂）や**メラミン樹脂**が得られます。ともに立体網目状の構造をもつ熱硬化性樹脂であり，総称して，アミノ樹脂ともいいます。

314

必修
基礎問

66 天然繊維と化学繊維

化学

衣料として用いられる繊維には天然繊維と ア がある。天然繊維は植物繊維と動物繊維に分類される。植物繊維である木綿の主成分は イ である。 イ は ウ が脱水縮合して結びついた多糖類である。動物繊維の例として，羊毛と絹が挙げられる。羊毛は エ とよばれるタンパク質からできている。絹はカイコのまゆ糸からつくられる。まゆ糸は オ と カ という2種類のタンパク質からなる。まゆ糸の カ を熱水などで溶かすことにより絹糸が得られる。

問1 文章中の ア ～ カ に，適切な語句を入れよ。

問2 ア の1種で，アジピン酸とヘキサメチレンジアミンが縮合重合して生じるポリアミドをとくに何とよぶか，答えよ。

問3 イ を原料とする再生繊維は何とよばれるか，答えよ。

問4 羊毛にはパーマネントウェーブと同様のカールがみられる。この原因となるアミノ酸の名称と分子間の結合様式を答えよ。

(香川大)

第3章 有機化学

精 講

繊維

繊維には，天然繊維と化学繊維があります。

天然繊維には，植物からとれる植物繊維と動物からとれる動物繊維があり，
木綿(綿)，麻など　　　　　　　　羊毛，絹など
化学繊維には，パルプなどのセルロースを繊維として再生してつくる再生繊維，
銅アンモニアレーヨン，ビスコースレーヨンなど
セルロースの構造の一部を化学変化させてつくる半合成繊維，石油から合成してつくる合成繊維があります。
アセテート繊維など
ナイロン66，ポリエチレンテレフタラートなど

解 説

問1 繊維は次のように分類できます。

繊維 ─┬─ 天然繊維 ─┬─ 植物繊維…木綿，麻　←植物からとれる
　　　　　　　　　　　└─ 動物繊維…羊毛，絹　←動物からとれる
　　　└─ 化学繊維 ─┬─ 再生繊維（レーヨン）…銅アンモニアレーヨン，ビスコースレーヨン
　　　　　　　　　ア　　　　　　　　　　　└─ パルプから再生してつくる
　　　　　　　　　　├─ 半合成繊維…アセテート繊維
　　　　　　　　　　　　　　　　　└─ セルロースの構造の一部を化学変化させてつくる
　　　　　　　　　　└─ 合成繊維…ナイロン66，ポリエチレンテレフタラート
　　　　　　　　　　　　　　　　　　　　　└─ 石油からつくる

木綿は植物のワタから，麻は植物のアサからとれます。木綿や麻の主成分はセルロース<u>ィ</u>で，セルロースはβ-グルコース<u>ゥ</u>が脱水縮合して結びついた多糖類です。

セルロース$[C_6H_7O_2(OH)_3]_n$の構造

β-グルコース $C_6H_{12}O_6$

β-グルコースどうしからH_2Oがとれてつながった構造をもっている

羊毛は羊の体毛から，絹（シルク）はカイコのまゆ糸からつくられます。羊毛はケラチン<u>ェ</u>とよばれるタンパク質からできていて，硫黄Sを多く含んでいるために燃やすと強い臭いを発生します。また，絹をつくるまゆ糸はフィブロイン<u>ォ</u>とセリシン<u>ヵ</u>という2種類のタンパク質からなり，このまゆ糸を合わせてつくった生糸からセリシンを熱水などで溶かすことにより絹糸がつくられます。

セリシン
この部分を一部熱水などで除いている
フィブロイン
〈生糸の断面〉

問2 化学繊維の1種であるナイロン66(6,6-ナイロン)は，アジピン酸のカルボキシ基 -COOH とヘキサメチレンジアミンのアミノ基 $-NH_2$ との縮合重合により合成されます（➡p.310）。アミド結合を利用して分子間で水素結合を形成し，強度に優れた繊維です。

$$\left[\begin{matrix} O & & O & H & & & H \\ \| & & \| & | & & & | \\ -C-(CH_2)_4-C-N-(CH_2)_6-N- \end{matrix}\right]_n$$

ナイロン66

問3 セルロースを原料とする再生繊維はレーヨンとよばれます。

問4 毛髪はおもに羊毛と同じケラチンとよばれるタンパク質からできており，髪型はジスルフィド結合 -S-S- によって保たれています。この -S-S- 結合を還元剤を含むパーマ液で -SH HS- に還元し，新しい髪型にしてから酸化剤で -S-S- にもどすことでその形を固定することができます。これがパーマネントウェーブの原理で，羊毛のカールも同じ原理で説明されます。

このカールの原因となる -S-S- 結合は，システインのもつ -SH が酸化されることでつくられています。

HS-CH₂-CH-COOH
        |
        NH₂   システイン（α-アミノ酸）

問1 ア：化学繊維　　イ：セルロース　　ウ：β-グルコース
　　　　エ：ケラチン　　オ：フィブロイン　　カ：セリシン
問2 ナイロン66（または6,6-ナイロン）　　**問3**　レーヨン
問4 アミノ酸：システイン　　結合様式：ジスルフィド結合

40 化学繊維 化学

次の文章を読み，下の問いに答えよ。

化学繊維は，再生繊維，半合成繊維，合成繊維に分類される。 ア は再生繊維である。セルロースは水には溶けないが，これを水酸化ナトリウムと反応させた後， イ と反応させるとビスコースとよばれる粘い液体が得られる。ビスコースを細孔から凝固液中に押し出し，高速で引っ張ると丈夫な糸になる。この糸を ア という。 ウ はビスコースからつくったセルロースの膜である。 エ は半合成繊維とよばれ，セルロースのヒドロキシ基の一部を酢酸エステルにしたものである。合成繊維の一種である オ は，以下のようにしてつくることができる。酢酸ビニルを付加重合してポリ酢酸ビニルとし，これを水酸化ナトリウムで加水分解して カ を得る。 カ を紡糸した後，ホルムアルデヒド水溶液で処理すると オ を得ることができる。

(1) ア ～ カ に適切な物質名を記せ。

(2) 下線部において $1.00\,kg$ のポリ酢酸ビニルを得るには何 mol の酢酸ビニルを重合する必要があるか。小数第 1 位まで求めよ。$H = 1.00$，$C = 12.0$，$O = 16.0$ とする。

(熊本大)

第3章　有機化学

精講　再生繊維（レーヨン）

木材からパルプとして得られる繊維の短いセルロースを

①塩基性の溶液に溶かし➡②希硫酸などの酸の中で長い繊維として再生

します。このとき，使用する塩基が**水酸化ナトリウム NaOH であればビスコースレーヨン**，シュバイツァー試薬であれば**銅アンモニアレーヨン（キュプラ）**になります。　水酸化銅(Ⅱ) Cu(OH)$_2$ を濃アンモニア水に溶かした溶液

❶ ビスコースレーヨン

セルロースを水酸化ナトリウム NaOH と反応させた後，二硫化炭素 CS$_2$ と反応させるとビスコースとよばれる液体が得られます。このビスコースを細孔から希硫酸 H$_2$SO$_4$ 中に押し出し，**引っ張るとビスコースレーヨン**という繊維となり，**薄い膜状に再生するとセロハン**（セルロースの膜）になります。

❷　銅アンモニアレーヨン（キュプラ）

　セルロースをシュバイツァー試薬に溶かし，細孔から希硫酸中に押し出して得られる繊維を銅アンモニアレーヨン（キュプラ）といいます。

Point 116　再生繊維

半合成繊維

　パルプなどから得られるセルロース $[C_6H_7O_2(OH)_3]_n$ のもつヒドロキシ基 −OH の一部を化学変化させてつくられる繊維を半合成繊維といい，半合成繊維にはアセテート繊維があります。

❶　アセテート繊維

　セルロースのもつヒドロキシ基 −OH の一部をアセチル化し，酢酸エステル
　　　O
　　　‖
　−O−C−CH₃ にしたものをアセテート繊維といいます。

| セルロース
$[C_6H_7O_2(OH)_3]_n$ | 無水酢酸
(CH₃CO)₂O → | トリアセチルセルロース
$[C_6H_7O_2(OCOCH_3)_3]_n$ |

| | 加水分解
H₂O → | アセテート繊維
$[C_6H_7O_2(OH)(OCOCH_3)_2]_n$ |

合成繊維

　石油から得られる小さな分子を重合させてつくった繊維を合成繊維といいます。合成繊維には，ナイロン（ナイロン 66（➡p.310）など），ポリエステル（ポリエチレンテレフタラート（➡p.309, 310）など），ビニロン（➡解説）などがあります。

解　説

(1)　ア〜エ：セルロースを水酸化ナトリウム NaOH と反応させ，二硫化炭素 CS₂ と反応させるとビスコースが得られます。ビスコースを糸状にするとビスコースレーヨンになり，膜状にするとセロハンになります。セルロースのヒドロキシ基 −OH の一部を酢酸エステルにしたものはアセテート繊維です（➡p.317, 318）。

318

オ，カ：合成繊維であるビニロン_オは，以下のようにつくります。

まず，酢酸ビニルを付加重合してポリ酢酸ビニルとし，これを NaOH 水溶液で加水分解（けん化）してポリビニルアルコール_カを得ます。

次に，ポリビニルアルコールの多数ある −OH 基の一部をホルムアルデヒドと反応させる（アセタール化）とビニロンを得ることができます。

(2) 酢酸ビニル（分子量 86.0）の付加重合によりポリ酢酸ビニル（分子量 $86.0n$）を得ることができます。

$$n\ CH_2=CH \xrightarrow{付加重合} 1\left[CH_2-CH\right]_n$$
$$\quad\ \ OCOCH_3 \qquad\qquad\qquad OCOCH_3$$

この係数関係からポリ酢酸ビニル $\boxed{1\ mol}$ を得るには $\boxed{n\,[mol]}$ の酢酸ビニルを付加重合する必要があるとわかります。よって，1.00 kg のポリ酢酸ビニルを得るには，

②次に，g どうしを消去する

$$1.00\ [kg] \times \frac{10^3\ [g]}{1\ [kg]} \times \frac{1\ [mol]}{86.0n\ [g]} \times \frac{n\ [mol]}{1\ [mol]} ≒ 11.6\ [mol]$$

①まず，kg どうしを消去し，

ポリ酢酸ビニル [mol]

酢酸ビニル [mol]

③最後に，ポリ酢酸ビニルの mol どうしを消去し，酢酸ビニル [mol] としている

の酢酸ビニルを付加重合する必要があります。

答

(1) **ア**：ビスコースレーヨン　**イ**：二硫化炭素　**ウ**：セロハン
　　エ：アセテート（繊維）　**オ**：ビニロン　**カ**：ポリビニルアルコール

(2) 11.6 mol

第3章 有機化学

次の文章を読み，以下の設問に答えよ。原子量は，H＝1.0，C＝12，O＝16とする。

ポリエステルは分子内にエステル結合を繰り返しもつ高分子化合物である。代表的なポリエステルであるポリエチレンテレフタラート（PET）は，2価アルコール　a　と2価カルボン酸　b　との　ア　重合によってつくられる。PETは　イ　性をもち，加熱・冷却により成型加工品をつくることができる。しかも，PETは軽量で強度が高いことから，飲料容器（PETボトル）や繊維として現代生活に欠かせないものとなっている。

しかし，PETはその化学的安定性のため自然界ではほとんど分解されることはなく，さらに燃焼性が悪いことから衣類・カーペットなどに再生されている。

なお，ポリエステルの中には，ポリ乳酸のように自然界の微生物によって分解される　ウ　性高分子とよばれるものもある。

問1　文章中の　ア　～　ウ　に適切な語句を記せ。

問2　化合物　a　および　b　の示性式を記せ。

問3　PETの繰り返し単位の分子量を整数値で求めよ。

問4　平均分子量が3.84×10^4のPETの平均重合度（重合体を構成する単量体の平均個数）の値を整数値で求めよ。

問5　PETを高収率で得るためには，化合物　a　と　b　の物質量を等しく用いなければならない。いま問4の平均重合度をもつPETを1molつくるのに　a　と　b　はそれぞれ何kg必要か，小数第1位まで求めよ。

（法政大）

　　（ポリエステル）

　　分子内に多くのエステル結合 $-\overset{\text{O}}{\underset{\|}{\text{C}}}-\text{O}-$ をもつ高分子化合物をポリエステルという。

❶　**ポリエチレンテレフタラート（PET）**

　　テレフタル酸のカルボキシ基 $-COOH$ とエチレングリコールのヒドロキシ基 $-OH$ との間の縮合重合により合成されます。

$$n\mathrm{HO-\overset{O}{\overset{\|}{C}}-}\underset{\text{テレフタル酸}}{\bigcirc}\mathrm{-\overset{O}{\overset{\|}{C}}-OH}\ +\ n\mathrm{H}\underset{\text{エチレングリコール}}{\mathrm{-O-(CH_2)_2-O}}\mathrm{-H}$$

H₂Oがとれる

$$\xrightarrow{\text{縮合重合}}\ \Big[\mathrm{\overset{O}{\overset{\|}{C}}-}\bigcirc\mathrm{-\overset{O}{\overset{\|}{C}}-O-(CH_2)_2-O}\Big]_n\ +\ 2n\mathrm{H_2O}$$

エステル結合　ワイシャツなどに使う

ポリエチレンテレフタラート（PET）

(注) 繊維にしないで樹脂にすることもできます。ペットボトルですね。

❷ ポリ乳酸

エステル結合によって乳酸が多くつながった高分子化合物で，体内や微生物によって分解されるので**生分解性高分子**とよばれます。

$$\Big[\mathrm{O-\overset{*}{C}H-\underset{\underset{\text{ポリ乳酸}}{CH_3}}{\overset{O}{\overset{\|}{C}}}}\Big]_n\qquad \underset{\underset{\text{乳酸}}{CH_3}}{\mathrm{HO-\overset{*}{C}H-COOH}}\qquad\text{（＊は不斉炭素原子）}$$

問1 PETは縮合重合によってつくられます。縮合重合とは，次のように分子どうしの間で水 $\mathrm{H_2O}$ のような簡単な分子がとれて次々と結びつく反応をいいます。

…＋ ○ ＋ △ ＋ ○ ＋… $\xrightarrow{\text{縮合重合}}$ ○—△—○
とれる! とれる!　　　　　　　　　　　縮合重合でとれた!!
単量体（モノマー）　　　　　　　重合体（ポリマー）

合成樹脂（プラスチック）は，熱による性質の違いにより次のように分類することができます。PETは**熱可塑**性をもちます。

> プラスチック ┬ **熱可塑性樹脂**…加熱するとやわらかくなり，冷えると固まる
> （合成樹脂） └ **熱硬化性樹脂**…加熱すると硬くなる

ポリ乳酸は**生分解**性高分子とよばれます。

問2 　**a**：ヒドロキシ基 −OH の数が2個のものを2価アルコールといいます。
　　　b：カルボキシ基 −COOH の数が2個のものを2価カルボン酸といいます。

問3 　PETの繰り返し単位は

ここは $\mathrm{C_6H_4}$ です

$$\mathrm{-\overset{O}{\overset{\|}{C}}-}\bigcirc\mathrm{-\overset{O}{\overset{\|}{C}}-O-(CH_2)_2-O-}\quad\text{つまり}\quad \mathrm{-\overset{O}{\overset{\|}{C}}-C_6H_4-\overset{O}{\overset{\|}{C}}-O-(CH_2)_2-O-} = \mathrm{C_{10}H_8O_4}$$

となり，C＝12，H＝1.0，O＝16 より，

$$\underset{\text{C}}{12\times10}+\underset{\text{H}}{1.0\times8}+\underset{\text{O}}{16\times4}=192\quad\text{となります。}$$

問4　平均分子量が 3.84×10^4 であり，平均重合度を n とすると次の式が成り立ちま
す。

$$\left[\begin{array}{c} \underset{\text{C}}{\overset{\text{O}}{\|}} - \!\!\bigcirc\!\! - \underset{\text{C}}{\overset{\text{O}}{\|}} - \text{O} - (\text{CH}_2)_2 - \text{O} \end{array}\right]_n = 3.84 \times 10^4 \quad \text{より，}$$

$$\underbrace{}_{192}$$

$$192n = 3.84 \times 10^4$$

となり，$n = 200$　と求められます。

問5　次の反応式から，平均重合度 n の PET 1 mol をつくるのに　a　のエチレン
グリコール（分子量62）は n [mol]，　b　のテレフタル酸（分子量166）も n [mol]
必要であるとわかりますね。

$$n\text{HOOC} - \!\!\bigcirc\!\! - \text{COOH} + n\text{HO} - (\text{CH}_2)_2 - \text{OH}$$
テレフタル酸　　　　　　　エチレングリコール

$$\longrightarrow \left[\begin{array}{c} \underset{\text{C}}{\overset{\text{O}}{\|}} - \!\!\bigcirc\!\! - \underset{\text{C}}{\overset{\text{O}}{\|}} - \text{O} - (\text{CH}_2)_2 - \text{O} \end{array}\right]_n + 2n\text{H}_2\text{O}$$
PET

　問4の平均重合度は $n = 200$ だったので，　a　のエチレングリコールは200
mol，　b　のテレフタル酸も 200 mol 必要であり，その質量は，

　　　a エチレングリコール　$200 \text{ [mol]} \times \dfrac{62 \text{ [g]}}{1 \text{ [mol]}} \times \dfrac{1 \text{ [kg]}}{10^3 \text{ [g]}} = 12.4 \text{ [kg]}$
　　　HO–(CH₂)₂–OH
　　　（分子量62）

　　　b テレフタル酸　$200 \text{ [mol]} \times \dfrac{166 \text{ [g]}}{1 \text{ [mol]}} \times \dfrac{1 \text{ [kg]}}{10^3 \text{ [g]}} = 33.2 \text{ [kg]}$
　　　HOOC–◯–COOH
　　　（分子量166）

となります。

答　問1　ア：縮合　　イ：熱可塑　　ウ：生分解
　　問2　a：HOCH₂CH₂OH　　b：HOOC–◯–COOH
　　問3　192　　問4　200　　問5　a：12.4 kg　　b：33.2 kg

実戦 基礎問

41 ビニロン

〈化学〉

次の文章を読み，下の問いに答えよ。

化合物**A**と酢酸との付加反応から得られる**化合物B**を付加重合させ，ついで加水分解すると，ポリビニルアルコールが得られる。ポリビニルアルコールはホルムアルデヒドとの□□□□化反応によってビニロンに変換することができる。

(1)　文中の□□□□に当てはまる最も適当な語句を記せ。

(2)　**化合物 A，B** の構造式を記せ。

(立教大)

解説

ビニロンは，1939 年桜田一郎により開発された国産初の合成繊維です。ビニルアルコールが不安定なので酢酸ビニルから合成します。

Step1　アセチレンに酢酸を付加し酢酸ビニルをつくり，これを付加重合します。

Step2　ポリ酢酸ビニルをけん化（加水分解）して，ポリビニルアルコールをつくります。ポリビニルアルコールは多数の −OH を有するため水溶性の物質です。

$$\begin{bmatrix} \begin{matrix} H & H \\ C-C \\ H & O-C-CH_3 \\ & \| \\ & O \end{matrix} \end{bmatrix}_n \xrightarrow[\text{けん化}]{nNaOH} \begin{bmatrix} \begin{matrix} H & H \\ C-C \\ H & OH \end{matrix} \end{bmatrix}_n + nCH_3COONa$$

エステル結合　　　　　　　　　　ポリビニルアルコール

Step3　ポリビニルアルコールの −OH をホルムアルデヒドで一部アセタール化してビニロンにします。

$$\cdots CH_2-CH-CH_2-CH-CH_2-\cdots \xrightarrow[\text{アセタール化}]{\text{ホルムアルデヒドで処理}} \cdots CH_2-CH-CH_2-CH-CH_2-CH-\cdots$$

$$\begin{matrix} & O & H & O & H & O \\ & & & H-C-H \\ & & (\text{ホルムアルデヒド}) \end{matrix}$$

$$\begin{matrix} O-CH_2-O & & OH \\ & \text{ビニロン} \end{matrix}$$

答　(1)　アセタール　　(2)　化合物A：H−C≡C−H　　化合物B：CH₂=CH−O−C−CH₃

$$\underset{\|}{}O$$

電解質溶液中のイオンの分離や分析を行うためにイオン交換樹脂が用いられる。代表的な陽イオン交換樹脂および陰イオン交換樹脂の構造を，それぞれ図1および図2に示す。

陽イオン交換樹脂
図1

陰イオン交換樹脂
図2

　図1に示す陽イオン交換樹脂を，円筒状容器（カラム）につめ NaCl 水溶液を通した場合，樹脂中のスルホ基の H^+ が水溶液中の Na^+ で置換されて H^+ が遊離するため，流出液が酸性を示す。NaCl 水溶液を流し続けると，すべてのスルホ基の H^+ が Na^+ に置き換わり，その後の流出液は中性に変わる。このように，イオン交換樹脂が交換できるイオンの量には上限がある。

問1　$CaCl_2$ 水溶液を図1の陽イオン交換樹脂をつめたカラムに通し，その流出液をさらに図2の陰イオン交換樹脂をつめたカラムに通すと，下部からは塩を含まない純粋な水（脱イオン水）が得られる。それぞれのカラムで起こるイオン交換の反応式を示せ。ただし，図中の〔　〕で囲まれた部分を $R-SO_3H$ および $R'-N(CH_3)_3OH$ とせよ。

問2　図2の陰イオン交換樹脂中の OH^- が Cl^- で置換された樹脂がある。これを図2の陰イオン交換樹脂に再生する方法を 20 字以内で述べよ。

（東北大）

精 講　　イオン交換樹脂

　　　　　　スチレンと p-ジビニルベンゼンの共重合体に，イオン交換機能をもつ官能基をベンゼン環に導入することによって，陽イオン交換樹脂や陰イオン交換樹脂をつくることができます。

　陽イオン交換樹脂をつめたカラム（筒状容器）の上部から，例えば塩化ナトリウム NaCl 水溶液を通すと，スルホ基 $-SO_3H$ の H^+ が Na^+ に置き換わり，下から塩酸 HCl が流出します。

このことを利用して，水溶液中の陽イオンを H^+ と交換することができます。

 Point 117 陽イオン交換樹脂

スチレン
p-ジビニルベンゼン $\left.\right\}$ $\xrightarrow{\text{共重合}}$ $\xrightarrow{\text{スルホ基の導入}}$ 陽イオン交換樹脂

(解)(説)

問1 $CaCl_2$ 水溶液を陽イオン交換樹脂に通すと，Ca^{2+} が陽イオン交換樹脂に吸着され，代わりに H^+ が流出します。また，Cl^- は吸着されず，そのまま流出します。

$$\underset{\substack{樹\\脂\\表\\面}}{\Big|}\begin{matrix}-SO_3^-H^+\\-SO_3^-H^+\end{matrix} + Ca^{2+} \rightarrow \underset{\substack{樹\\脂\\表\\面}}{\Big|}\begin{matrix}-SO_3^-\\-SO_3^-\end{matrix}Ca^{2+} + 2H^+$$

$$2R-SO_3H + CaCl_2 \longrightarrow (R-SO_3)_2Ca + 2H^+Cl^- \quad \text{(Cl}^-\text{ は吸着されない)}$$

次に流出液（H^+Cl^- 水溶液）を陰イオン交換樹脂に通すと，Cl^- が陰イオン交換樹脂に吸着され，代わりに OH^- が流出します。

$$R'-N(CH_3)_3OH + H^+Cl^- \longrightarrow R'-N(CH_3)_3Cl + H^+ + OH^- \quad \text{(H}^+\text{ は吸着されない)}$$

よって，$CaCl_2$ は H^+ と OH^-，つまり H_2O になって流出することになります。

問2 NaOH のような強塩基の水溶液を通せば，OH^- が吸着され Cl^- が流出します。

$$R'-N(CH_3)_3{}^+Cl^- + Na^+OH^- \longrightarrow R'-N(CH_3)_3OH + Na^+Cl^-$$

その後，樹脂に付着した NaOH 水溶液を純水で洗います。なお，純水にはイオンがほとんど存在しないので，イオン交換はほとんど起こりません。

(答) **問1** 陽イオン交換樹脂：$2R-SO_3H + CaCl_2 \longrightarrow (R-SO_3)_2Ca + 2HCl$
陰イオン交換樹脂：$R'-N(CH_3)_3OH + HCl \longrightarrow R'-N(CH_3)_3Cl + H_2O$
問2 NaOH 水溶液を通した後，純水で洗う。

次の文章を読み下の問いに答えよ。

ゴムの木の樹皮から得られる乳濁液に，酸を加えて凝固させると天然ゴム（生ゴム）が得られる。天然ゴムは右の〔Ⅰ〕で表される高分子化合物である。〔Ⅰ〕は ア が イ 重合して生じる。①天然ゴムに ウ を混合して加熱すると，弾性，機械的安定性，耐薬品性などに優れたゴムとなる。これは，〔Ⅰ〕の分子間に ウ 原子による エ 構造ができるからである。一方，天然ゴムの構造を模倣して，耐油性，耐熱性などにおいて天然ゴムよりも優れた性質をもつ，②クロロプレンゴム（ポリクロロプレン）や，③構造の一部が〔Ⅱ〕で表される合成ゴムも製品化されている。

〔Ⅰ〕 $\left[\begin{array}{c} CH_2-C=CH-CH_2 \\ | \\ CH_3 \end{array} \right]_n$

〔Ⅱ〕 $\cdots -CH_2-CH=CH-CH_2-CH-CH_2-\cdots$

問1   ア の化合物名と構造式を示せ。

問2   イ ～ エ に入る適切な語句を示せ。また，下線部①の操作の名称を書け。

問3 下線部②の構造を〔Ⅰ〕にならって示せ。

問4 下線部③の合成ゴムは2種類の化合物A（分子量104），B（分子量54）を混ぜて共重合させたもので自動車用タイヤなどに用いられている。化合物A，Bの名称と構造式を示せ。ただし，C＝12，H＝1.0 とする。　（千葉大）

精 講 ゴム

　ジエン系の付加重合には，次の3通りがあります。このうちゴムとして利用されるのは，1,4位で付加重合し，かつシス形のものです。

ゴムとして利用される　　　　トランス形

シス形のポリマーは C=C の両端で のように曲がりながら分子鎖が伸びています。そのためゴム弾性を示します。

加硫

　天然ゴム (生ゴム) や合成ゴムに対し，**硫黄を加えて加熱すると**，硫黄によって分子間が架橋され，ゴムの強度が増します。この操作を加硫といいます。

-CH₂-CH=C-CH₂-　　　　-CH₂-CH=C-CH₂-
　　　　X　　　加硫　　　　　　　　X　S
　　　　　　　→　　　　　　　　　　　　S　　←強度が増したゴムを
　　　　　　　　　　　　　　　　　　　　　　　弾性ゴムという
-CH₂-CH=C-CH₂-　　　　-CH₂-CH=C-CH₂-
　　　　X　　　　　　　　　　　　　X

　また 30〜40 % を硫黄によって加硫すると，**非常に硬い樹脂状の化合物**が生じます。これを**エボナイト**といいます。

Point 118　　ゴムは， $-CH_2$ CH_2- ／ H $C=C$ ＼ X のような構造をもつ。

解　説

問1，2のイ　天然ゴム (生ゴム) はポリイソプレンです。ゴムの木の樹皮から得たラテックスとよばれる乳濁液に酸を加えて固めたものです。

　これはイソプレン(ア)が付加(イ)重合してできたポリマーと考えられます。

$CH_2=CH-C=CH_2$ →(付加重合) $\left[CH_2-CH=C-CH_2 \right]_n$
　　　　　CH_3　　　　　　　　　　　　　CH_3
　　イソプレンの構造式　　　　　　　　ポリイソプレン

問2のウ，エ　天然ゴムに硫黄(ウ)を混合して加熱すると (加硫)，架橋(エ)構造ができ，優れたゴムになります。

問3，4　p.309 の「ジエン系」で学習しました。構造式は，自信をもってかけるようにしましょう。スチレンの分子量は 104，ブタジエンの分子量は 54 です。

答
問1　化合物名：イソプレン　　構造式：$CH_2=CH-C=CH_2$
　　　　　　　　　　　　　　　　　　　　　　　　CH_3
問2　イ：付加　　ウ：硫黄　　エ：架橋　　操作の名称：加硫
問3　$\left[CH_2-CH=C-CH_2 \right]_n$　　問4　A：スチレン　　B：ブタジエン
　　　　　　Cl　　　　　　　　　　$CH_2=CH$　　　　$CH_2=CH-CH=CH_2$

44 機能性高分子化合物

　我々は生活をより豊かにするために，いろいろな機能性高分子化合物（樹脂）を開発してきた。ここでは，次の３つの機能性樹脂について考えてみる。

　高吸水性樹脂は，<u>水の吸収力が非常に強く，樹脂の立体網目状構造内に多量の水を保持することができる</u>。この樹脂は化合物Aに，少量の適切な物質を加えて重合させて得ることができる。この樹脂は多量の水を吸収・保持できるので，紙おむつや土壌保水剤などに用いられている。

　導電性樹脂は，金属に近い電気伝導性を示す。適量の触媒を用いて，化合物Bを付加重合させると，膜状の高分子化合物を得ることができる。これに微量の　ア　を添加すると，銅に近い電気伝導性をもつ樹脂が得られることを発見したのは，　イ　らである。このような樹脂は携帯電話や電子機器の部品などに用いられている。

　生分解性樹脂は，土中の微生物などにより，比較的容易に分解される。乳酸を縮合重合してできる高分子化合物Cはこのような性質をもっている。また，Cからつくられる手術糸は，体内で一定期間が経過すると分解・吸収されるので，抜糸する必要がない。

問1　文中の化合物 A，B の名称および　ア　，　イ　に最も適するものを，次の①〜⑫から選べ。

①　アクリル酸ナトリウム　②　イソプレン　③　塩化ビニル
④　アセチレン　　　　　　⑤　エチレン　　⑥　プロペン（プロピレン）
⑦　水素　　　　　　　　　⑧　キセノン　　⑨　ヨウ素
⑩　野依良治　　　　　　　⑪　鈴木章　　　⑫　白川英樹

問2　下線部の理由として，次の記述(a)〜(d)のうち最も適する組み合わせはどれか。下の①〜④から選べ。
(a)　立体網目状構造内の官能基が，水分子と水和するから。
(b)　立体網目状構造内の官能基が，水分子と反発するから。
(c)　立体網目状構造の内側は，外側よりイオン濃度が低くなるから。
(d)　立体網目状構造の内側は，外側よりイオン濃度が高くなるから。
　　①　(a)と(c)　　②　(a)と(d)　　③　(b)と(c)　　④　(b)と(d)

問3　高分子化合物Cの構造式を，右の（例）にならって記せ。ただし，立体異性体の構造は考慮しなくてよい。

（例）

$$\left[\begin{array}{c} CH_2-CH \\ | \\ OH \end{array} \right]_n$$

（福岡大）

精 講 　<u>機能性高分子化合物</u>　　　特殊な機能をもたせた高分子化合物を**機能性高分子化合物**と

いい，さまざまなものが開発されています。

名称	性質	例
導電性高分子	金属に近い電気伝導性を示す。	$-\!\left[CH\!=\!CH\right]_n$ ポリアセチレン
生分解性高分子	生体内の酵素や微生物によって分解され，環境にやさしい。	$\left[\begin{array}{c}CH_3\\ \|\\ C\!-\!CH\!-\!O\\ \|\\ O\end{array}\right]_n$ ポリ乳酸 $\left[\begin{array}{c}C\!-\!CH_2\!-\!O\\ \|\\ O\end{array}\right]_n$ ポリグリコール酸
吸水性高分子	水を短時間に吸水・保水して，膨らむ。	$\left[\begin{array}{c}CH_2\!-\!CH\\ \|\\ COONa\end{array}\right]_n$ ポリアクリル酸ナトリウム

Point 119　上の表にある機能性高分子化合物は，性質，具体例の名称および構造式を記憶しましょう。

 解 説

問1，2　アセチレンを触媒を用いて付加重合すると，単結合と二重結合が交互に連続したポリアセチレンが得られます。

$$n\,\mathrm{H\!-\!C\!\equiv\!C\!-\!H} \xrightarrow[\substack{\text{（Tiや Alを含む}\\\text{チーグラー・ナッタ触媒}\\\text{を利用）}}]{\text{付加重合}} -\!\left[CH\!=\!CH\right]_n$$

アセチレン　　　　　　　　　　　　　　　　ポリアセチレン
　　問1B

<u>白川英樹</u>博士らは，ポリアセチレンの薄膜に<u>ヨウ素</u>を加えると金属に近い電気伝
　問1イ
導性を示すことを発見し，ノーベル化学賞を受賞しました。

補足　<u>野依良治</u>博士は，鏡像異性体をつくり分ける不斉合成の研究，<u>鈴木章</u>博士は，芳香
　　　⑩　　　　　　　　　　　　　　　　　　　　　　　　　　　　　⑪
族化合物の炭素どうしをつなぐクロスカップリング反応の研究でノーベル化学賞を受賞しています。

　アクリル酸ナトリウムの付加重合によって，ポリアクリル酸ナトリウムが得られます。

$$n\,\mathrm{CH_2\!=\!CH} \atop \mathrm{COONa} \xrightarrow{\text{付加重合}} \left[\begin{array}{c}CH_2\!-\!CH\\ \|\\ COONa\end{array}\right]_n$$

アクリル酸ナトリウム　　　　　ポリアクリル酸ナトリウム
　　　問1A

ポリアクリル酸ナトリウムの架橋体は，紙おむつや保冷剤に使われている代表的な吸水性ポリマーです。吸水すると –COONa の部分が –COO⁻ と Na⁺ に電離します。すると，–COO⁻ どうしが電気的に反発し，立体網目状構造内の空間が広がっていきます。

$$\left[\begin{array}{c} CH_2-CH \\ | \\ COONa \end{array}\right]_n - CH_2-CH \left[\begin{array}{c} CH_2-CH \\ | \\ COONa \end{array}\right]_m$$

X〉架橋

$$\left[\begin{array}{c} CH_2-CH \\ | \\ COONa \end{array}\right]_l - CH_2-CH \left[\begin{array}{c} CH_2-CH \\ | \\ COONa \end{array}\right]_k$$

ポリアクリル酸ナトリウム（架橋体）

簡略化 →

COONa
COONa X

吸水 →

Na⁺　COO⁻
H₂O　　　H₂O　X
反発　COO⁻
H₂O　　Na⁺

　また，イオンの濃度は内側が外側より高いので，外側から内側へとさらに水が浸
　　　　　　　　　　　　　　　　　　問2(d)
透し，ポリマーの官能基が水和することで，多量の水を内部にためることができる
　　　　　　　問2(a)
のです。

問3 乳酸やグリコール酸の縮合重合体であるポリ乳酸やポリグリコール酸は代表的な生分解性高分子です。

$$n\,HO-\underset{\underset{O}{\|}}{C}-\underset{\underset{|}{CH_3}}{CH}-OH \xrightarrow{\text{縮合重合}} \left[\underset{\underset{O}{\|}}{C}-\underset{\underset{|}{CH_3}}{CH}-O\right]_n + n\,H_2O$$

乳酸　　　　　　　　　　　　　　　ポリ乳酸

$$n\,HO-\underset{\underset{O}{\|}}{C}-CH_2-OH \xrightarrow{\text{縮合重合}} \left[\underset{\underset{O}{\|}}{C}-CH_2-O\right]_n + n\,H_2O$$

グリコール酸　　　　　　　　　　ポリグリコール酸

補足　長い分子鎖のポリ乳酸を合成したいときは，乳酸の二分子縮合体であるラクチドを開環重合します。

$$\frac{n}{2} \quad \begin{array}{c} CH_3 \\ O=C \quad CH \\ O \quad\quad O \\ CH \quad C=O \\ CH_3 \end{array} \xrightarrow{\text{開環重合}} \left[\underset{\underset{O}{\|}}{C}-\underset{\underset{|}{CH_3}}{CH}-O\right]_n$$

ラクチド　　　　　　　　　ポリ乳酸

　これらは生体内の酵素や微生物によって，最終的には水や二酸化炭素にまで分解されるという特徴があります。

答
　　問1　**A**：①　　**B**：④　　**ア**：⑨　　**イ**：⑫

　　問2　②　　**問3**　$\left[\underset{\underset{O}{\|}}{C}-\underset{\underset{|}{CH_3}}{CH}-O\right]_n$

③　　　　ある大学の体験入学で，次のような話を聞いた。

> 　ベンゼン環に官能基を1つもつ物質に置換反応を行うと，オルト(o-)，メタ(m-)，パラ(p-)の位置で反応が起こる可能性がある。どの位置で反応が起こるかは，最初に結合している官能基の影響を強く受ける。たとえば次のように，フェノールをある反応条件でニトロ化すると，おもにo-ニトロフェノールとp-ニトロフェノールが生成し，m-ニトロフェノールは少ししか生成しない。したがって，ベンゼン環に結合したヒドロキシ基はo-やp-の位置で置換反応を起こしやすい官能基といえる。
>
>
> 　o-ニトロフェノール　　　p-ニトロフェノール　　　m-ニトロフェノール
> 　　　　　　　　　　　　　　　　　　　　　　　　　　（少ししか生成しない）
>
> 　一般に，o-やp-の位置で置換反応を起こしやすい官能基をもつ物質には次のものがある。
>
>
> 　一方，m-の位置で置換反応を起こしやすい官能基をもつ物質には次のものがある。
>
>
> 　このことを利用すれば，目的の化合物を効率よくつくることができる。

　この情報をもとに，除草剤の原料であるm-クロロアニリンを，次のようにベンゼンから化合物 **A**，**B** を経て効率よく合成する実験を計画した。

　操作1〜3として最も適当なものを，次の①〜⑥のうちからそれぞれ1つずつ選べ。
①　濃硫酸を加えて加熱する。
②　固体の水酸化ナトリウムと混合して加熱融解する。
③　鉄を触媒にして塩素を反応させる。　　④　光をあてて塩素を反応させる。
⑤　濃硫酸と濃硝酸を加えて加熱する。
⑥　スズと塩酸を加えて反応させた後，水酸化ナトリウム水溶液を加える。

（共通テスト試行調査）

解 答

① **答** 問1 ④ 問2 **a** 1：③ 2：② **b**：⑤
問3 ④ 問4 ③

解説 問1 〈与えられたデータ〉 〈求める値〉

〈求める値〉
0.040%
$\dfrac{0.040\,\text{L}\,(\text{CO}_2)}{100\,\text{L}\,(\text{大気})}$
||
体積比率は
モル分率に等しい

　ヘンリーの法則より，溶解した CO_2 の物質量は，圧力（混合気体の場合は分圧）と水の体積に比例するから，

$$n = \underset{\text{mol}\,(\text{CO}_2)}{0.033} \times \frac{\overbrace{1.0\times10^5}^{\text{大気の全圧}} \times \overbrace{\left(\dfrac{0.040}{100}\right)}^{\text{大気中の }CO_2\text{ のモル分率}}\text{Pa}\,(\text{CO}_2)}{1.0\times10^5\,\text{Pa}\,(\text{CO}_2)} \times \frac{1.0\,\text{L}\,(\text{水})}{1.0\,\text{L}\,(\text{水})}$$

$$= 1.32\times10^{-5} \fallingdotseq \underline{1.3\times10^{-5}}\,(\text{mol}) \text{答}$$

問2 $\begin{cases} \text{H}_2\text{CO}_3 \rightleftharpoons \text{H}^+ + \text{HCO}_3^- & \cdots(1) \\ \text{HCO}_3^- \rightleftharpoons \text{H}^+ + \text{CO}_3^{2-} & \cdots(2) \end{cases}$

a 　化学平衡の法則より，$K_1 = \dfrac{[\text{H}^+][\text{HCO}_3^-]}{[\text{H}_2\text{CO}_3]}$

$$K_2 = \frac{[\text{H}^+][\text{CO}_3^{2-}]}{[\text{HCO}_3^-]} = [\text{H}^+] \times \frac{\boxed{[\text{CO}_3^{2-}]}^{\,1}}{\boxed{[\text{HCO}_3^-]}^{\,2}} \quad \cdots(3)$$

b 　式(3)の両辺の常用対数をとると，

$$\log_{10} K_2 = \log_{10}[\text{H}^+] + \log_{10}\frac{[\text{CO}_3^{2-}]}{[\text{HCO}_3^-]}$$

　さらに，両辺を -1 倍する。

$$\underset{pK_2\text{と表す}}{-\log_{10} K_2} = \underset{pH\text{と表す}}{-\log_{10}[\text{H}^+]} - \log_{10}\frac{[\text{CO}_3^{2-}]}{[\text{HCO}_3^-]} \quad \cdots(4)$$

　$[\text{HCO}_3^-] = [\text{CO}_3^{2-}]$ となるときは $\dfrac{[\text{CO}_3^{2-}]}{[\text{HCO}_3^-]} = 1$ なので，式(4)より $pK_2 = pH$

が成立するから，**図1** で $[\text{HCO}_3^-] = [\text{CO}_3^{2-}]$ となる pH の値を探せばよい。その値が pK_2 に一致する。

H₂CO₃ が減少し，HCO₃⁻ が増加   HCO₃⁻ が減少し，CO₃²⁻ が増加

H₂CO₃ は，ほぼ存在せず，
HCO₃⁻ と CO₃²⁻ が 50% ずつ
なので，
$$[HCO_3^-]=[CO_3^{2-}]$$
としてよい

割合〔%〕

酸性側   pH   pH≒10.3   塩基性側
図1

よって，$pK_2=\underline{10.3}$答

問3 $pH=-\log_{10}[H^+]$ なので，$[H^+]=10^{-pH}$ と表せる。

pH が 8.17 から 8.07 に低下したとき，水素イオン濃度が x 倍になったとすると，

$$x=\frac{10^{-8.07}}{10^{-8.17}}=10^{8.17-8.07}=10^{0.100}$$

$x=10^{0.100}$，すなわち $\log_{10}x=0.100$ の x の値を**表1**から求めればよい。

表1

数	0	1	2	3	4	5	6	7	8	9
1.0	0.000	0.004	0.009	0.013	0.017	0.021	0.025	0.029	0.033	0.037
1.1	0.041	0.045	0.049	0.053	0.057	0.061	0.064	0.068	0.072	0.076
1.2	0.079	0.083	0.086	0.090	0.093	0.097	0.100	0.104	0.107	0.111

設問文の指示に従って読み取ると，$0.100=\log_{10}\underline{1.26}$ なので，$x=1.26≒\underline{1.3}$答

問4

600 Pa(一定)

CO₂

圧力一定で冷却

600 Pa

V

20℃   ?   −140℃

図2 に CO₂ の状態図が与えられているので，600 Pa のもとで温度を 20℃ から
$6×10^2\,Pa$

−140℃ まで変化させたときの容器内の状態を調べる。縦軸が対数で表されている
$m×10^n$ の 1 つ上の目盛りは $(m+1)×10^n$

点に注意すること。

図2

図2より，CO_2 は 600 Pa，20 ℃ では気体である。600 Pa
に保って冷却していくとき，CO_2 が理想気体であるとする
と，シャルルの法則より，

$$V = \underbrace{\frac{nRT}{p}}_{\text{一定}} = k(t+273) \quad (k：定数) \quad \cdots ⓘ$$

すなわち，V は t に対し直線的に変化する。

図2より，600 Pa では約 −125 ℃ までは ⓘ が成立する。−125 ℃ まで冷却される
と，CO_2 は気体から固体に変化する。冷却しても昇華熱が放出されるので，気体と

ドライアイス

固体が共存している間は温度が一定に保たれたまま，体積が大幅に減少する。

すべて固体になると，冷却にともなって温度は下がっていくが，固体の体積はほ
とんど変化しない。

よって，解答は ③

② **答** 問1 ① 問2 ④ 問3 ④

解説 問1 p.21 参照。

問2 p.36 参照。

問3 下線部(2)は，次のように解釈できる。

水に	電荷の偏りの起こりやすさ
溶けにくい	似ているものどうし（電荷の偏りの起こりやすさが同程度）
溶けやすい	似ていないものどうし

　表1から，イオンの電荷の偏りの起こりやすさを判断して，この考え方が適用できるか確認すればよい。

① Mg^{2+}，Ca^{2+} ともに偏りが起こりにくい陽イオンである。F^- も偏りが起こりにくい陰イオンなので，MgF_2 と CaF_2 が水に溶けにくいことは説明できる。

② 硫化水素を通じた後に塩基性にしていくと，S^{2-} と OH^- が増加する。Al^{3+} は偏りが起こりにくい陽イオンである。陰イオンは S^{2-} が偏りが起こりやすいのに対し，OH^- は偏りが起こりにくい。よって，Al^{3+} が S^{2-} ではなく，OH^- と結びつき $Al(OH)_3$ の沈殿が生じたことは説明できる。

③ Ag^+，S^{2-}，I^- すべて偏りが起こりやすいイオンなので，Ag_2S や AgI が水に溶けにくいことは説明できる。

④ SO_4^{2-} は偏りが起こりにくい陰イオンである。Mg^{2+} は偏りが起こりにくく，Cu^{2+} は中間の陽イオンなので，$MgSO_4$ と $CuSO_4$ がともに水に溶けやすい事実は，この考え方で説明できない。

3 **答** 操作1：⑤　　操作2：③　　操作3：⑥

解説　3つの操作で，原料のベンゼンから目的の *m-*クロロアニリンを合成する。

まず，ベンゼン → クロロベンゼン，ベンゼン → アニリン　を合成するときには，

⬡ ──塩素化──→ ⬡-Cl
　　　　　　　　クロロベンゼン

⬡ ──ニトロ化──→ ⬡-NO₂ ──還元──→ ⬡-NH₂
　　　　　　　　ニトロベンゼン　　　　アニリン

の経路を利用したことを思い出すとよい。各操作で利用した試薬を選択肢から選ぶと，

塩素化＝③，ニトロ化＝⑤，ニトロベンゼンの還元＝⑥となる。
p.270 参照　　　　　　　p.280 参照

次に置換基の位置を *m-*にするために，問題文に与えられた情報を利用する。

『アニリンやクロロベンゼンは *o-* や *p-* の位置で置換反応を起こすのに対し，ニトロベンゼンは *m-* の位置で置換反応を起こす。』

そこで，最初にニトロベンゼンを合成し，次に *m-*の位置にクロロ基を導入する。最後に，ニトロ基を還元してアミノ基にすればよい。